毛线钩鞋新图案

一目了然的左右鞋全彩双图谱

徐 骁 欧阳小玲 著

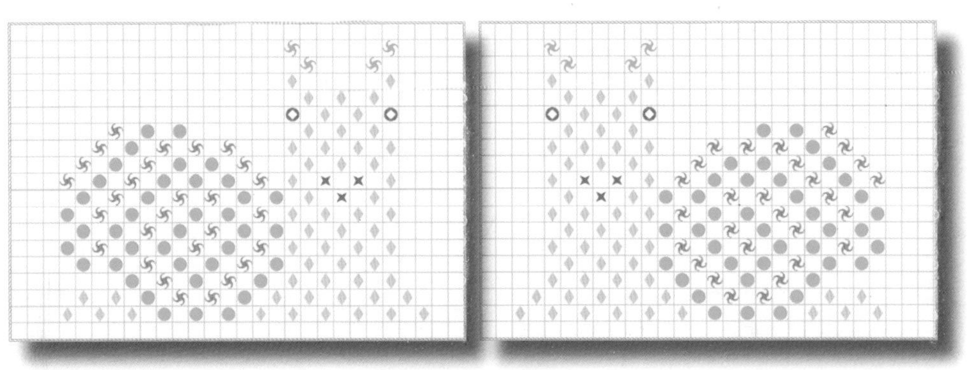

河南科学技术出版

·郑州·

目录

时间过得真快，转眼间，第一本书的出版差不多已是三年前的事情了。

这次是出版第三本书，我们却依旧如第一次出书时一样，兴奋得彻夜难眠。每一本书的出版，包含的不仅仅是我们的心血，也包含了对读者的责任，代表了对所有帮助过我们的人的回报。

第一本书《家居毛线钩鞋图案大全》，是在众多钩鞋爱好者的鼓励下出版的，设计图案、钩织成品、整理资料、绘制图谱，耗时三年多。没想到出版后反响热烈，收到读者很多的意见和建议。于是我们根据读者的需要，绘制了彩色图谱，又出了第二本书，即《家居毛线钩鞋——贴心全彩图谱》。随后依然有很多热心的读者提出了不少意见和建议，所以，我们再次根据读者的意愿进行了大量的更新，添加了新的内容，做出了您手上的这本书。

在这本书中，我们特地加上了棒针编织鞋垫的教程。钩鞋时我们采用的鞋底一般是带有一层绒毛布的，但有些读者不喜欢绒毛布的质地，有些读者手头只有光滑的塑胶鞋底，他们希望能自己编织一个毛线鞋垫，连到鞋底上。针对这种情况，我们特地用了一个多月的时间，做出了鞋垫编织教程，添加在新书里面，以供这些有需要的读者学习。

有的读者提出，在看图谱的时候，分辨左右鞋时会比较费劲。因为图谱只有一个，但是鞋子却是一双，将图谱的图案钩到鞋子上时，如果不是左右对称的图案，往往需要分清左右鞋，总会有一只鞋子需要镜像看图谱，计算针数时很麻烦。于是，在这本书中，我们特地将所有左右不对称的图案都配了两个图谱，一个对应左鞋，一个对应右鞋，使读者在钩鞋时能比较省心，比葫芦画瓢就行了。

在第二本书里面，每种图谱只配了一个成品，很多读者希望可供参考的成品式样能多一些，这样可以启发他们的思路。所以，在这本书中，每种图谱我们都配有两个成品供参考，一个与图谱基本对应，另一个在颜色或图形上略有改变。图谱是根据钩出的成品整理绘制的，不一定都是严格的一一对应，有些成品中相同的颜色，在图谱中用不同形状的符号表示，表明你也可以根据自己的喜好改用不同的颜色。

以上的这些改进，都是我们的独创，花费了我们大量的心血。其中最难、最复杂、最繁琐的部分，就是第三项改进，这部分全由我老妈一人独自完成，耗时一年多，一共钩鞋三百多双，很多鞋都是通宵赶制出来的，

为的就是能够抓紧时间验证更多全新的图谱，钩出更多时尚的图案。本书的照片，就是从中筛选并整理出来的。

然而，我们觉得，还不够。

作为一本钩鞋图谱，需要边钩边看，而一般的装订方式不能把书摊开，往往需要用别的东西压住书页，非常不方便。于是，我们与出版社反复商讨，最后，终于找到了比较理想的解决方案，使读者能轻轻松松地把书摊开，一目了然地看着图谱钩鞋了。

今天，我们这本新书《毛线钩鞋新图案——一目了然的左右鞋全彩双图谱》终于出版了，我们不停地更新，一再地改进，追求的不仅仅是对钩鞋艺术的热爱，更是对读者的责任。

为了使初学者学会钩鞋的基本方法，我们在书后附有相关的内容。如果感觉学起来还是有困难，可以进入河南科学技术出版社官方网站（www.hnstp.cn）的读者服务频道，或通过腾讯网（网址http://v.qq.com/boke/page/d/a/1/d0134qnwaa1.html），观看我们录制的相关视频。如果实在还有不懂的地方，好吧，你们可以加入 QQ 群 102970179 进行咨询。在群里，我会尽力解答你的疑问，尽量让每一个对此感兴趣的读者学会钩鞋。

最后，依然希望这本书的出版，能让更多的读者喜爱上钩鞋，能让更多喜爱钩鞋的读者在书中找到自己想要的东西。同时，也依然希望钩鞋这一传统工艺能给生活增添更多美丽的色彩。

徐骁 2016.5

大老虎

起针建议：无

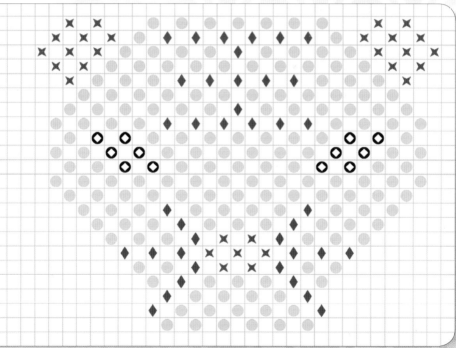

小马奔腾

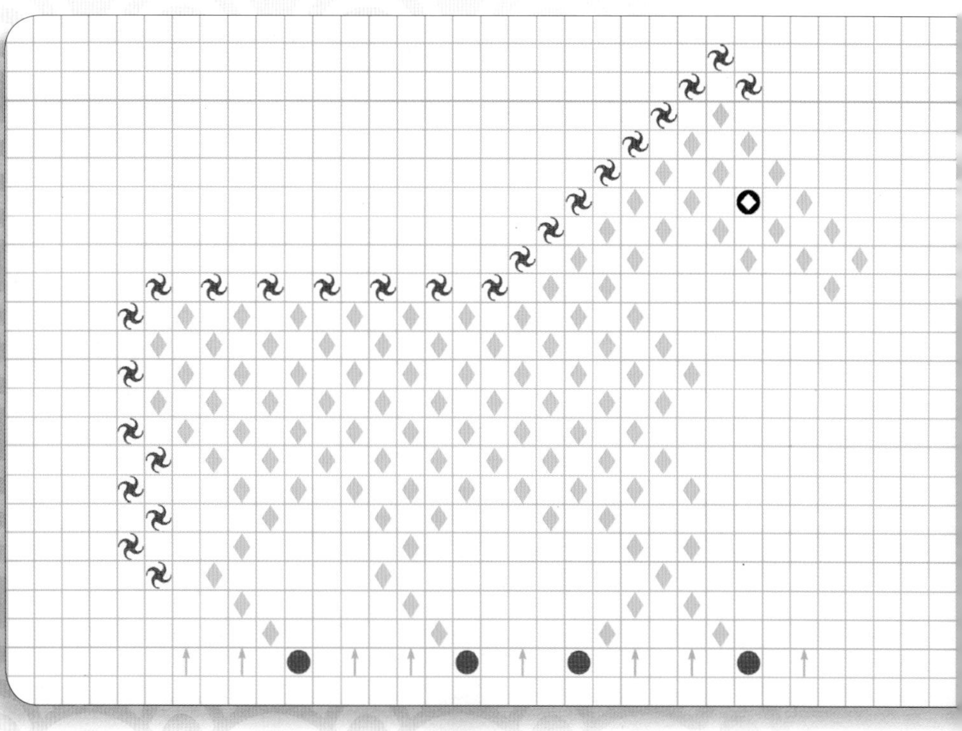

起针建议：十二针起花

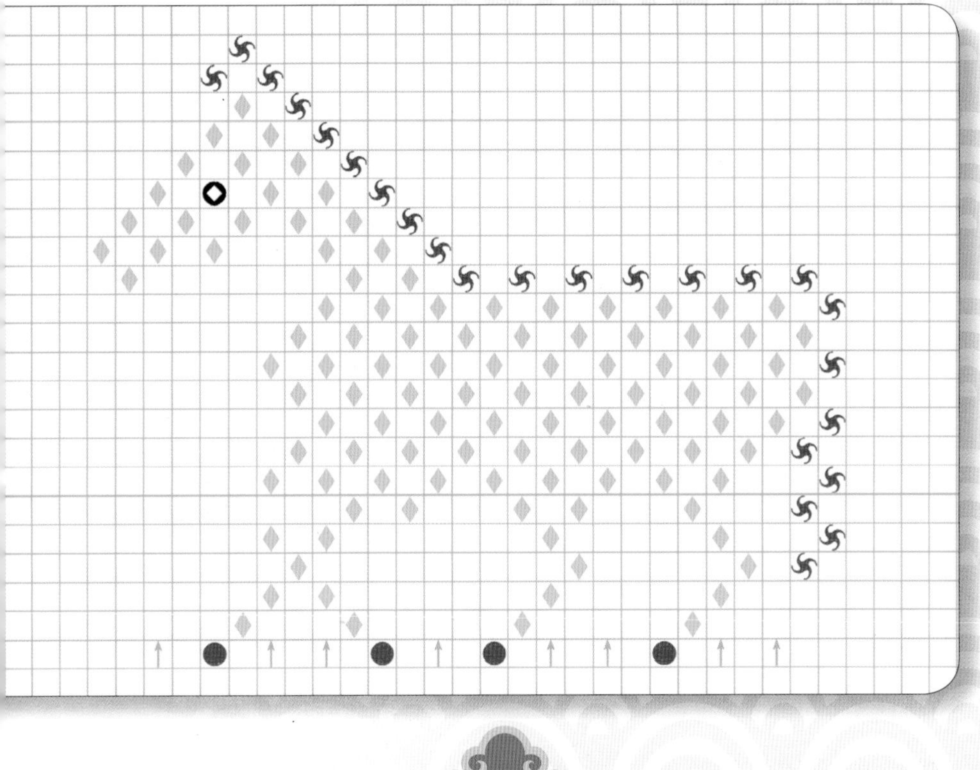

小狗汪汪

起针建议：十二针起花

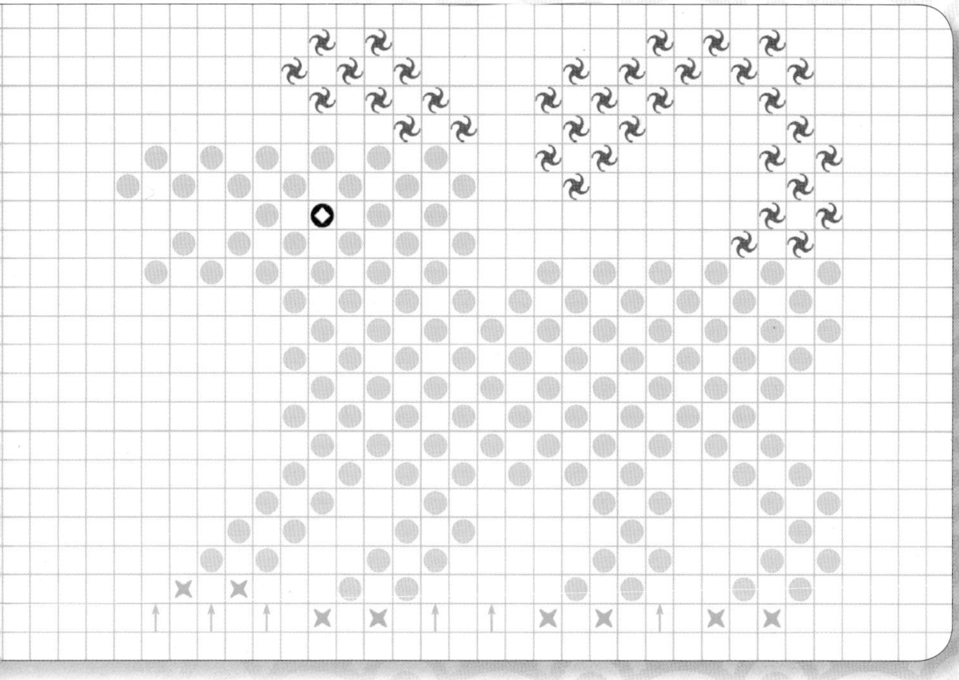

小老鼠

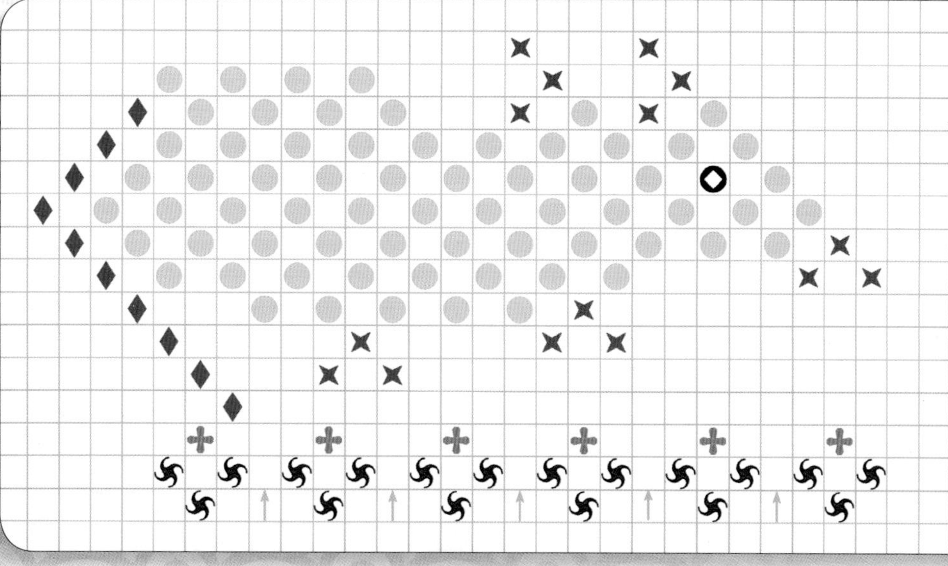

起针建议：十一针起花

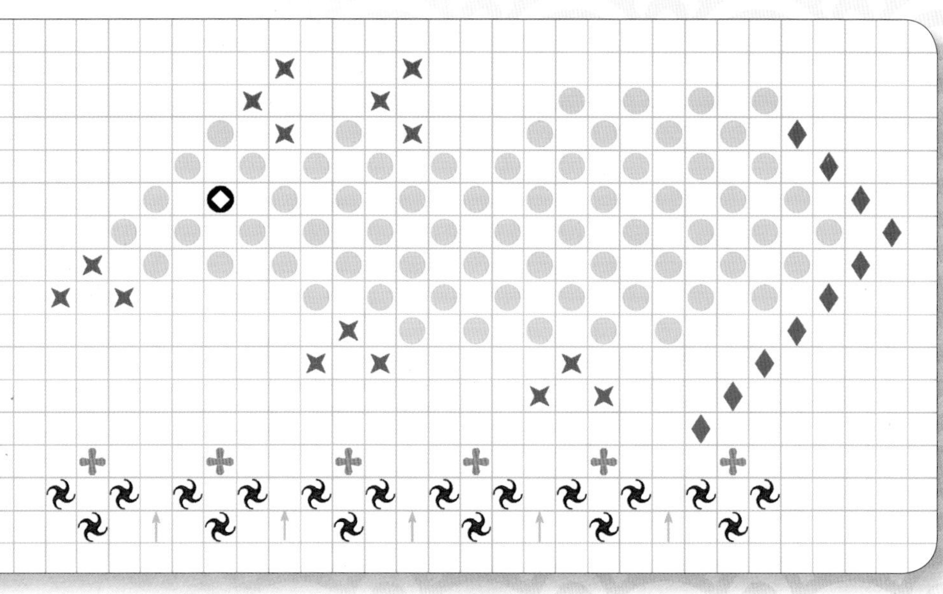

小花蛇

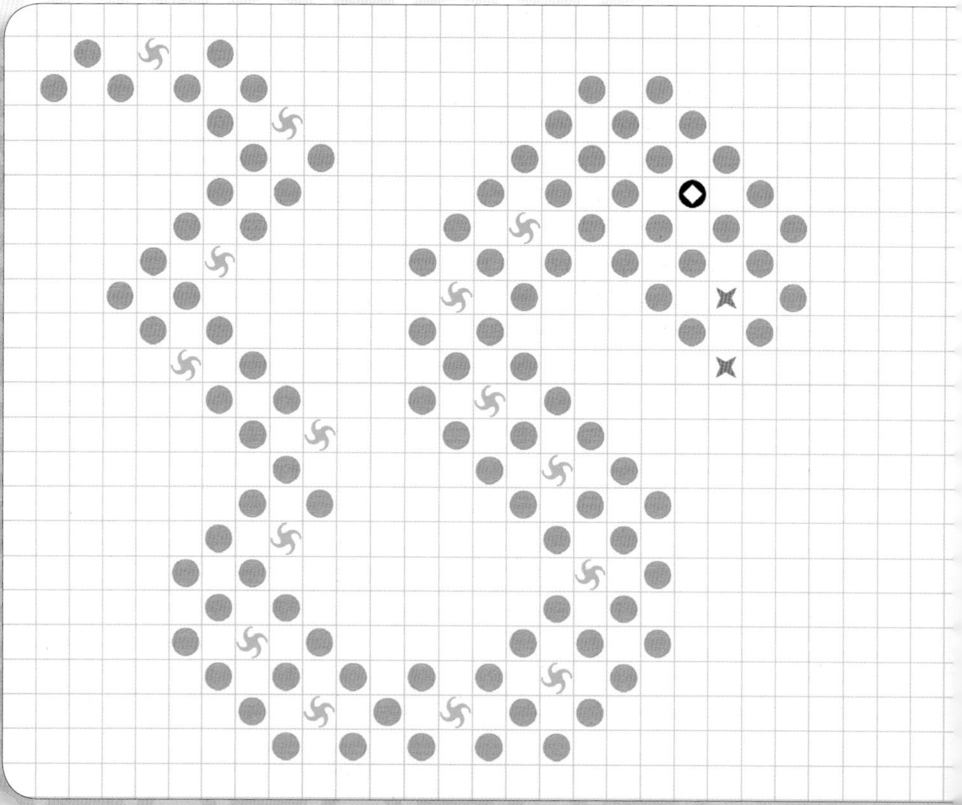

起针建议：无

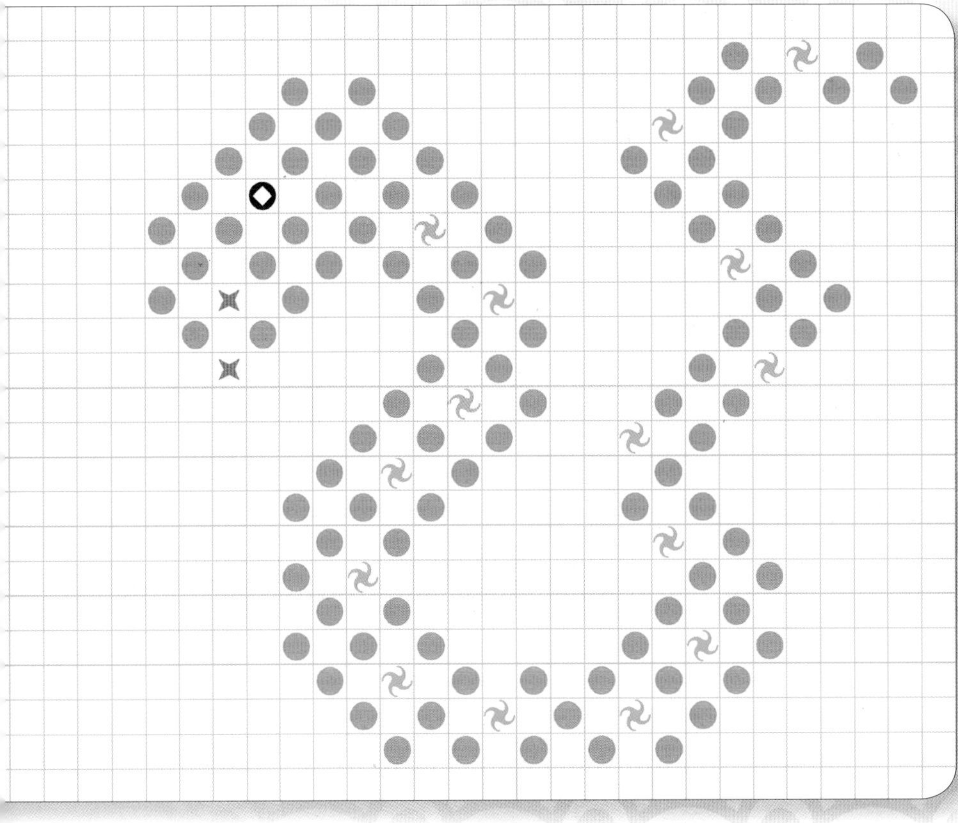

巨龙腾飞

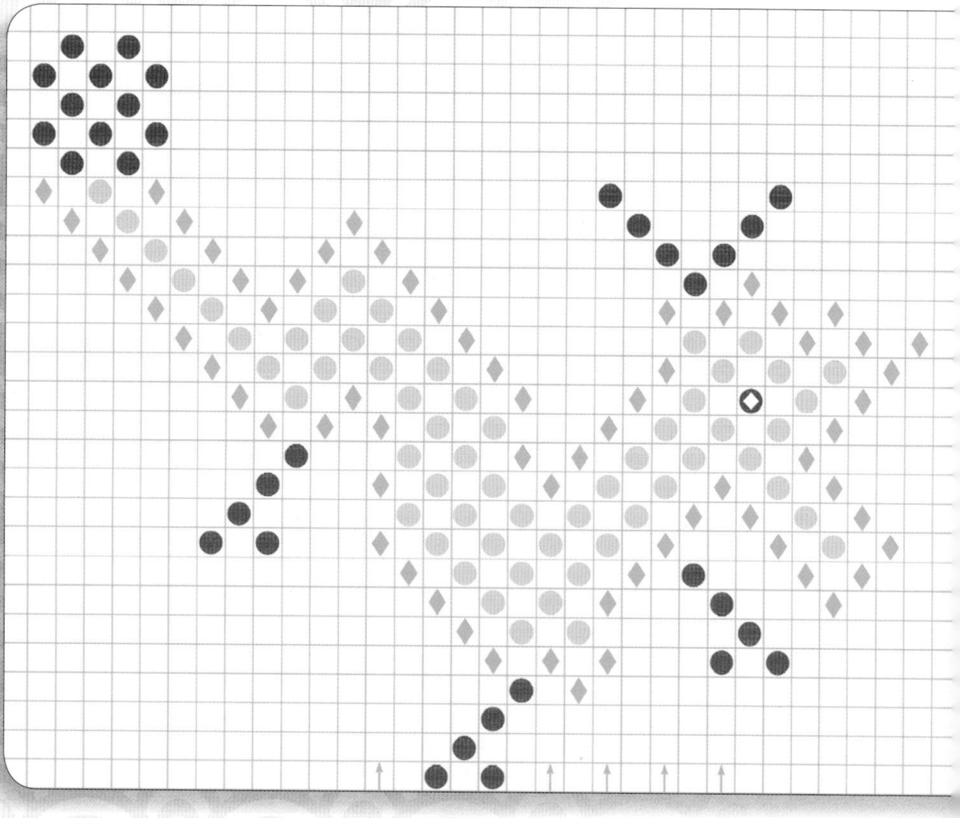

起针建议：七针起花

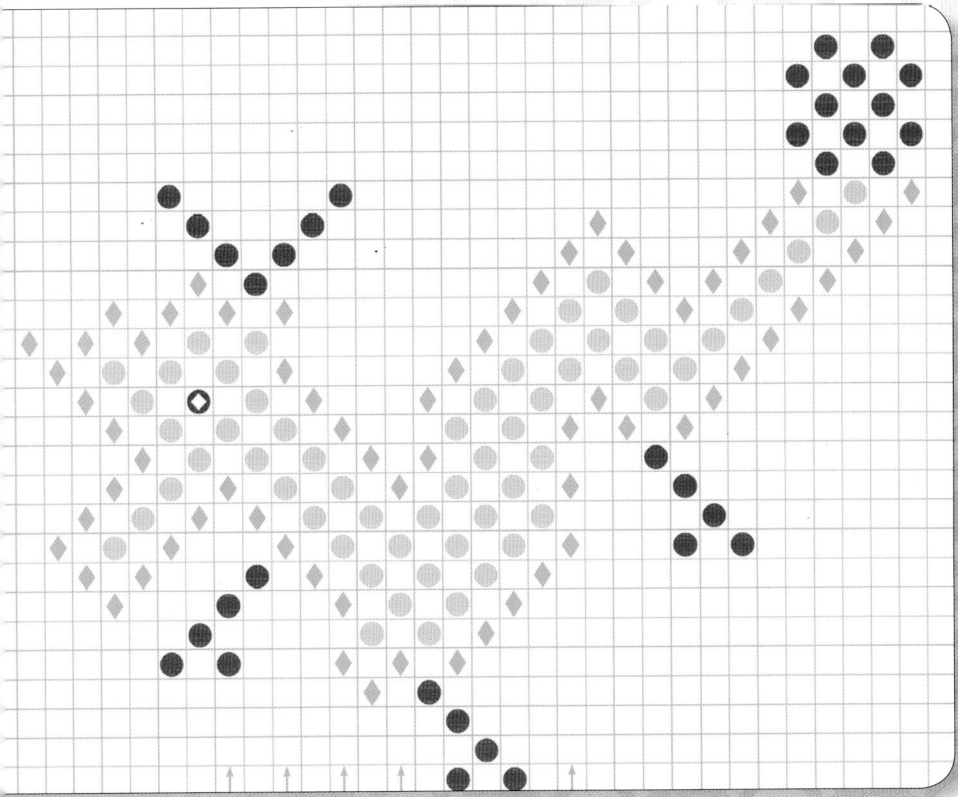

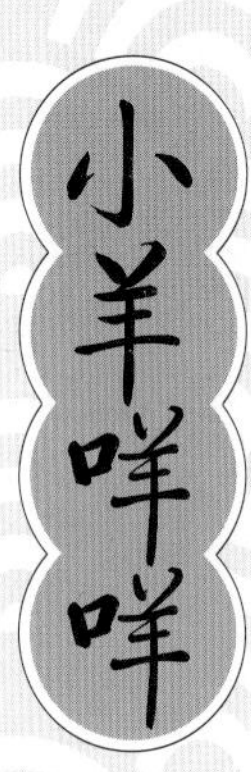
小羊咩咩

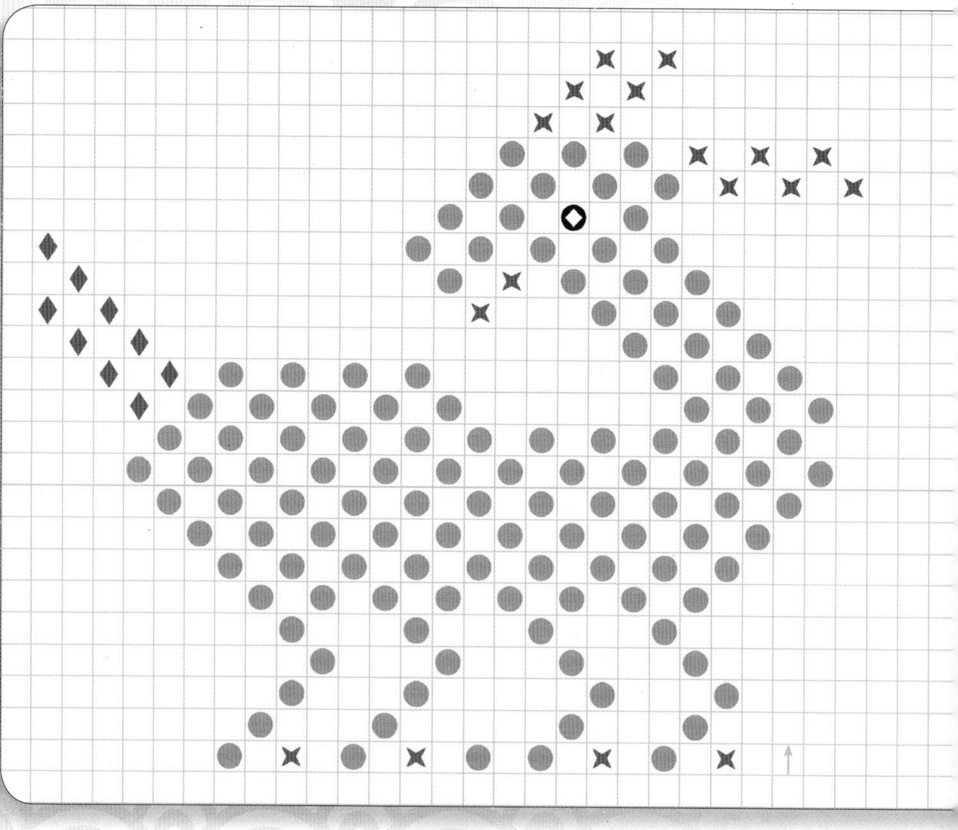

起针建议：十针起花

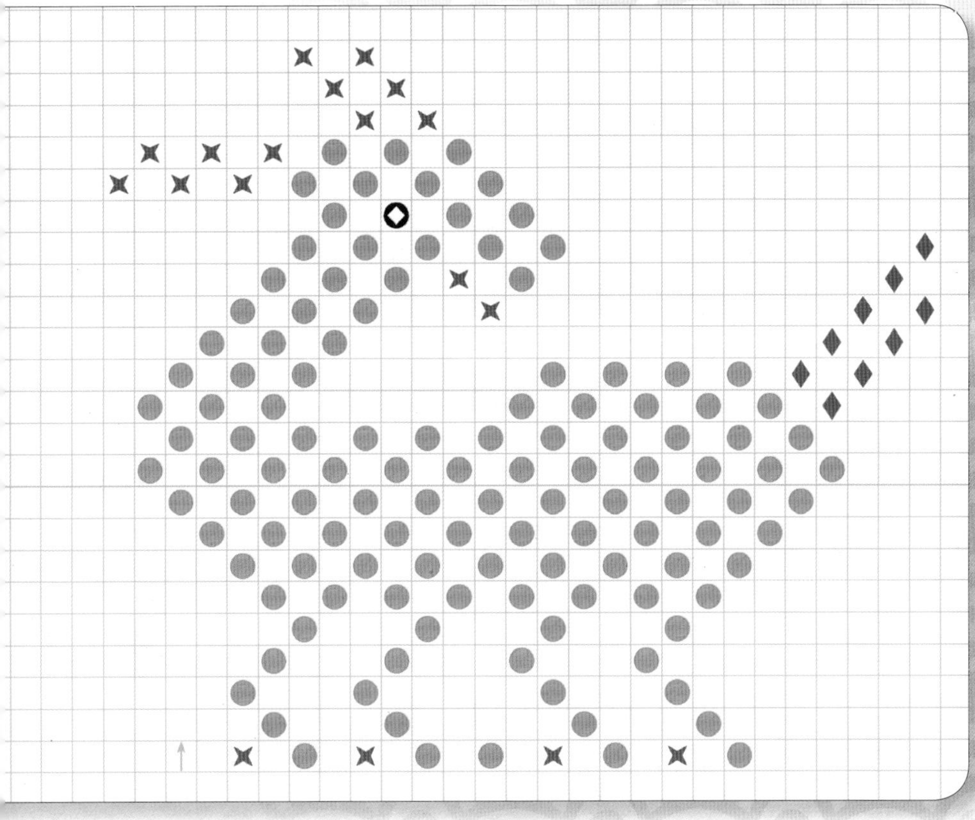

顽皮小猴

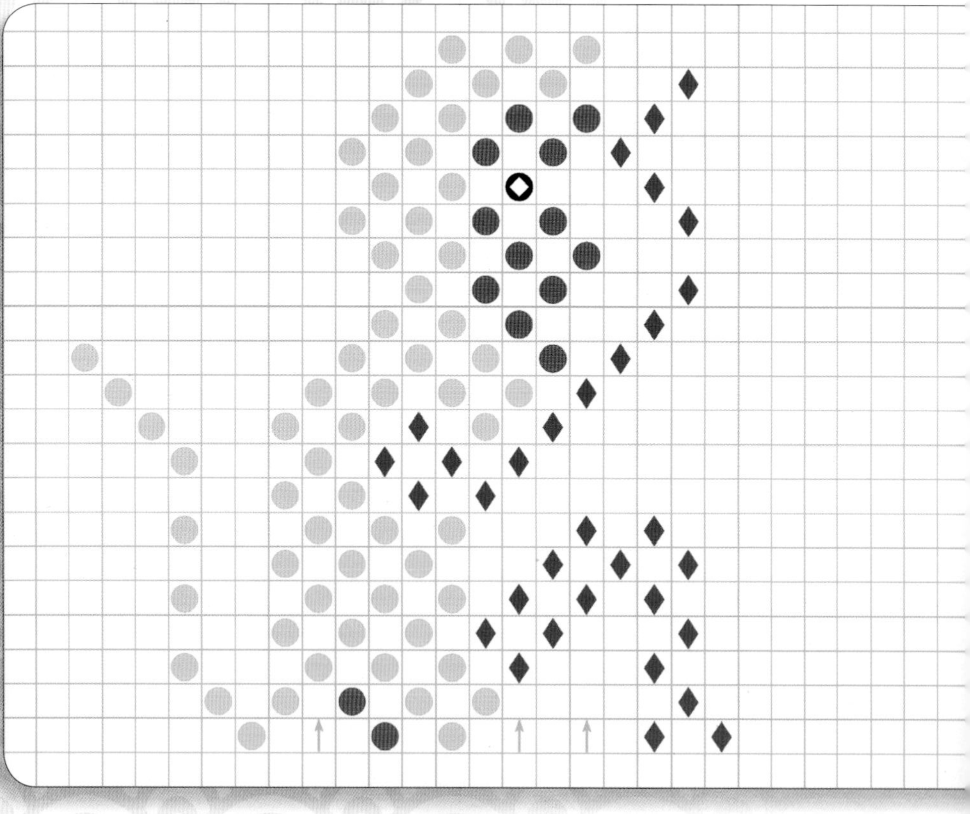

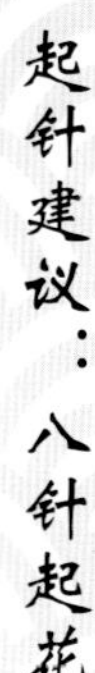
起针建议：八针起花

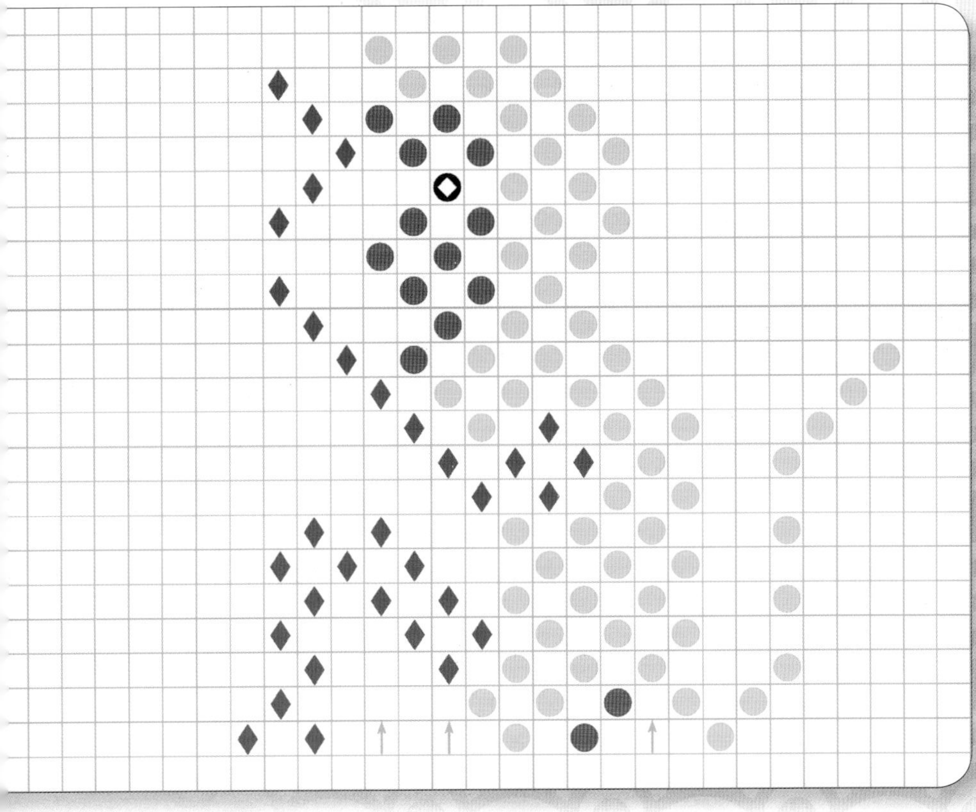

小水牛

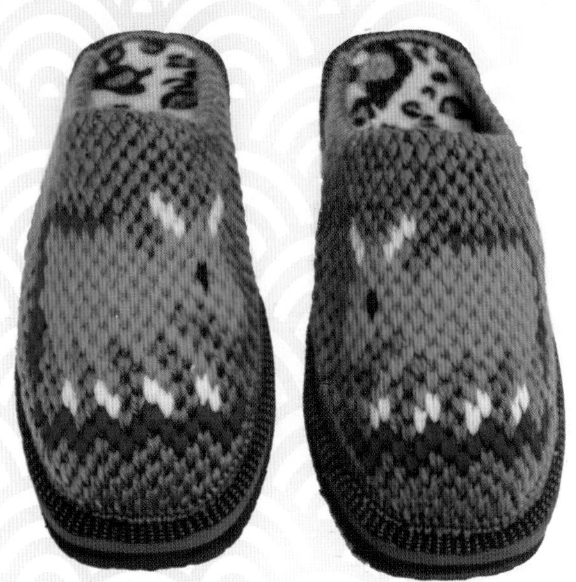

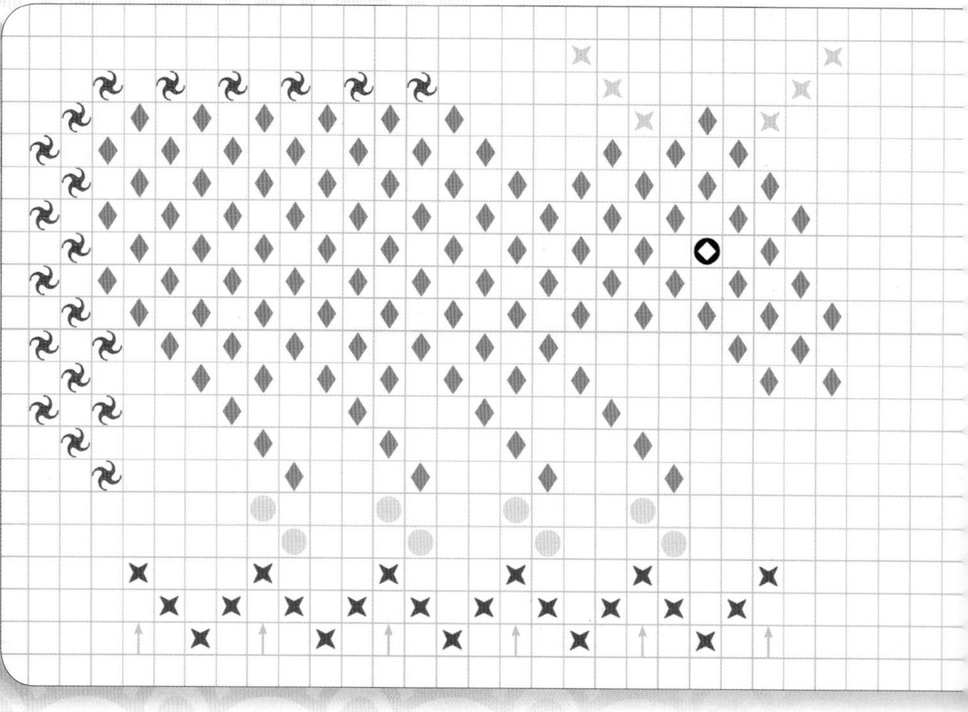

起针建议：十一针起花

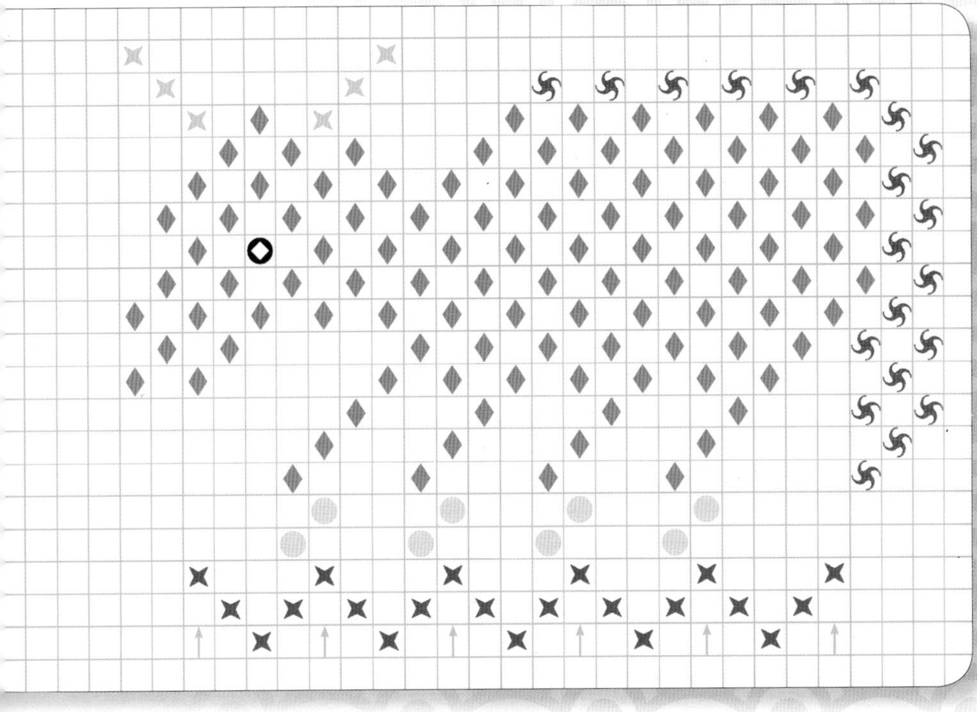

鸡娃娃

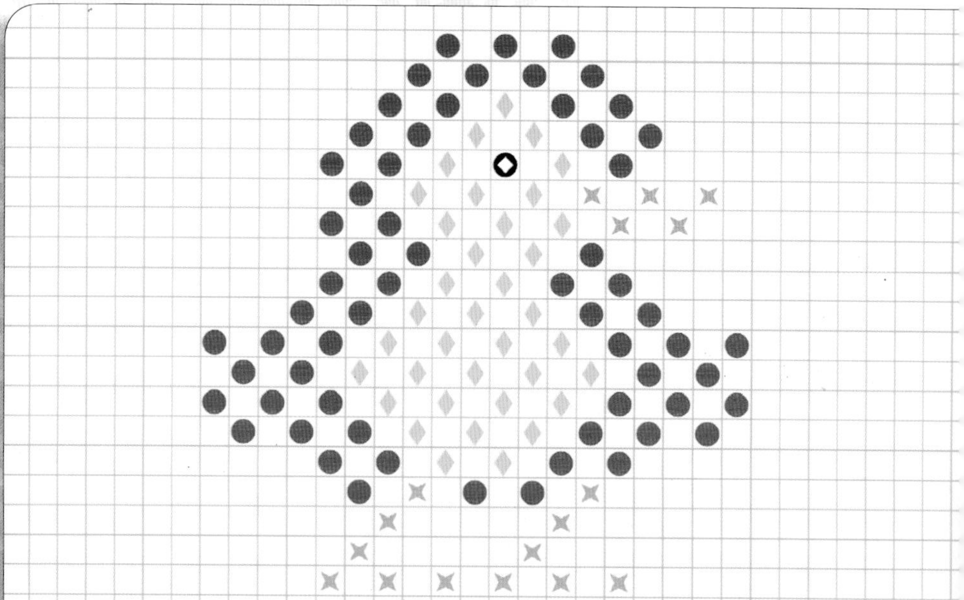

起针建议：八针起花

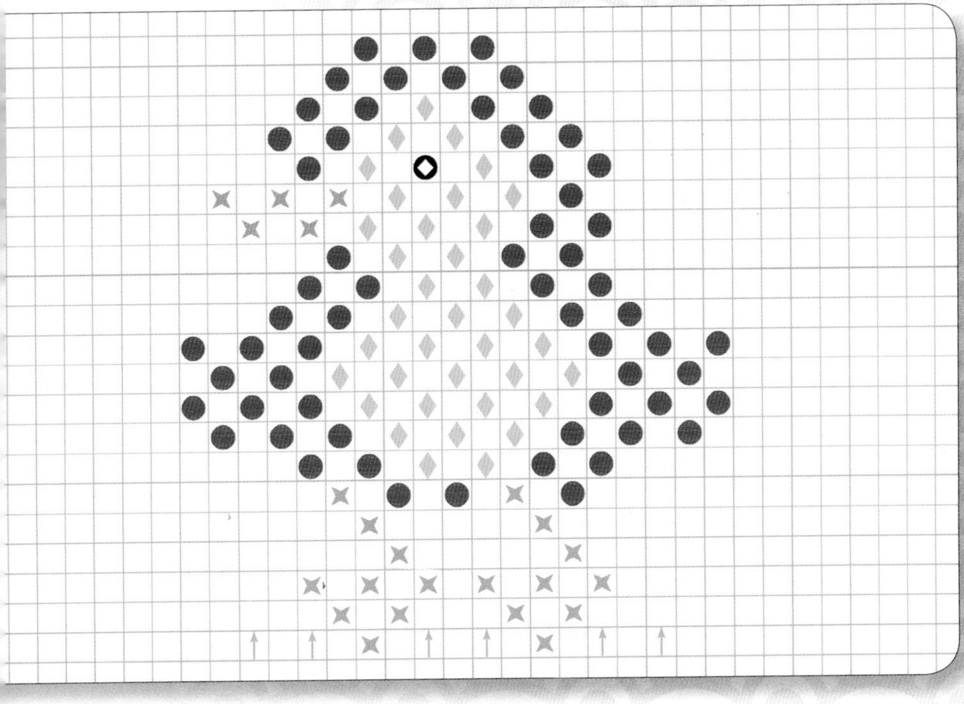

野猪来了

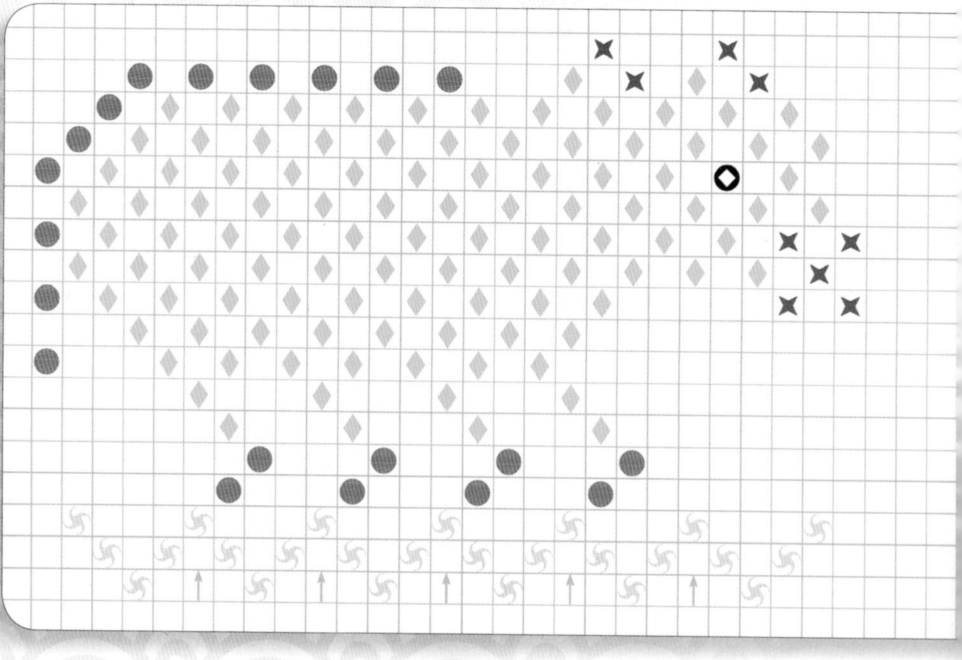

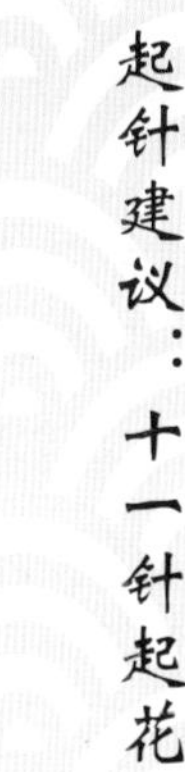

起针建议：十一针起花

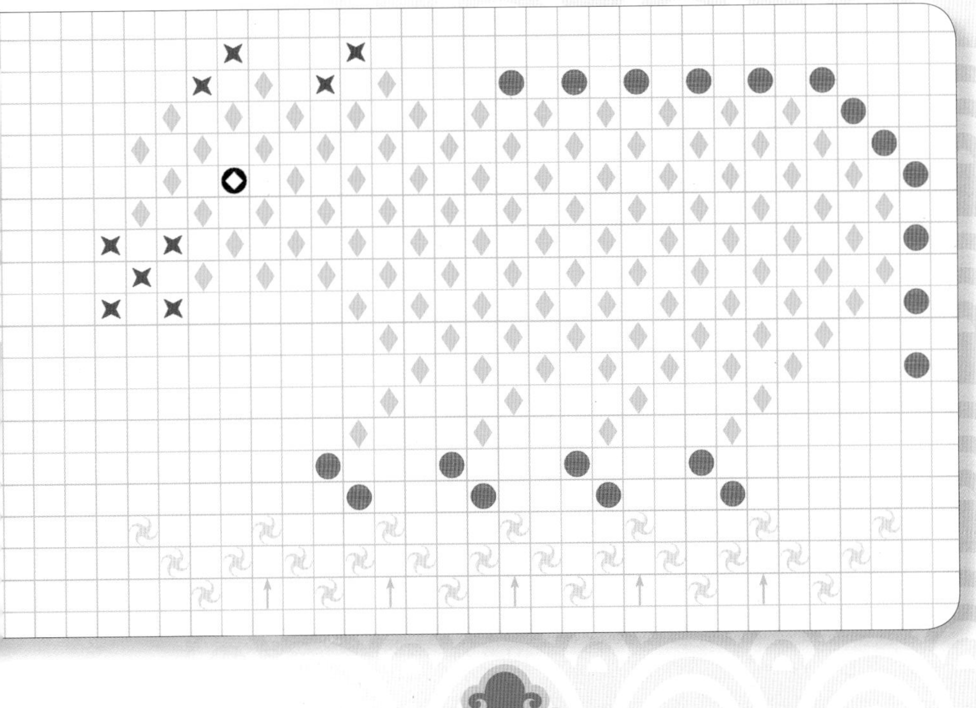

长耳兔

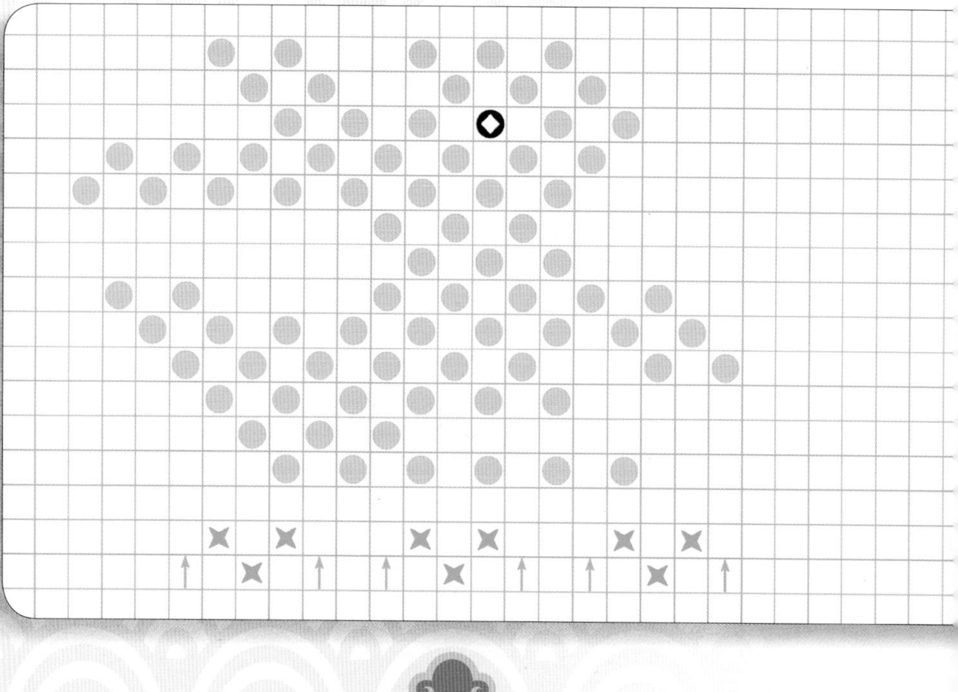

起针建议：九针起花

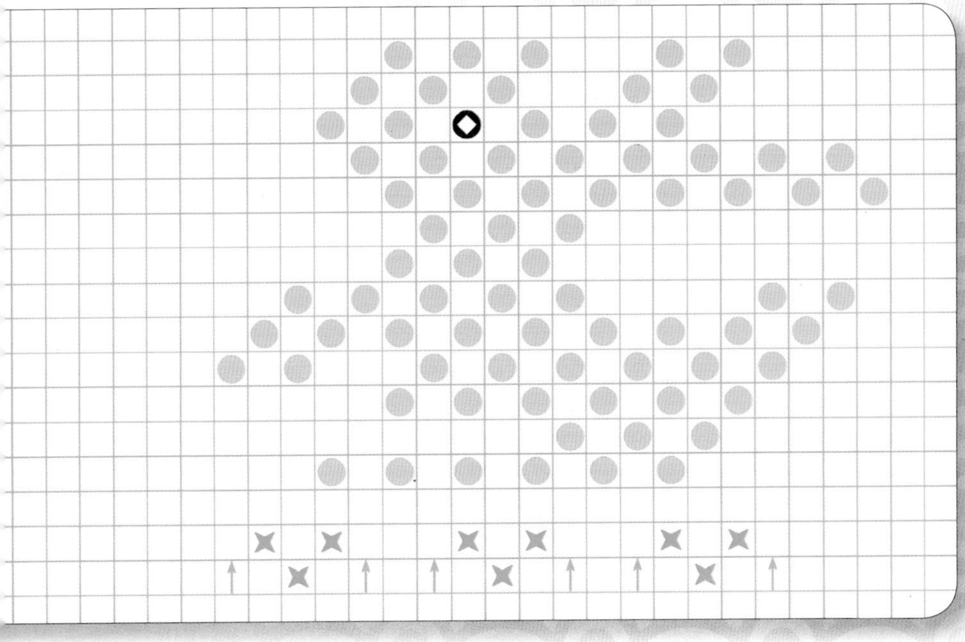

大象大象

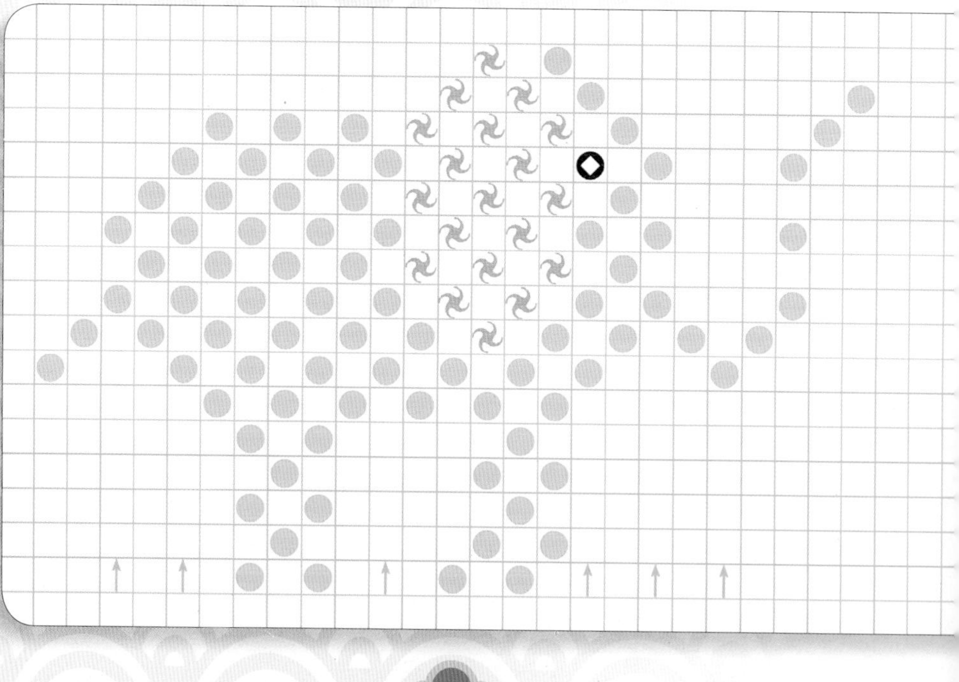

起针建议：十针起花

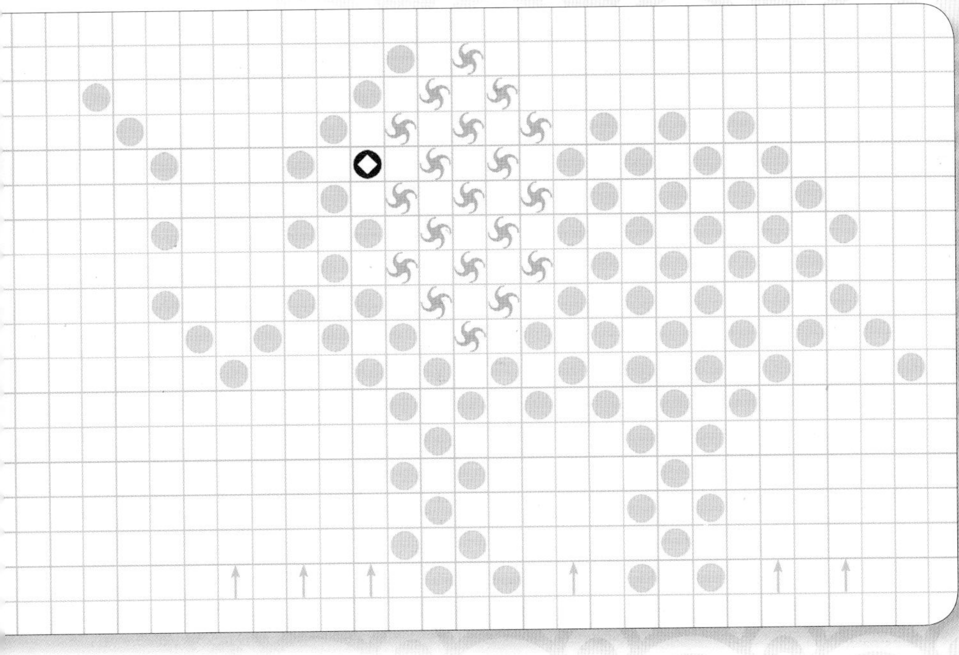

快乐猫娃

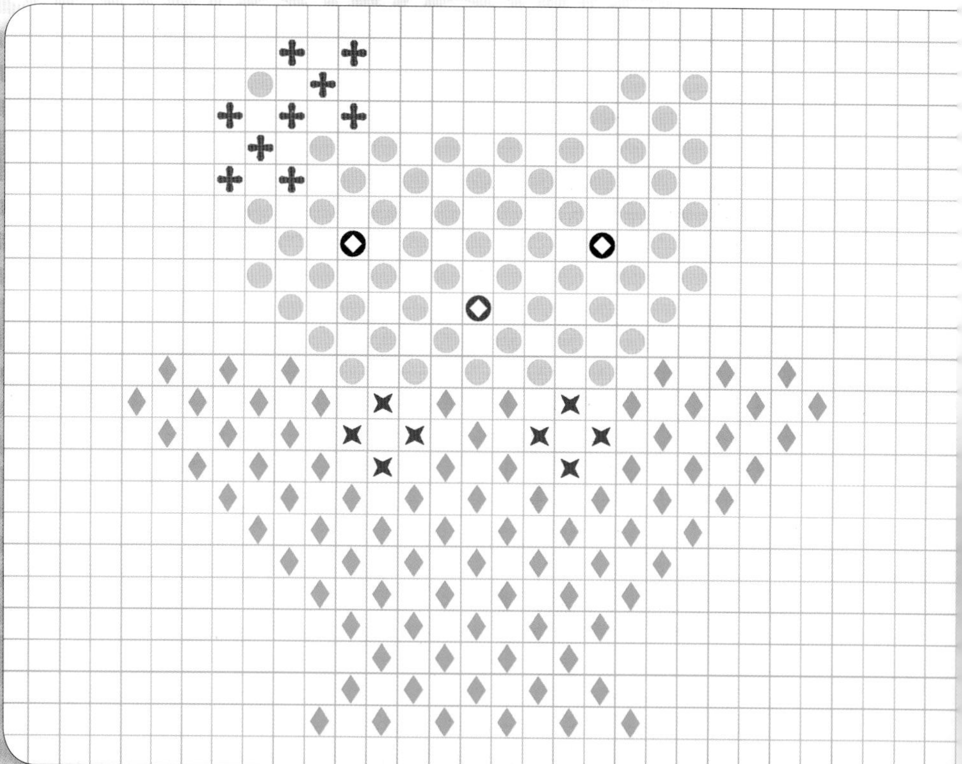

起针建议：无

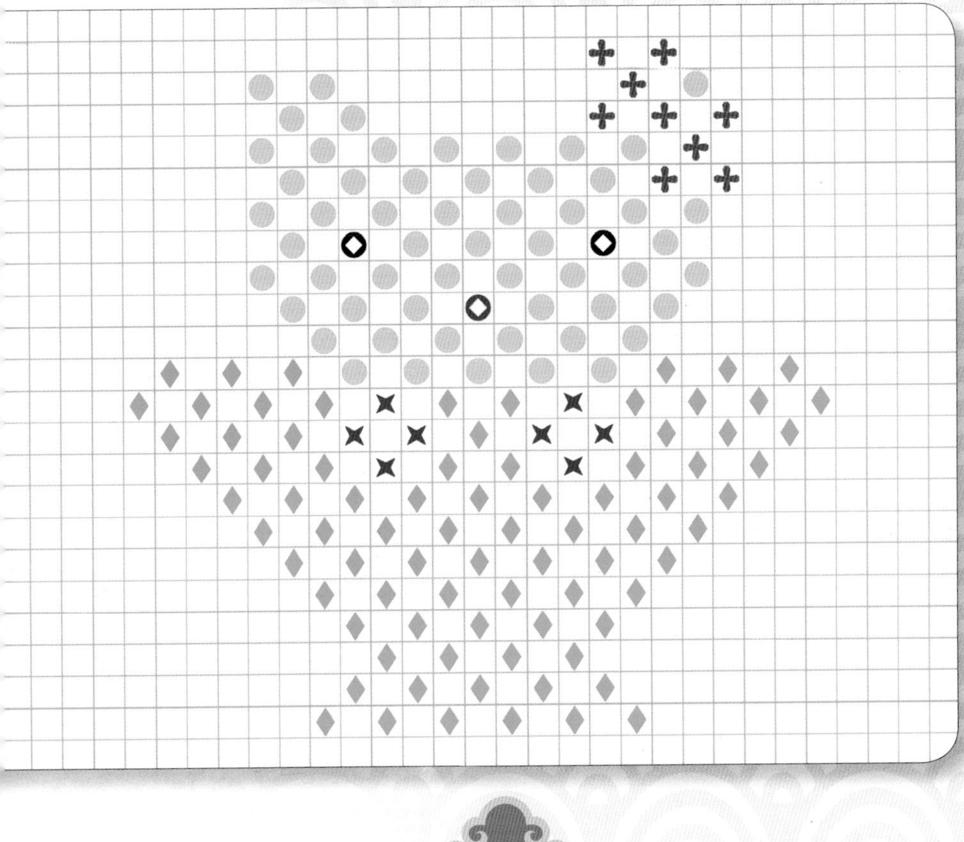

小兔乖乖

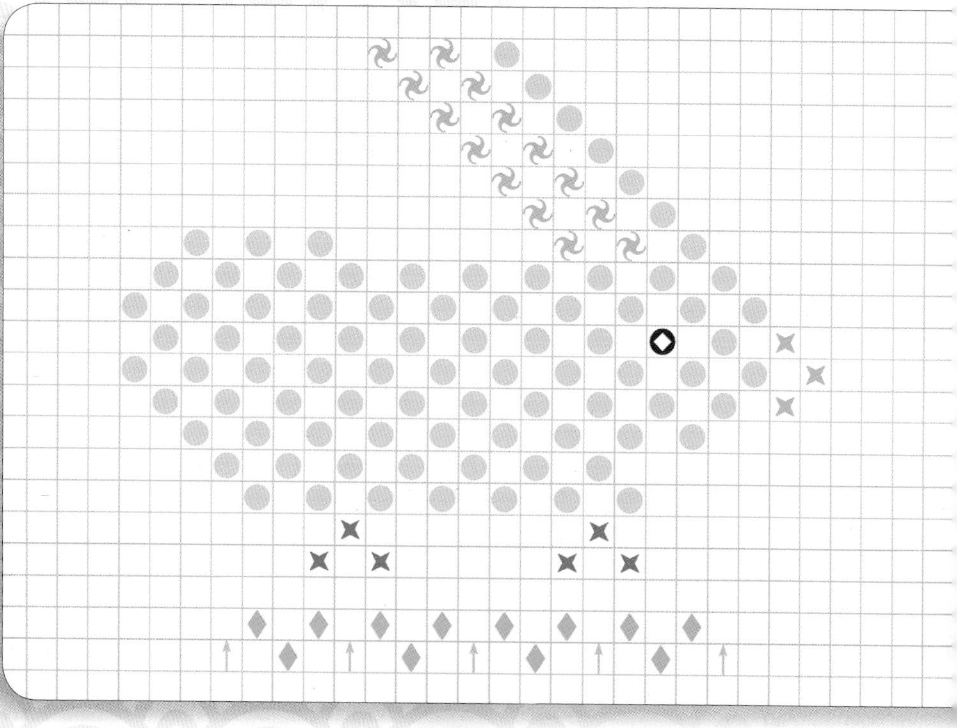

起针建议：九针起花

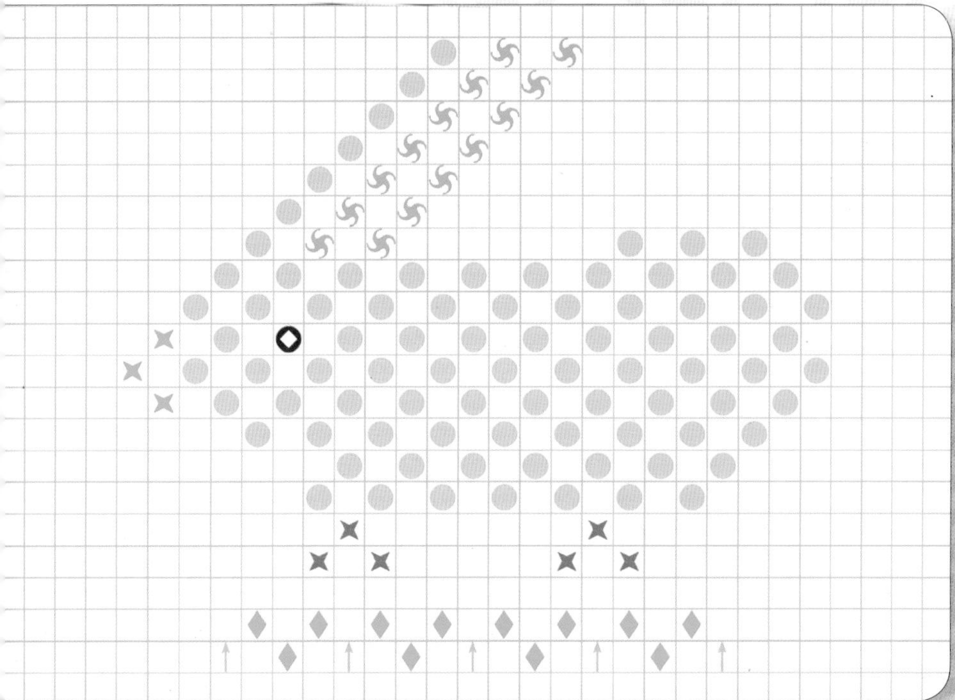

可爱松鼠

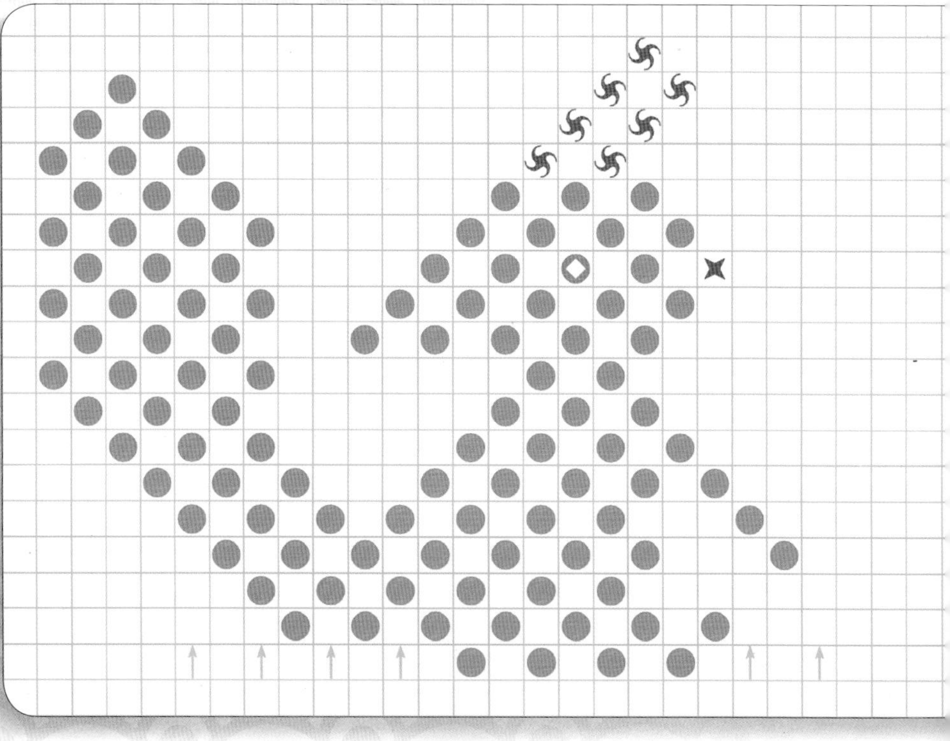

起针建议：十针起花

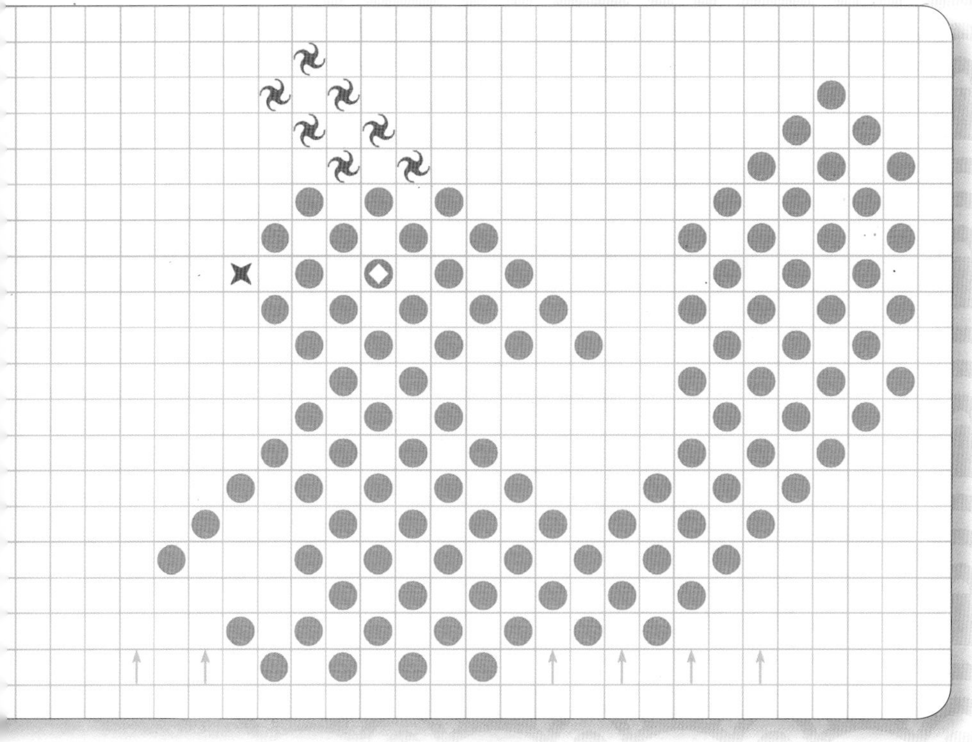

贵宾犬

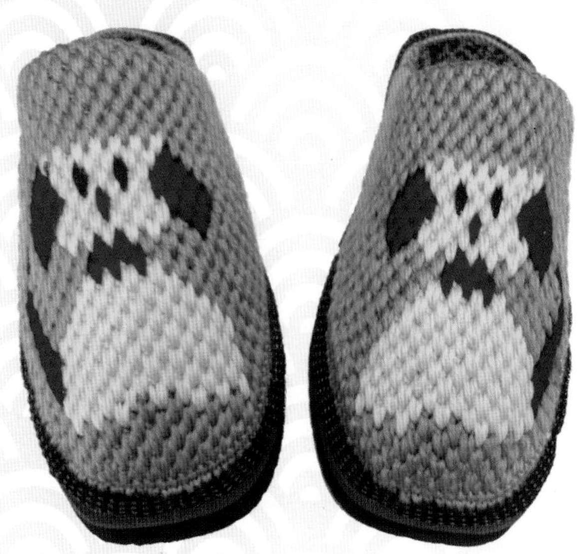

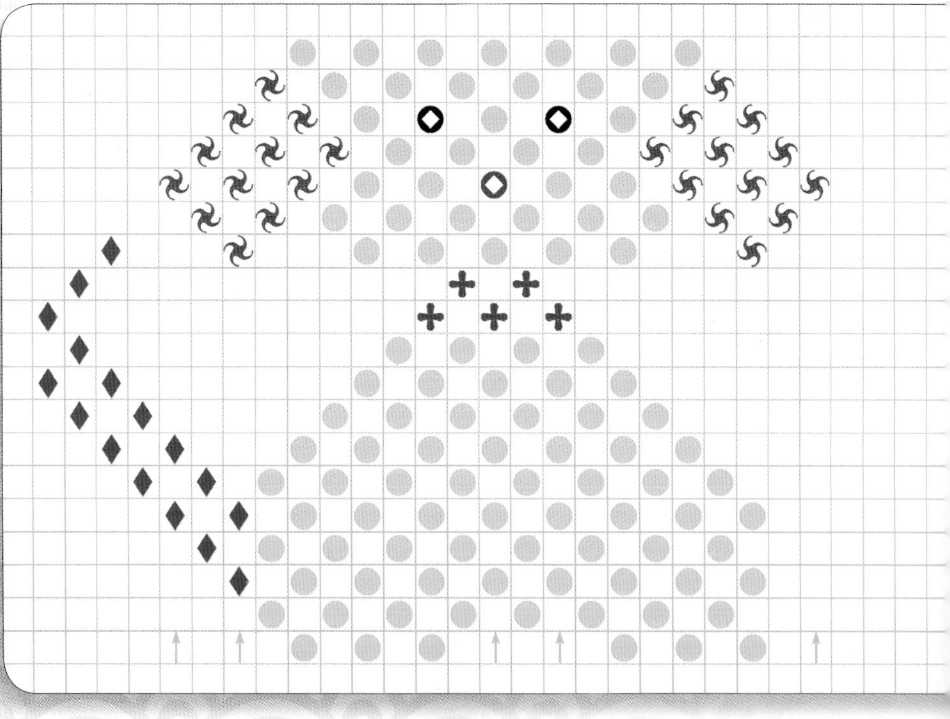

起针建议：十一针起花

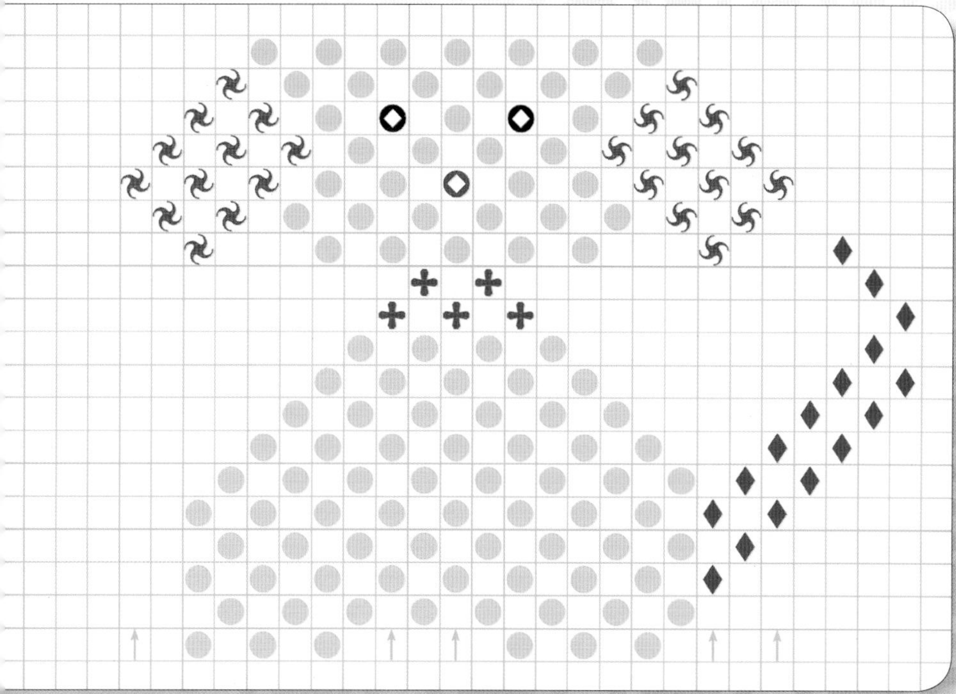

跃过龙门

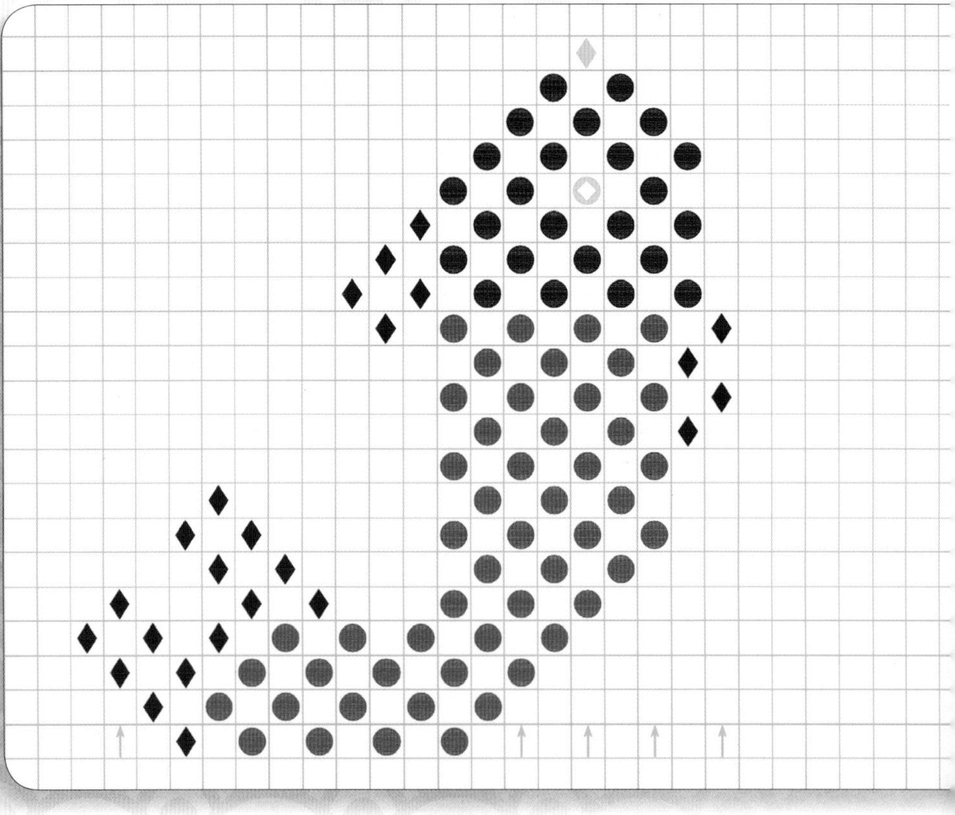

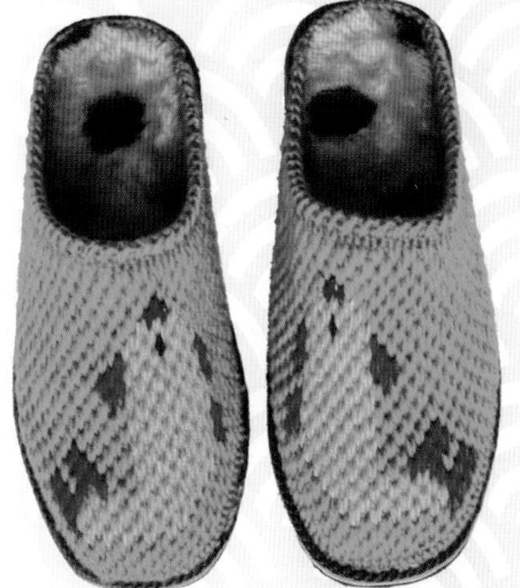

起针建议：十针起花

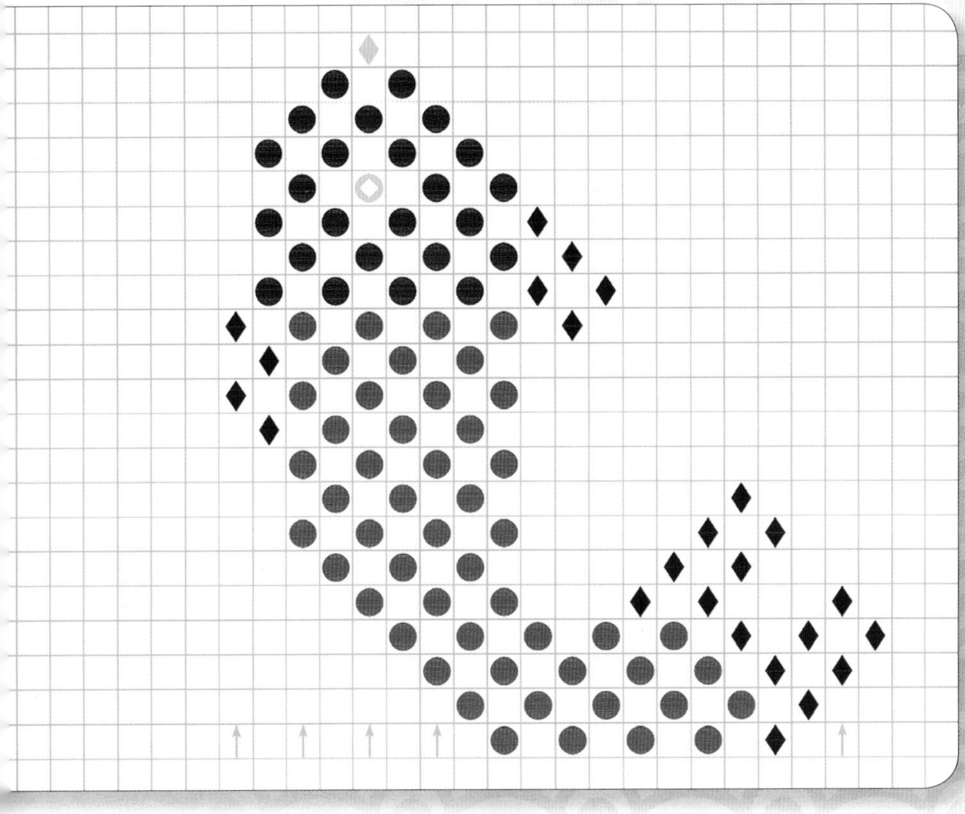

我是凯蒂

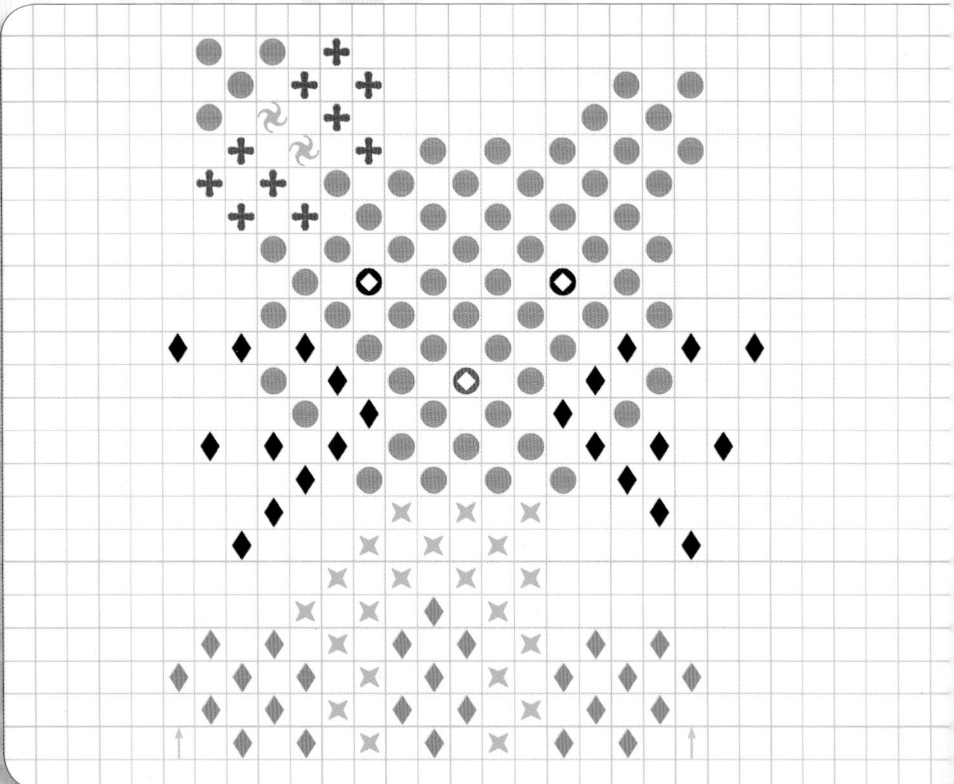

起针建议：九针起花

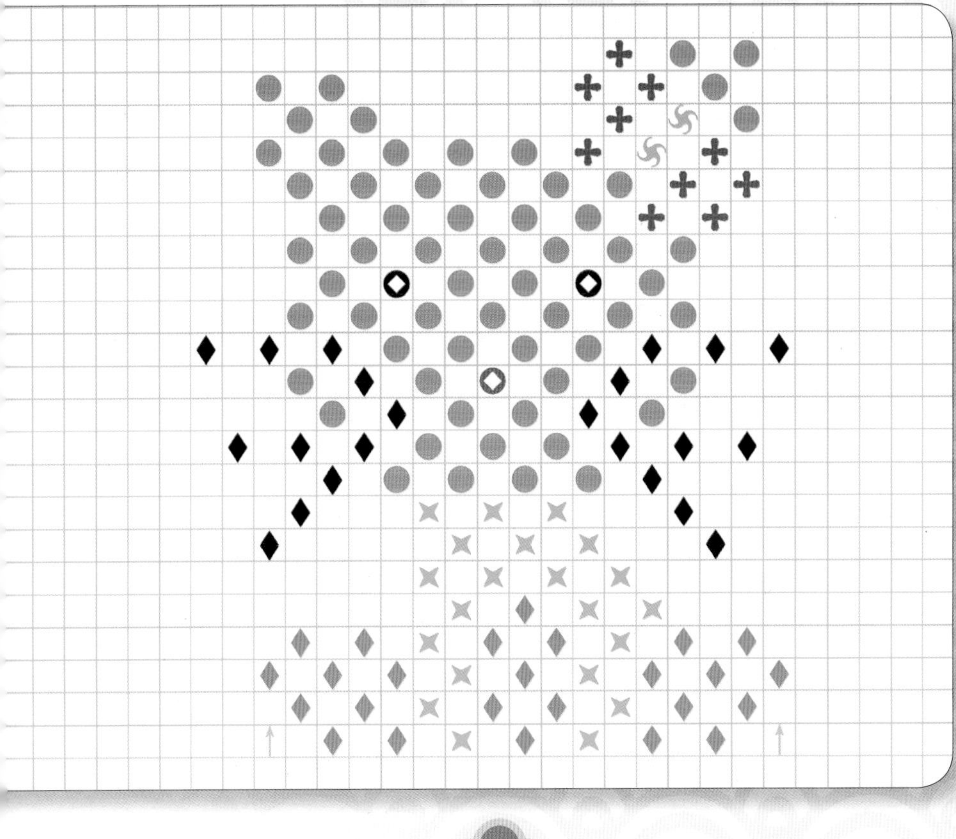

可爱猫咪

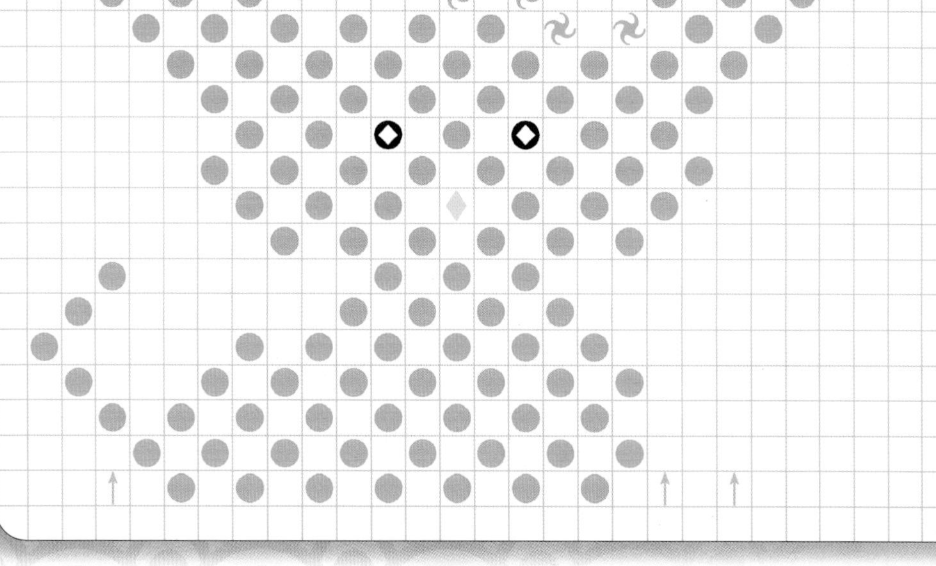

起针建议：十针起花

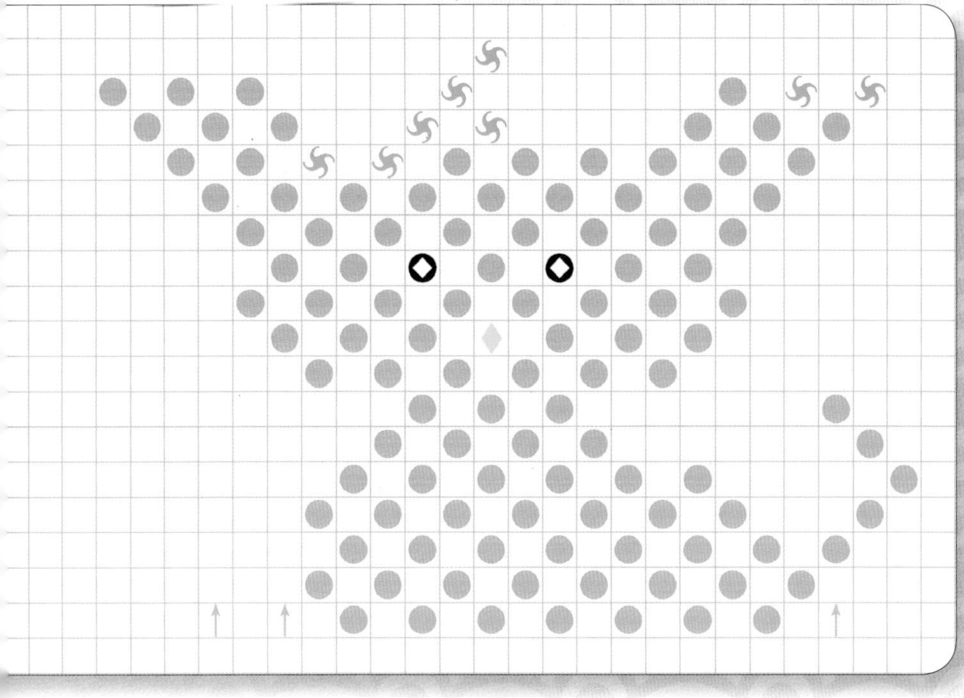

小梅花鹿

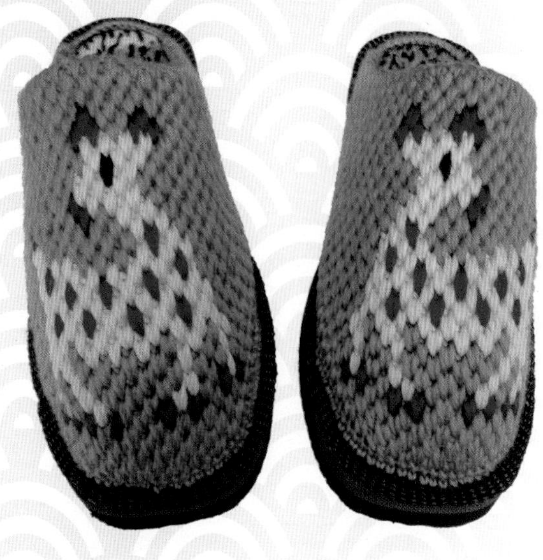

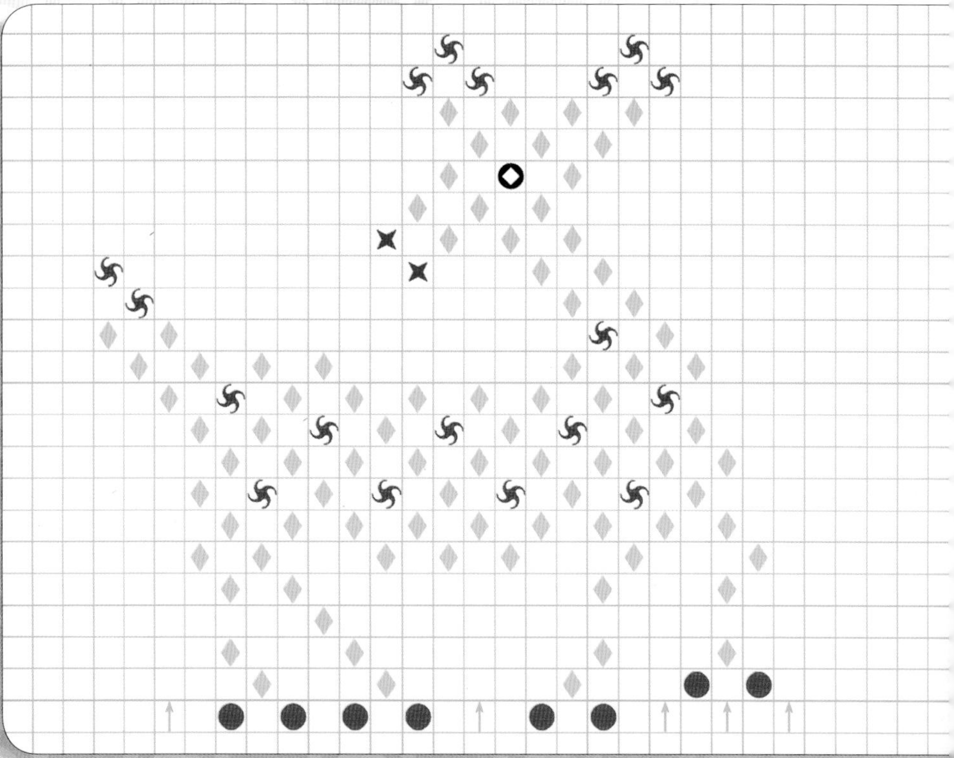

起针建议：十一针起花

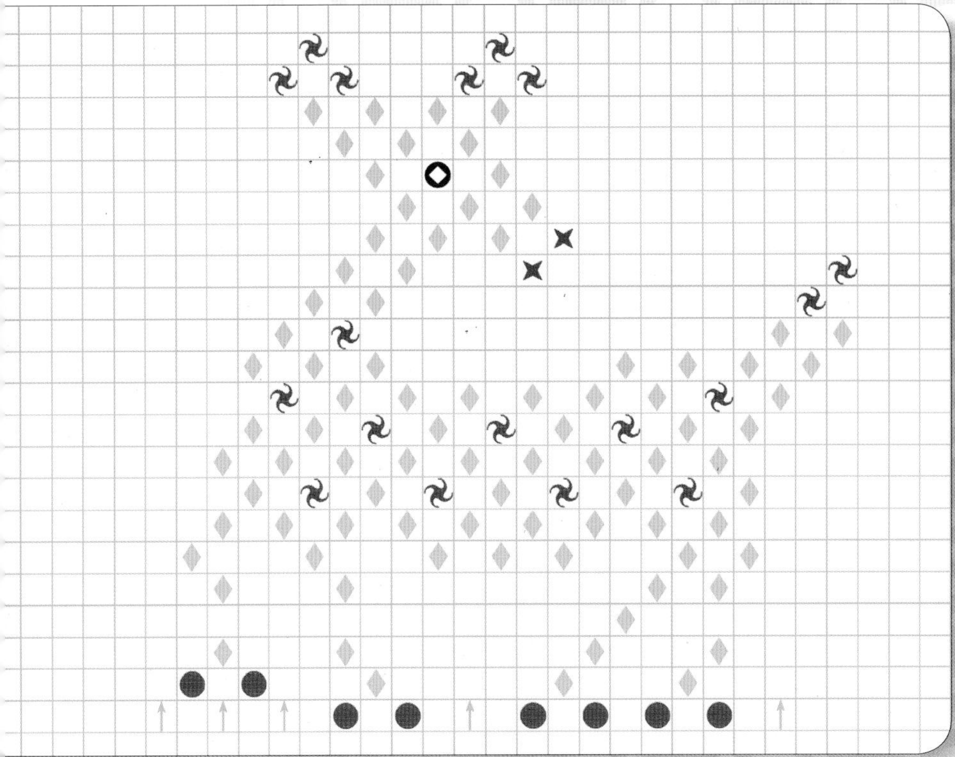

小熊上树

起针建议：八针起花

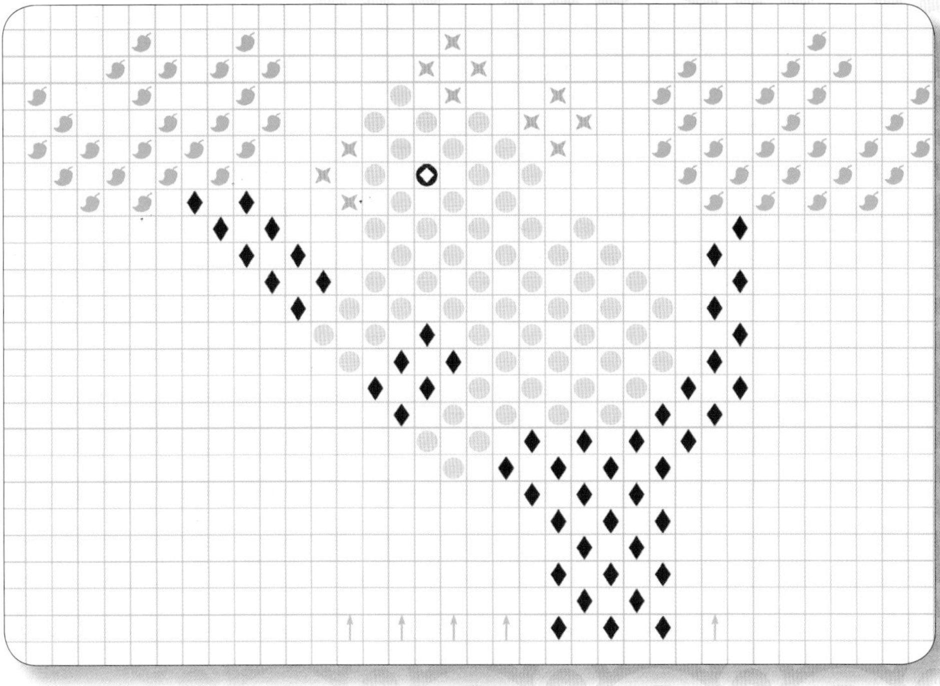

我在等你

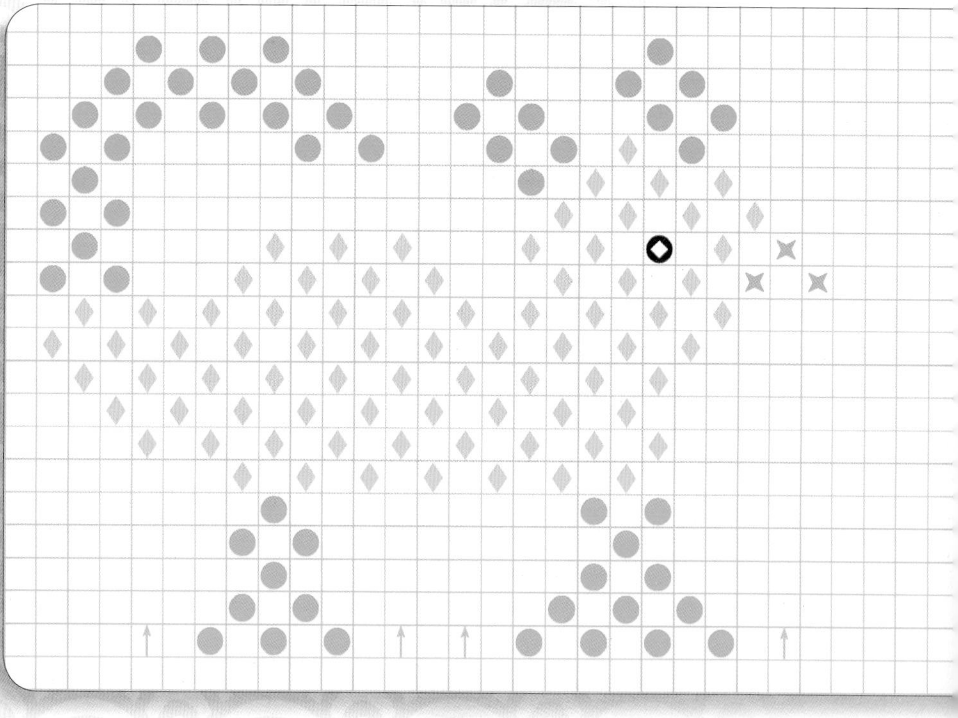

起针建议：十一针起花

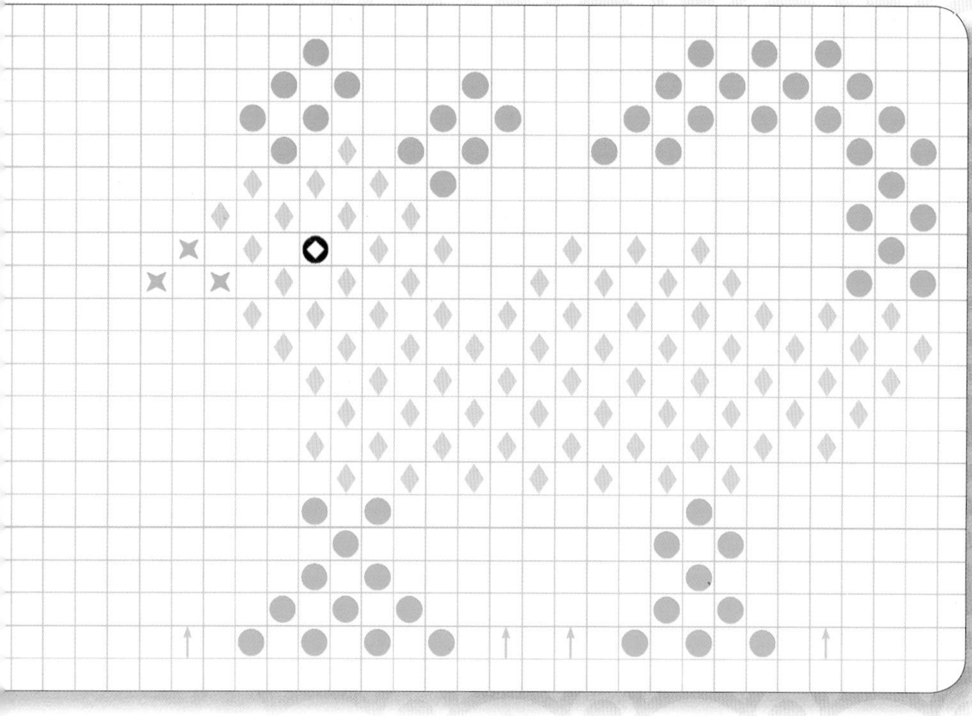

大骆驼

起针建议：八针起花

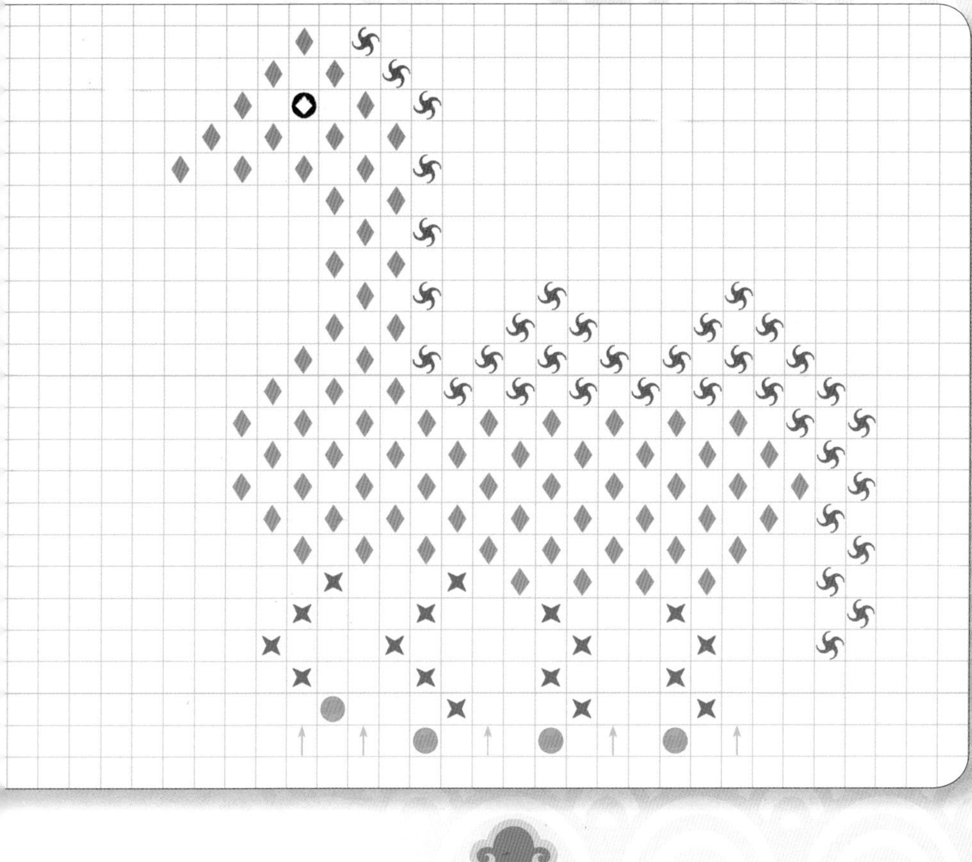

小松鼠

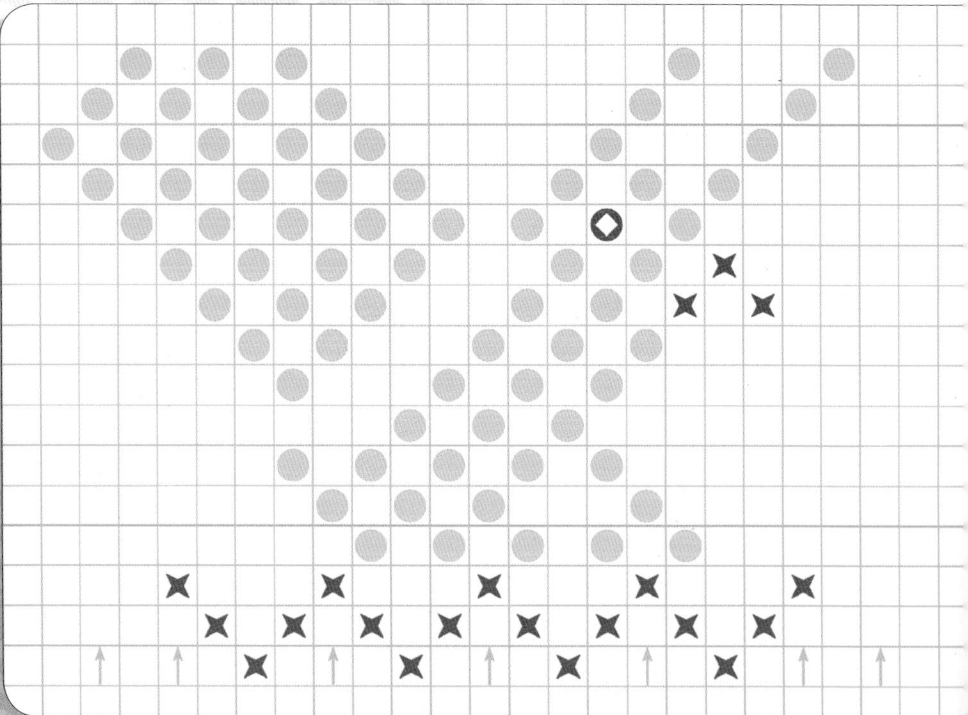

起针建议：十一针起花

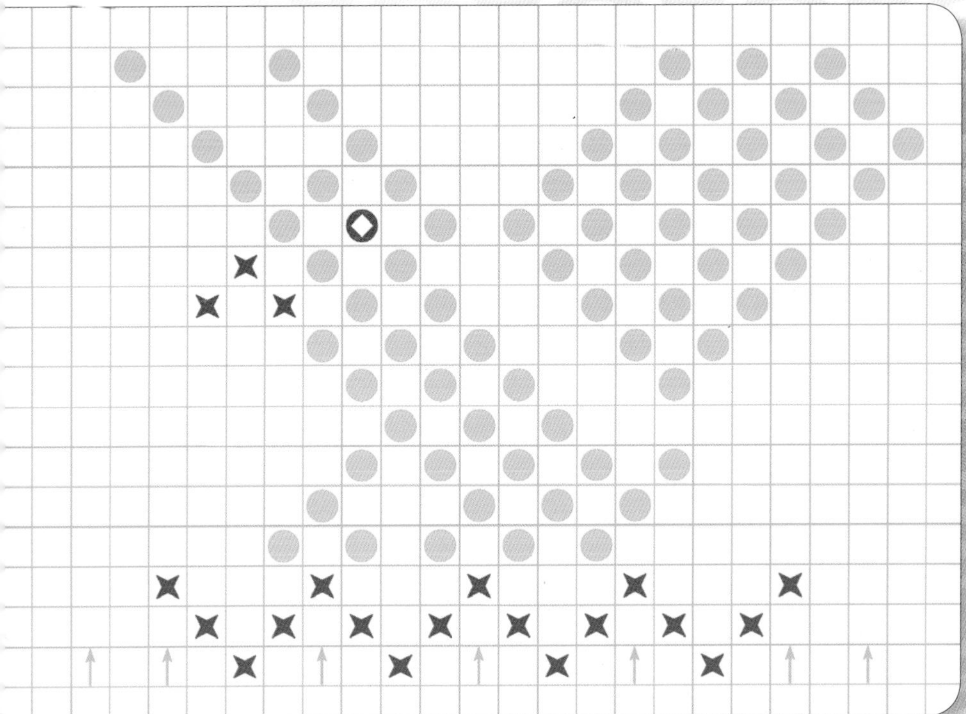

小雪貂

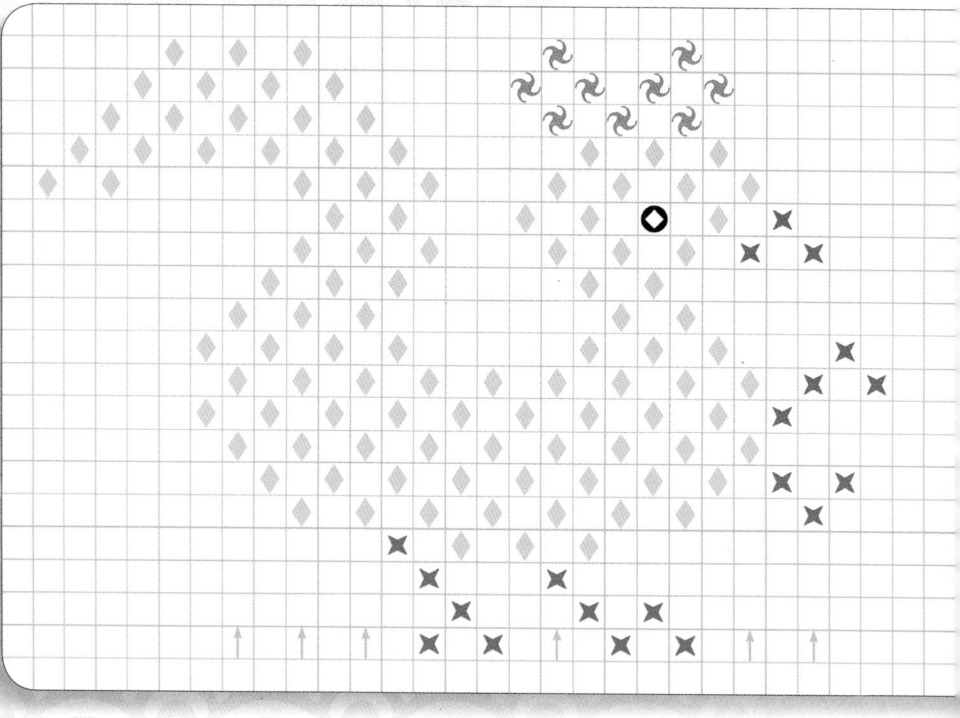

起针建议：十针起花

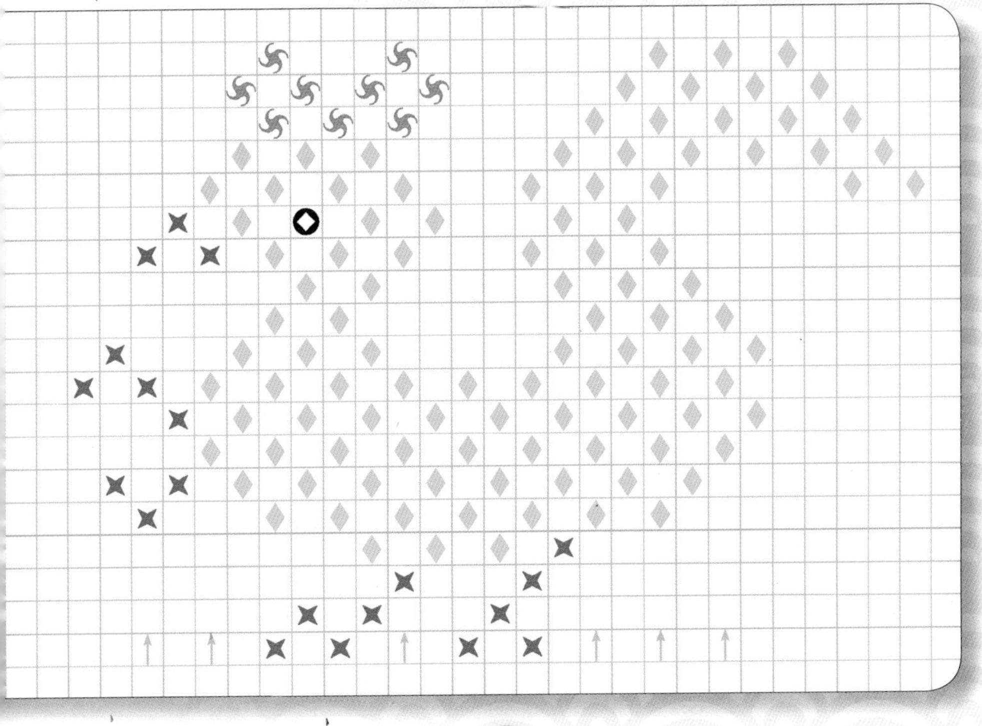

枝头松鼠

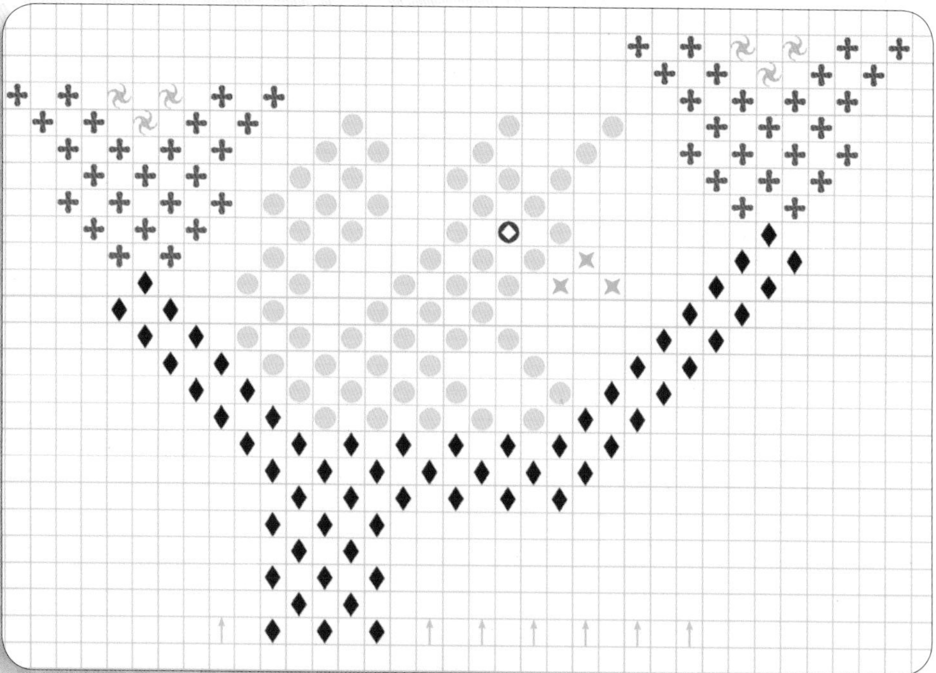

起针建议：十针起花

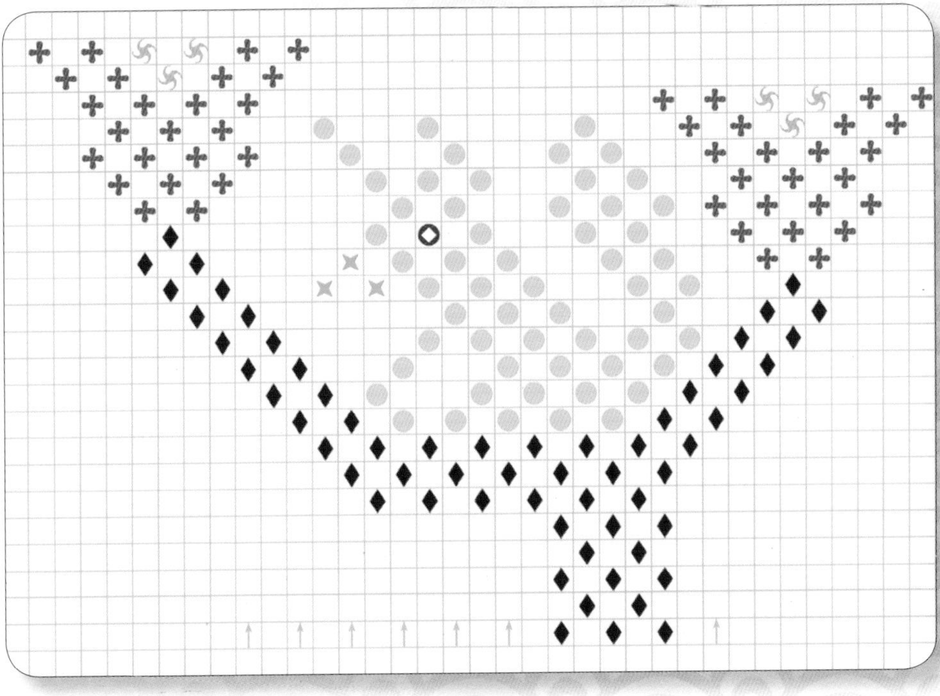

迷你单车

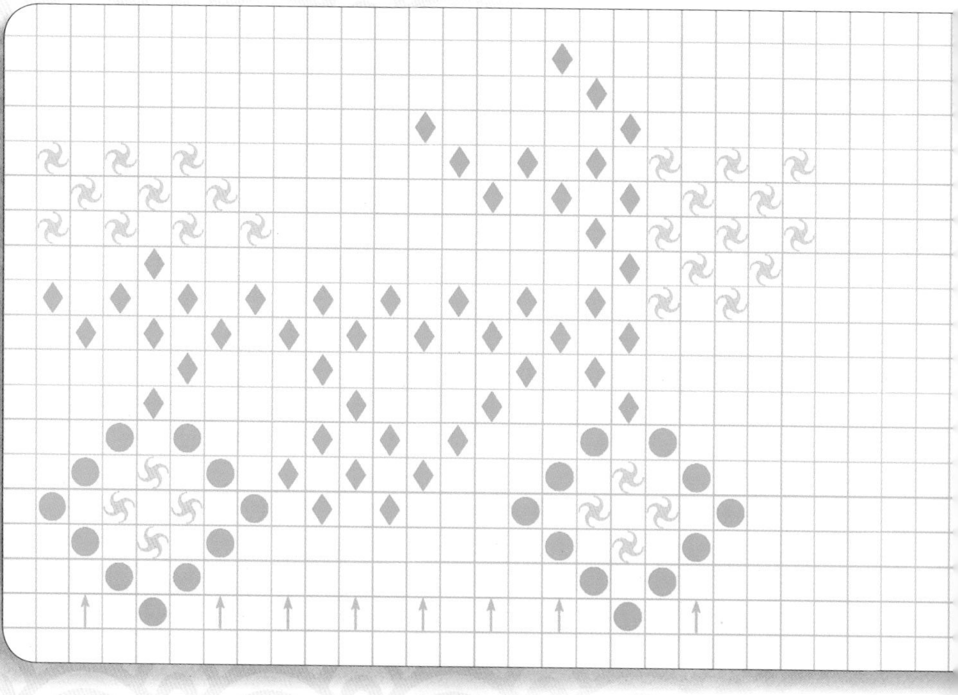

起针建议：十针起花

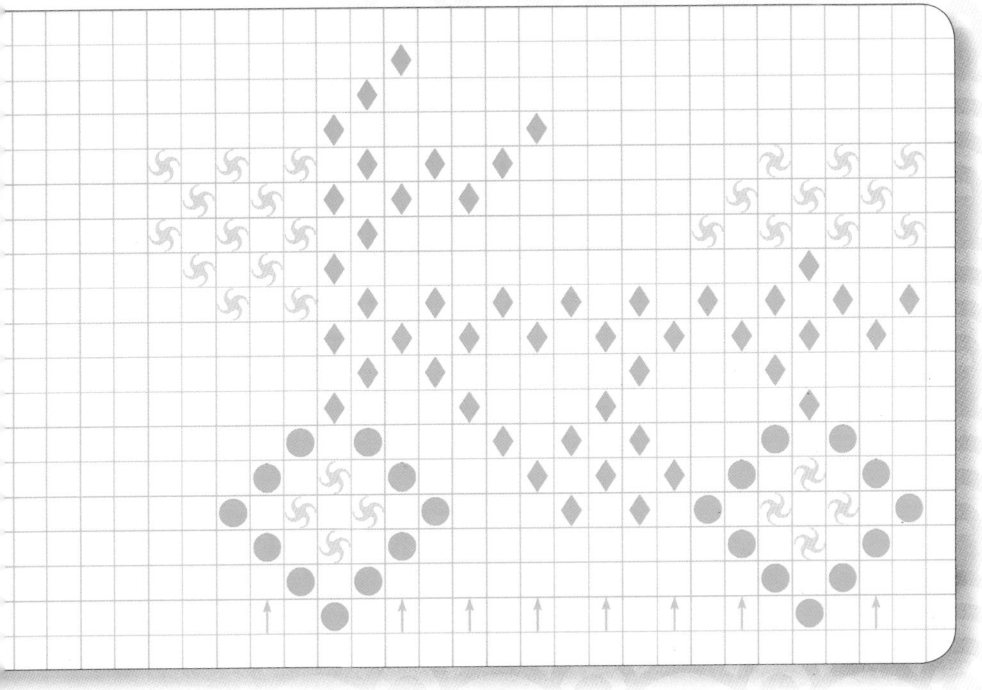

枸杞熟了

起针建议：无

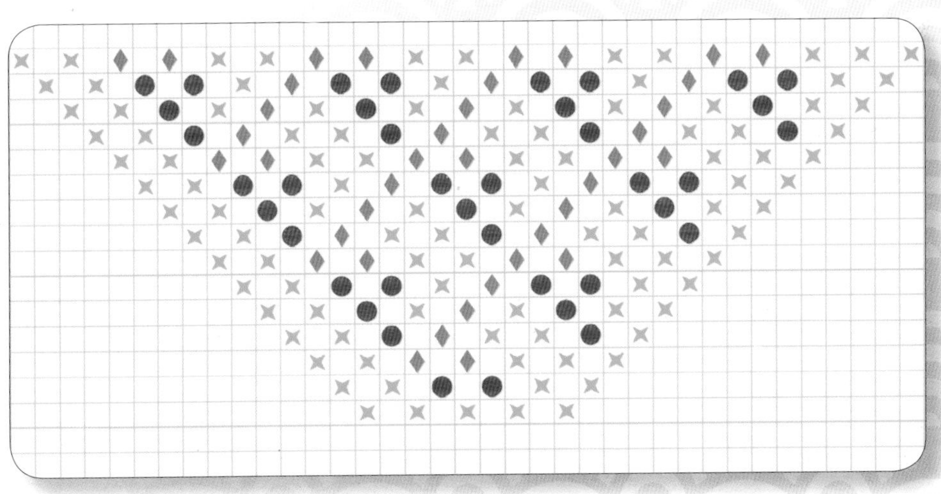

小蜗牛

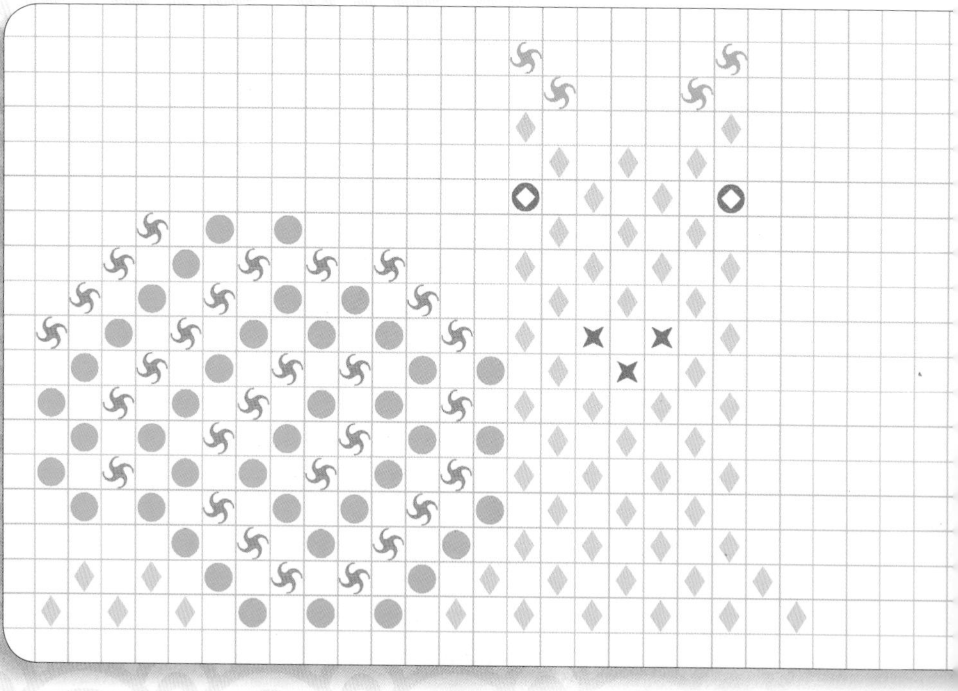

起针建议：十二针起花

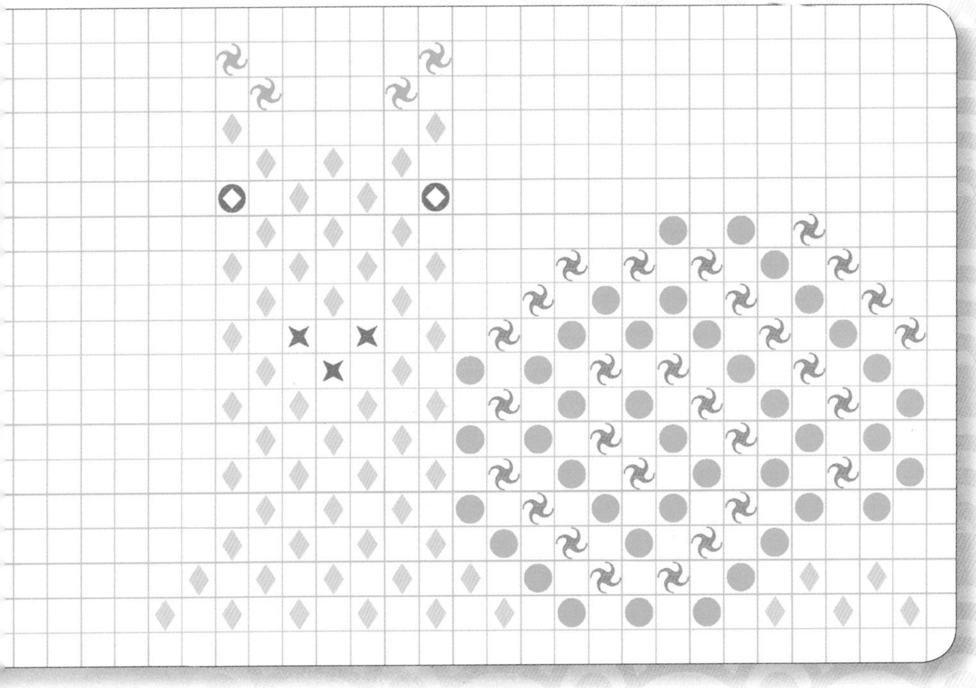

小货车

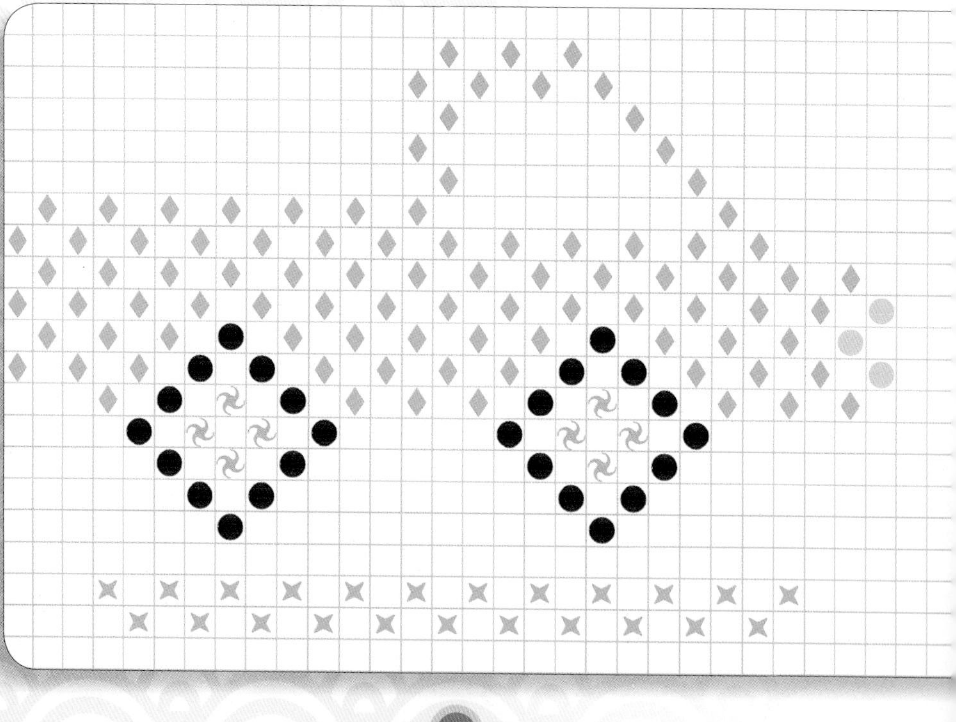

起针建议：十一针起花

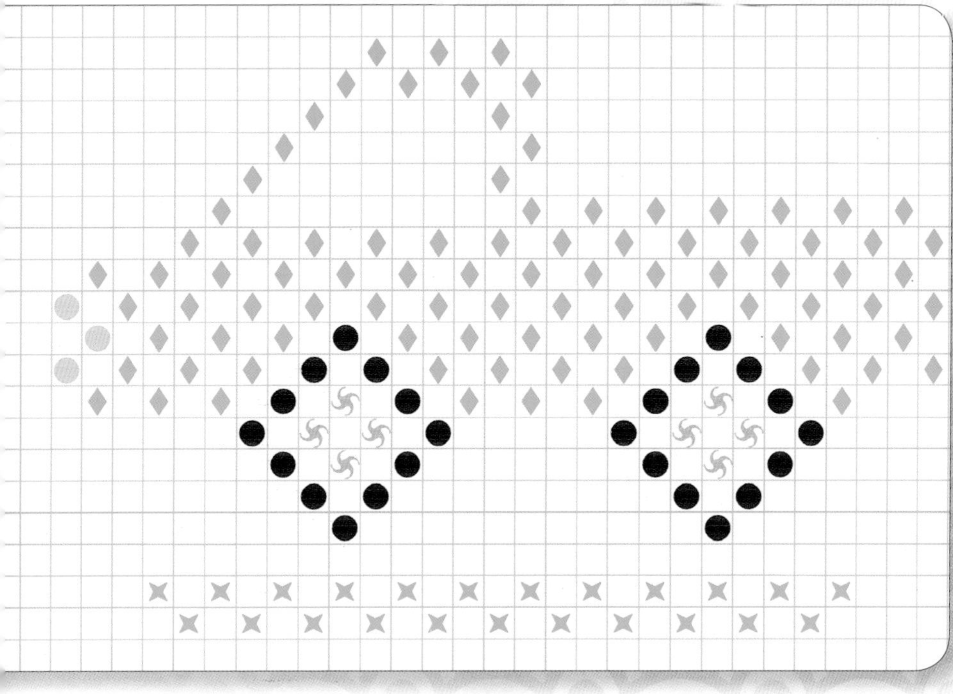

小雨伞

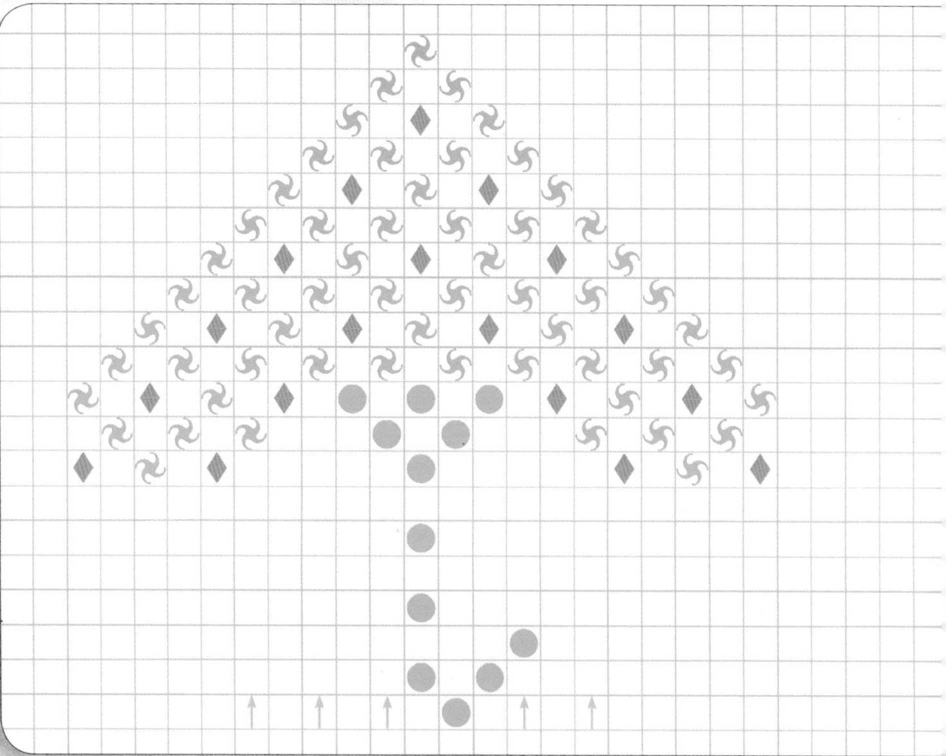

起针建议：六针起花

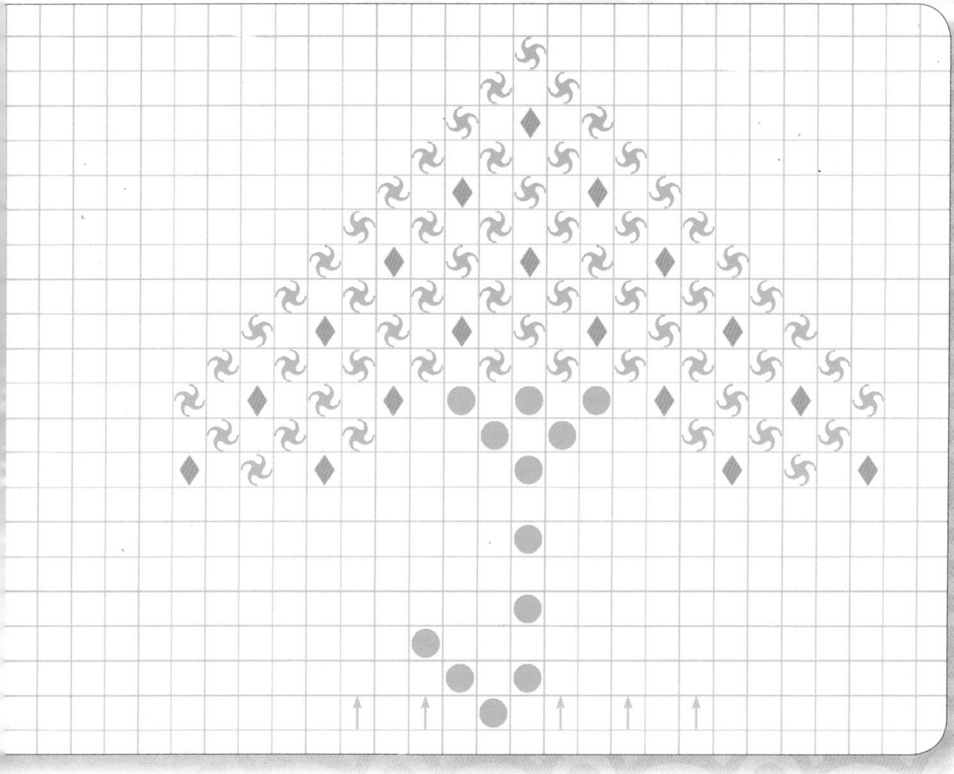

快乐小鸟

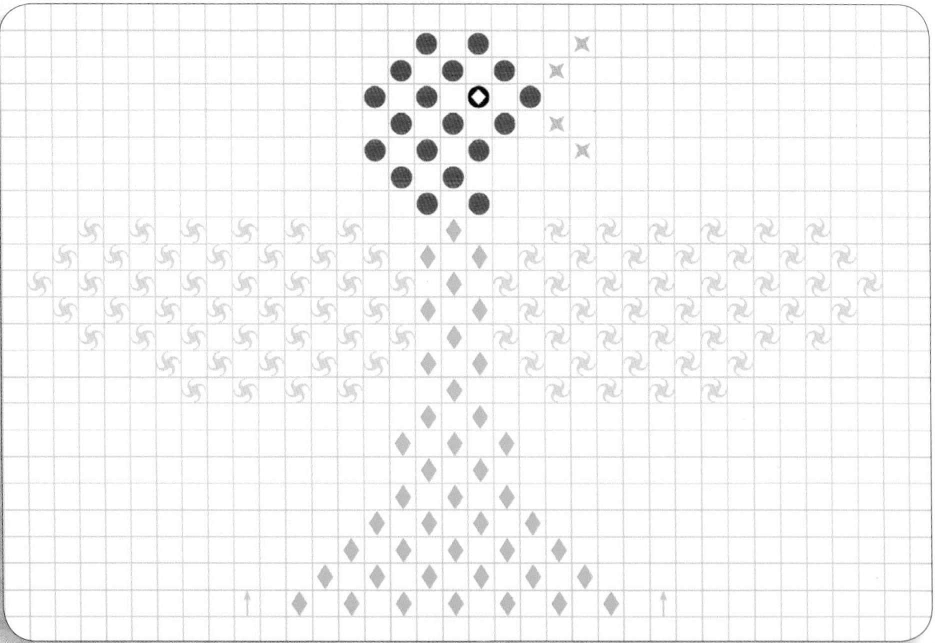

起针建议：九针起花

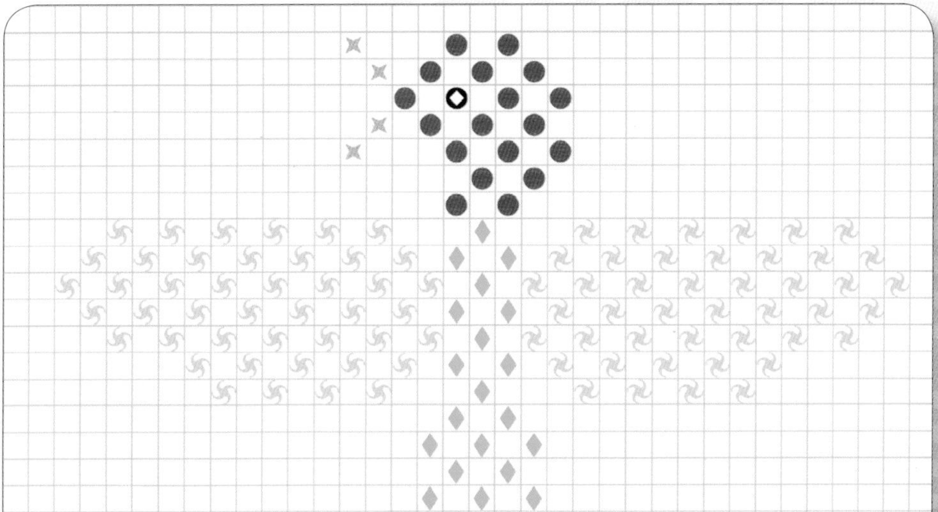

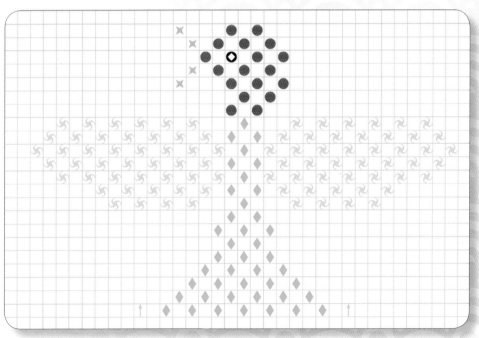

战斗机

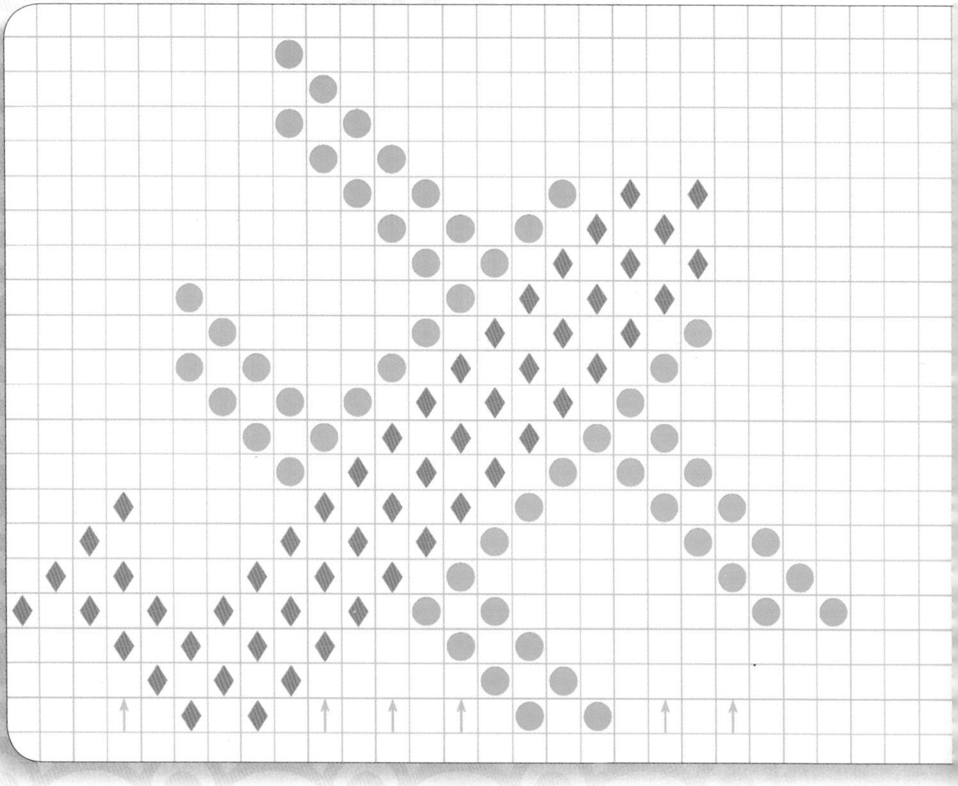

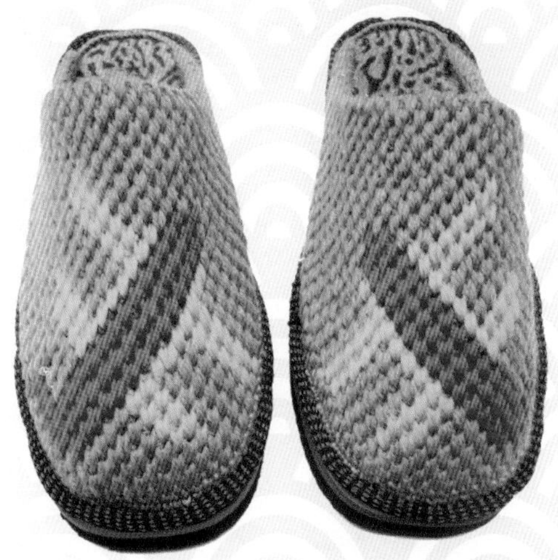

起针建议：十针起花

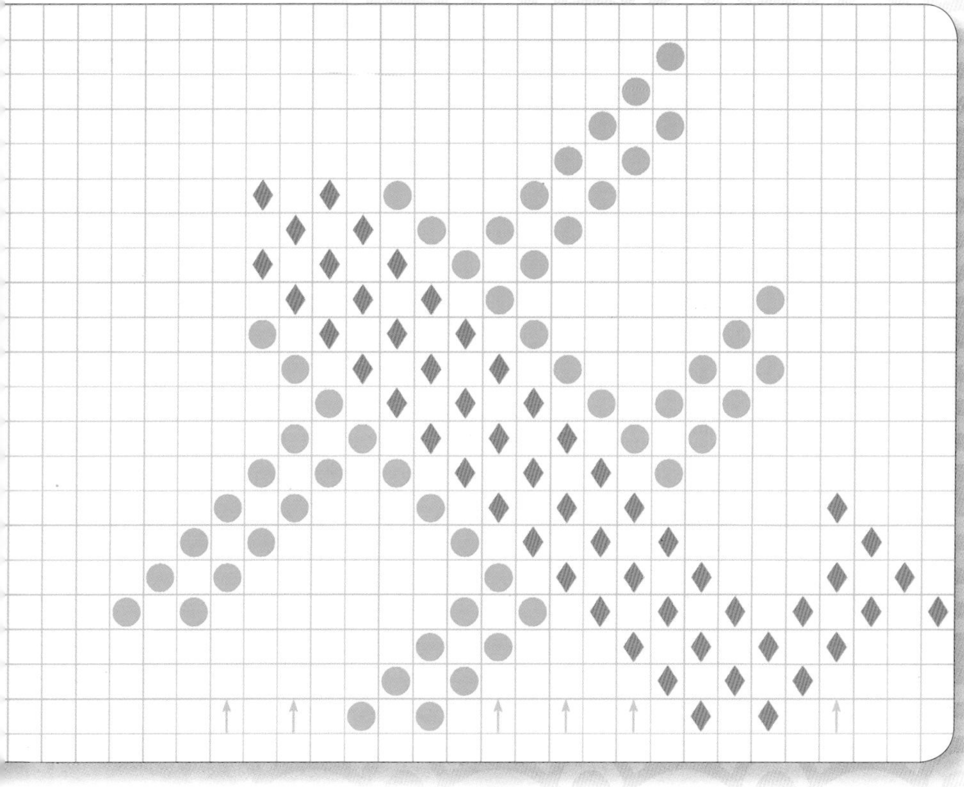

翩翩起舞

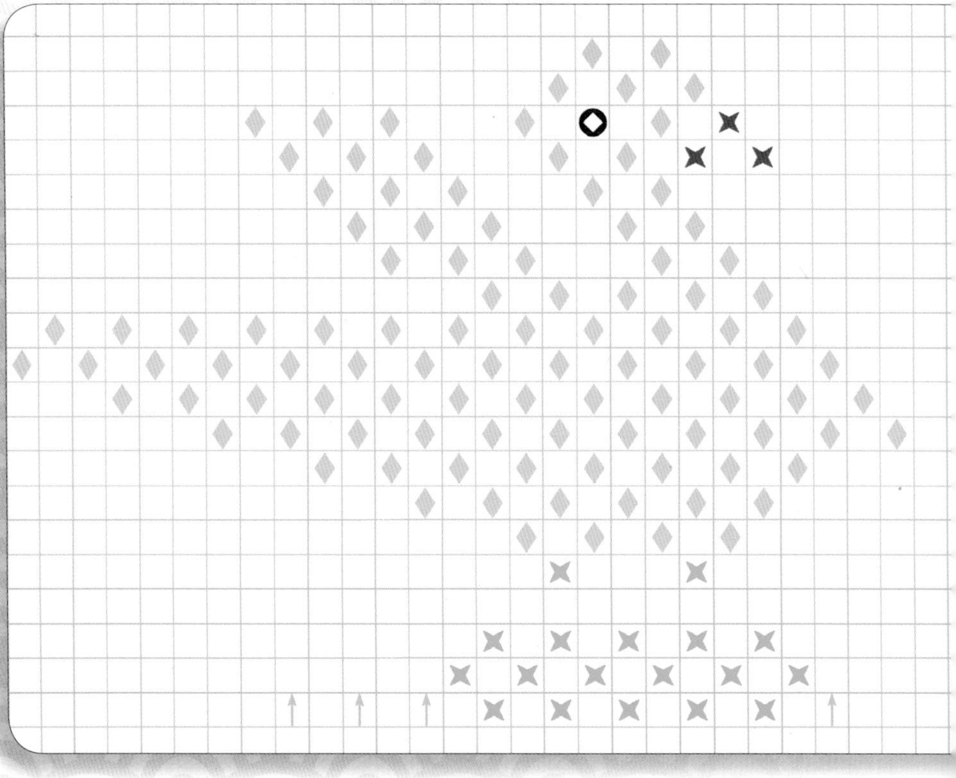

起针建议：九针起花

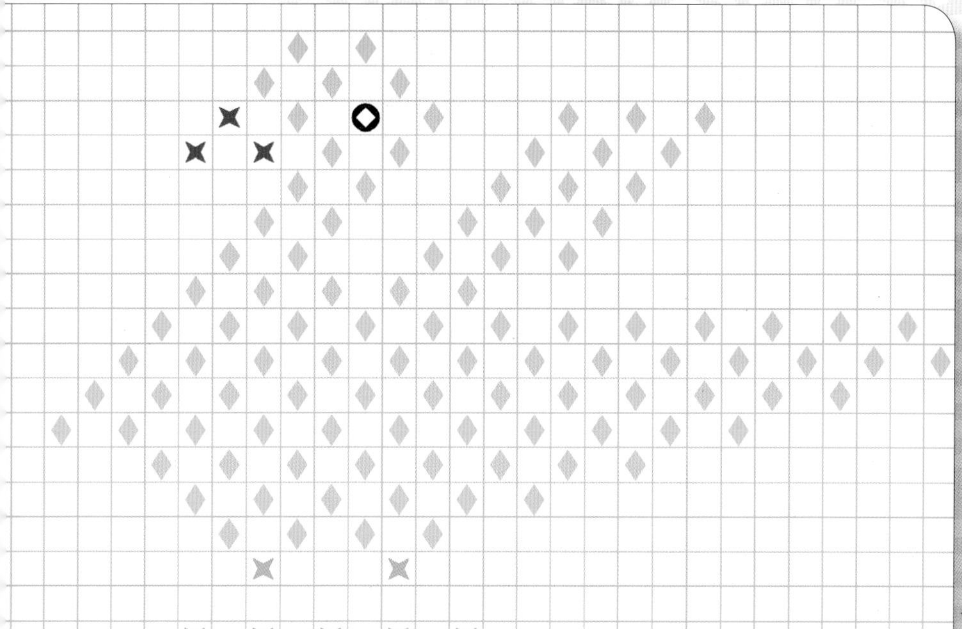

山楂熟了

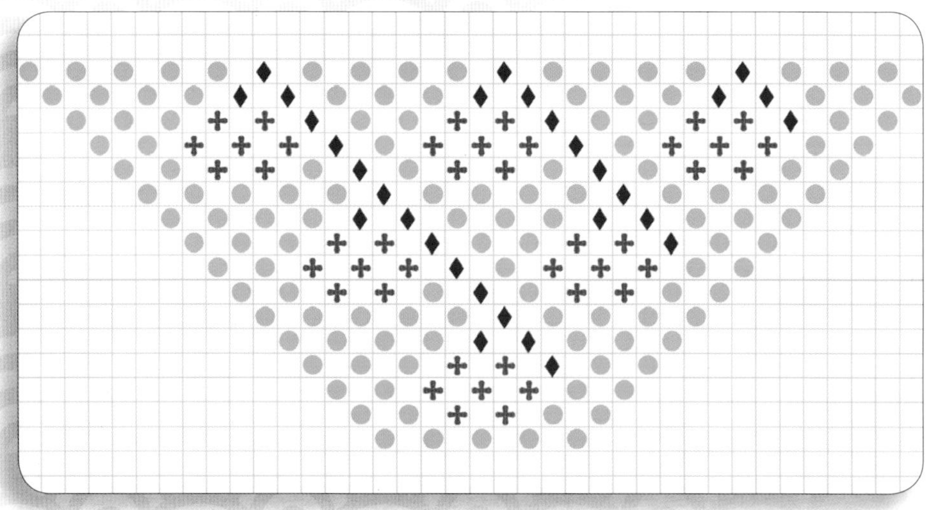

起针建议：无

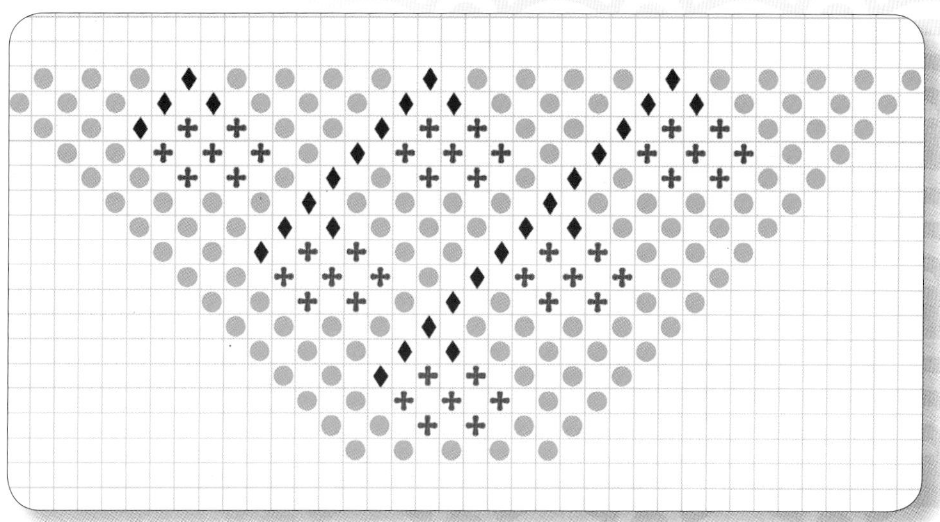

辣椒红了

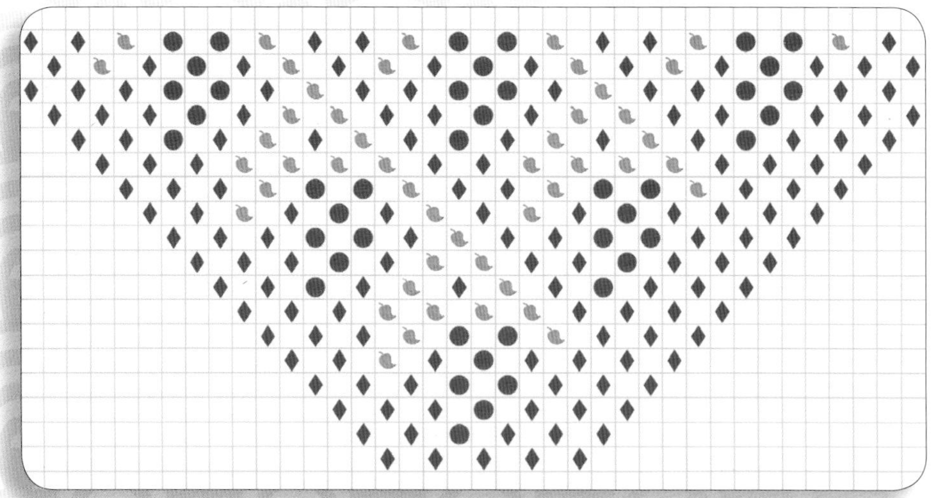

起针建议：无

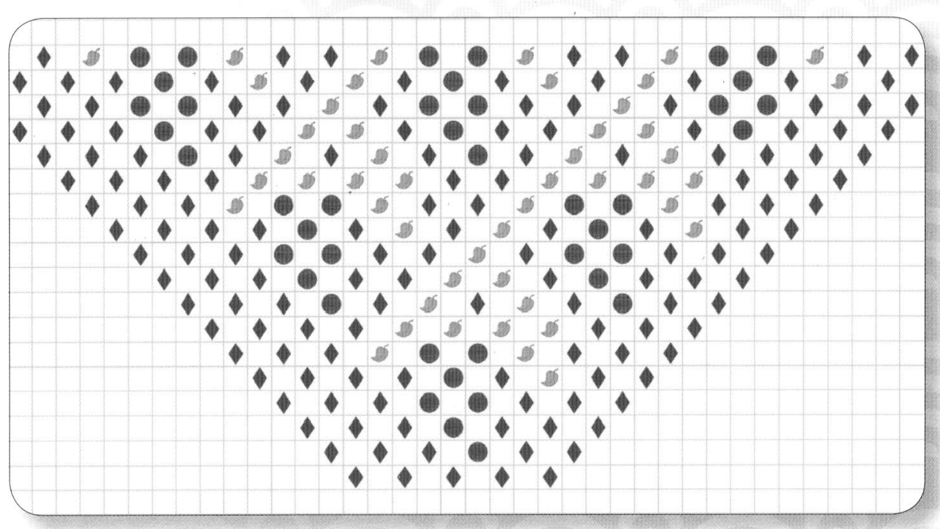

快乐飞翔

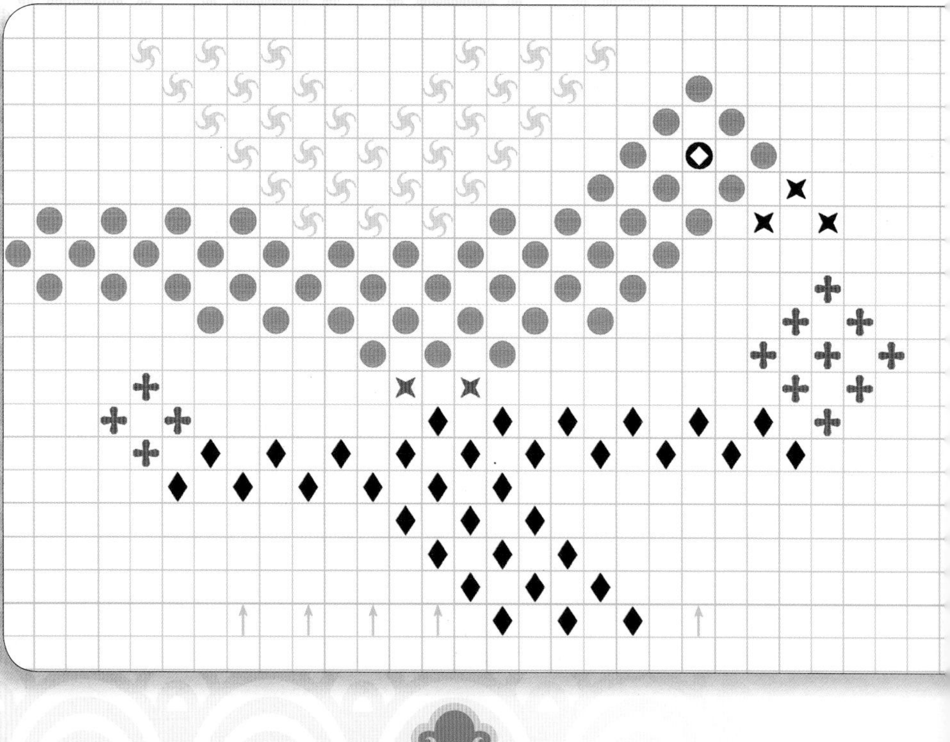

起针建议：八针起花

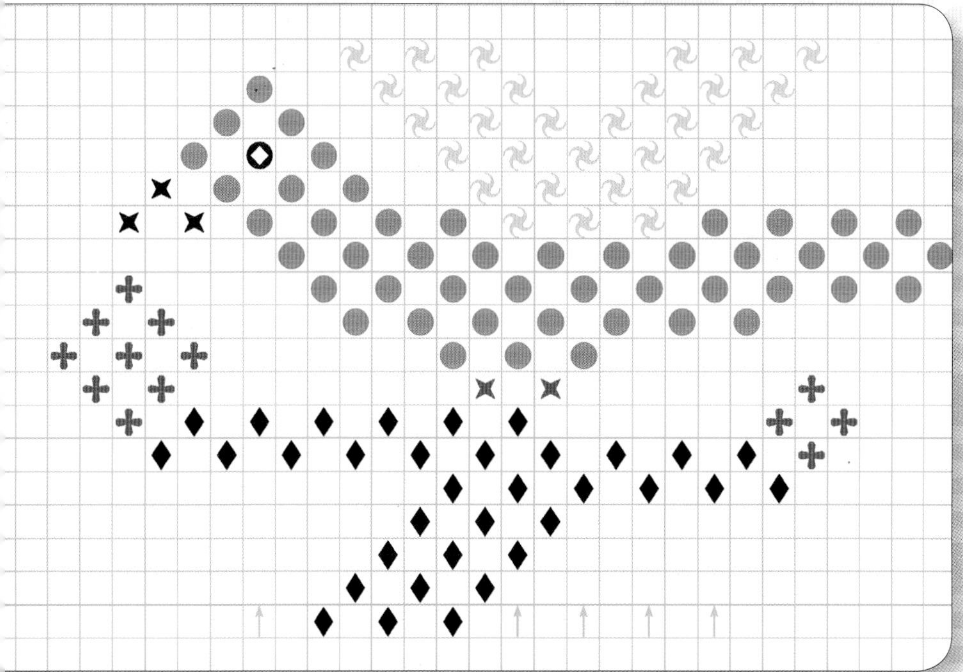

天空翱翔

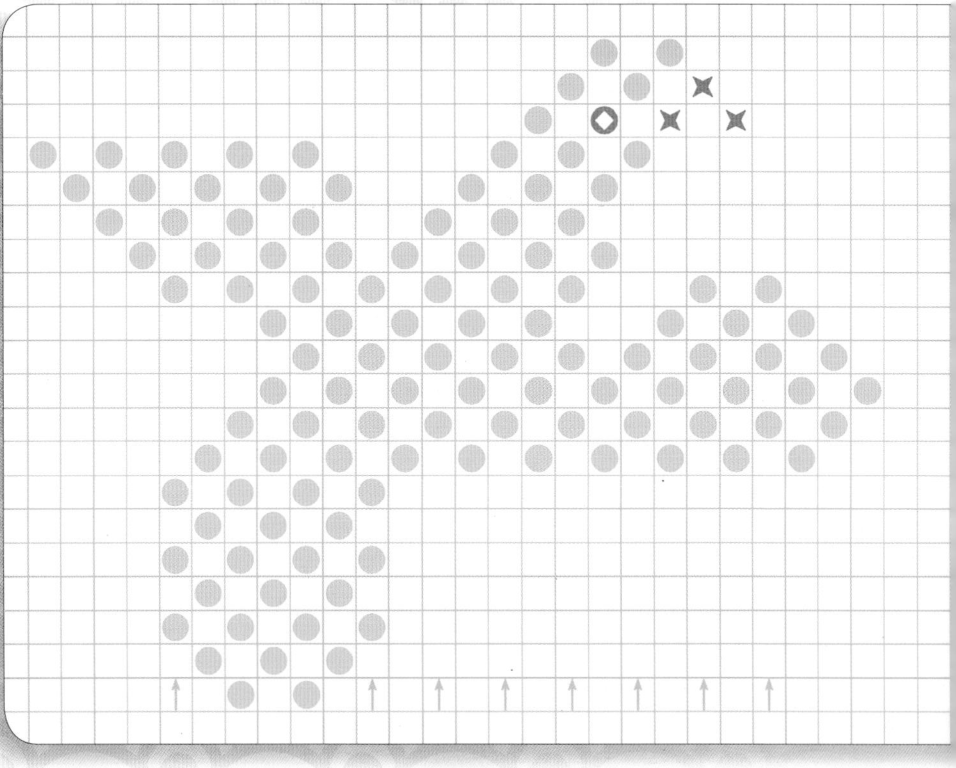

起针建议：十针起花

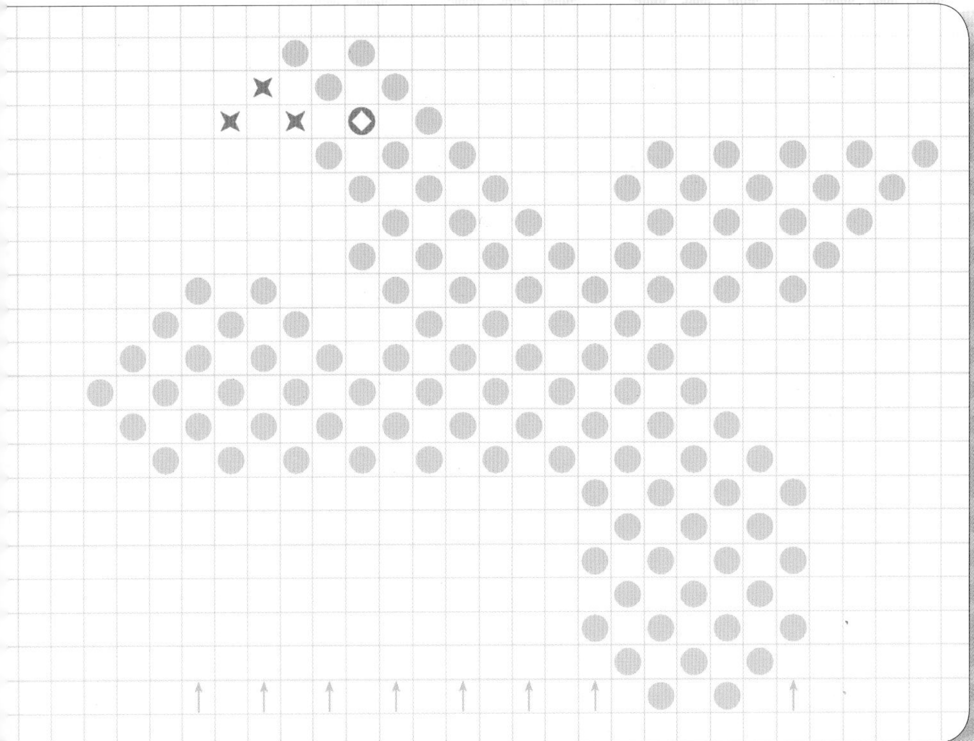

枝头鹦鹉

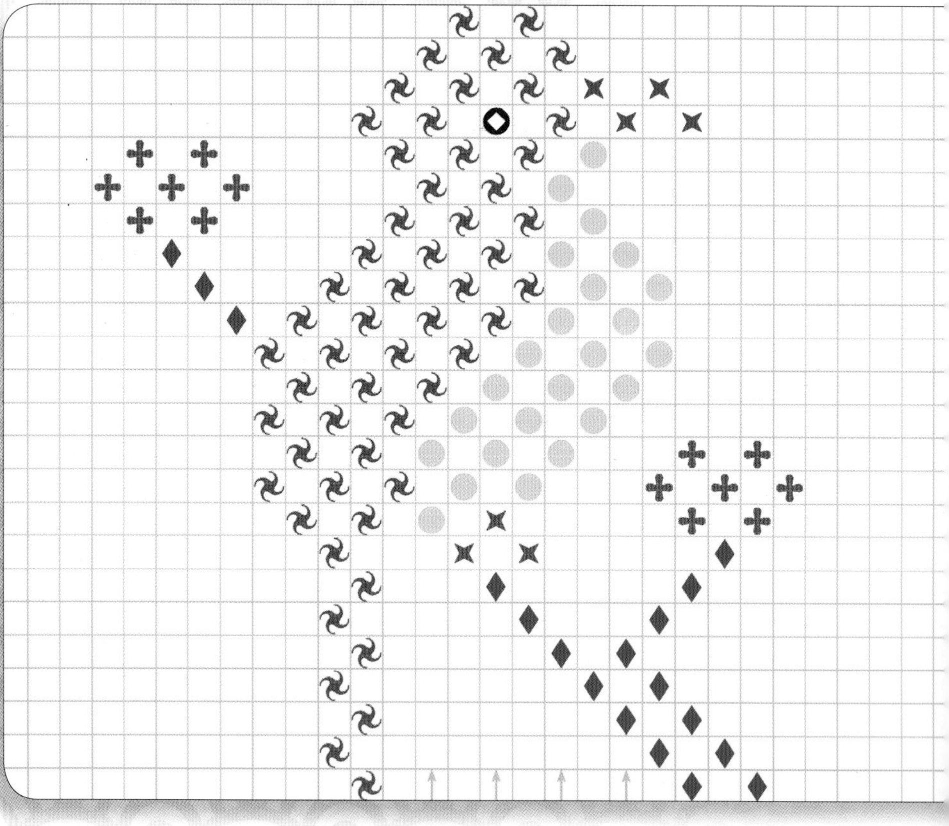

起针建议：七针起花

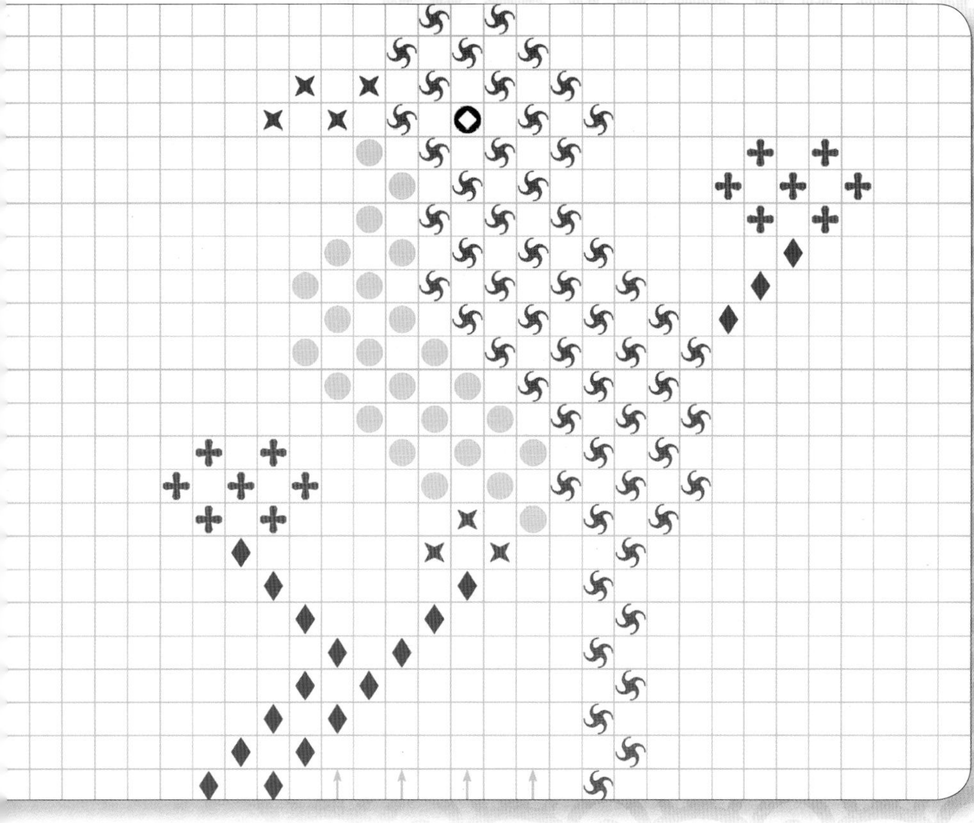

花间鹦鹉

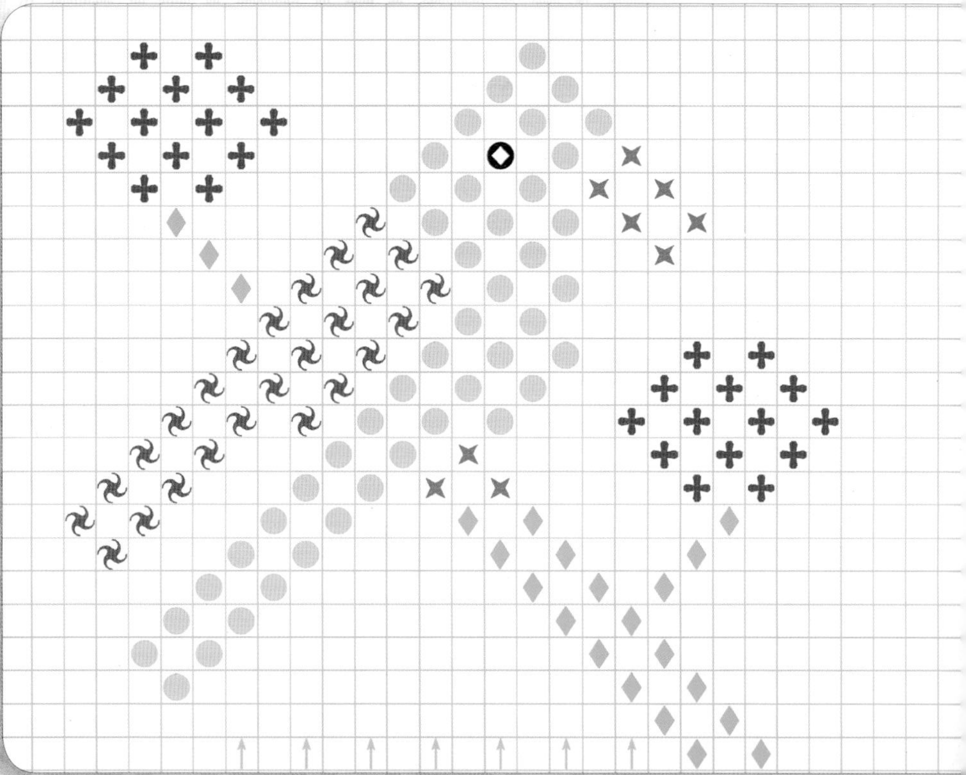

起针建议：九针起花

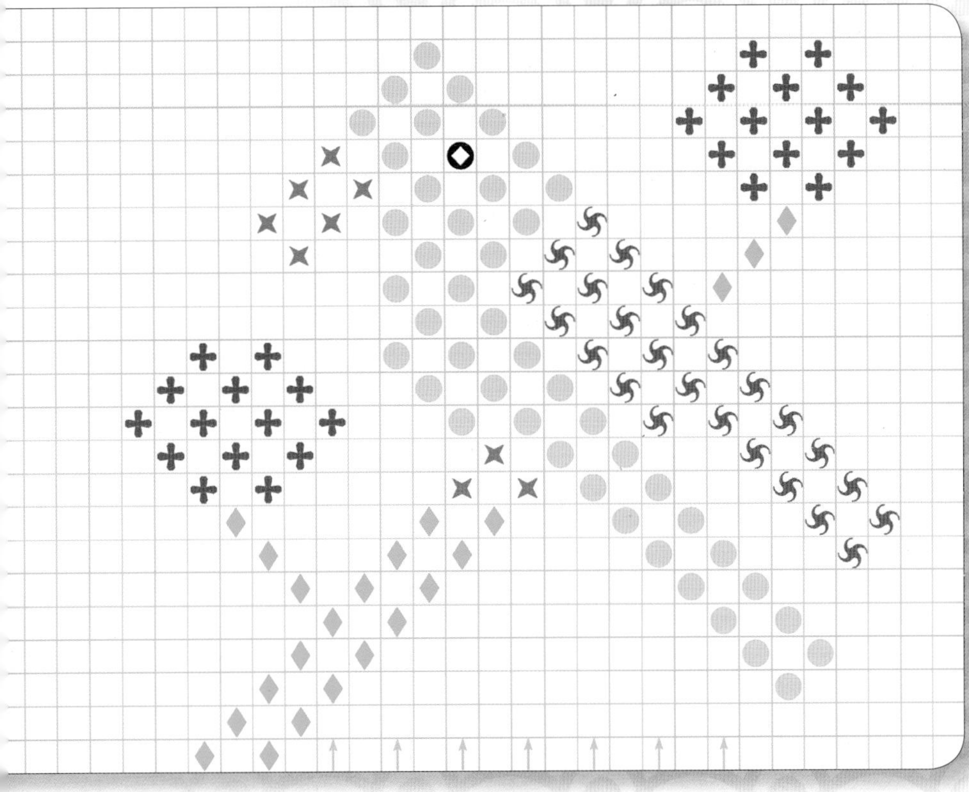

花间杜鹃

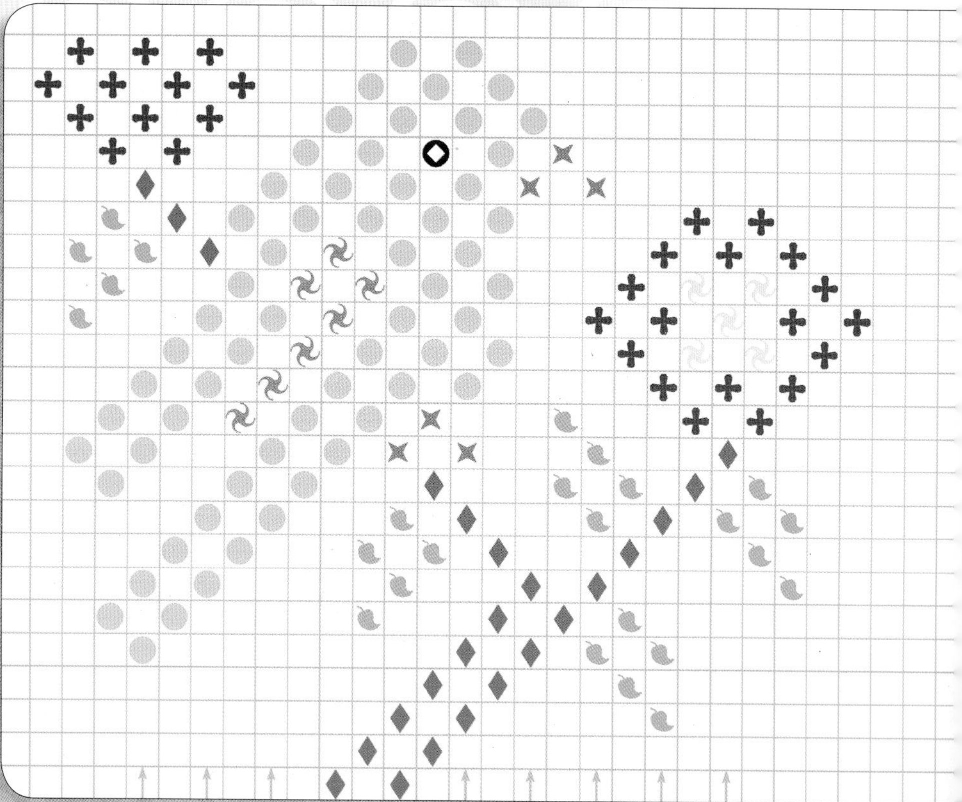

起针建议：十针起花

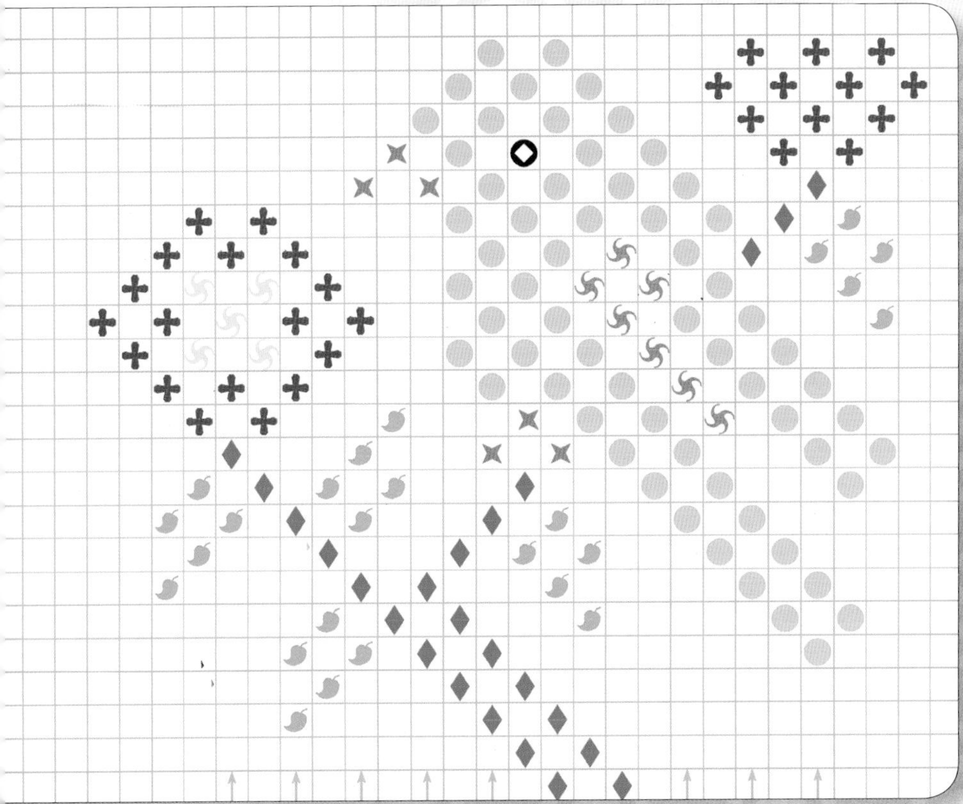

花鸟交映

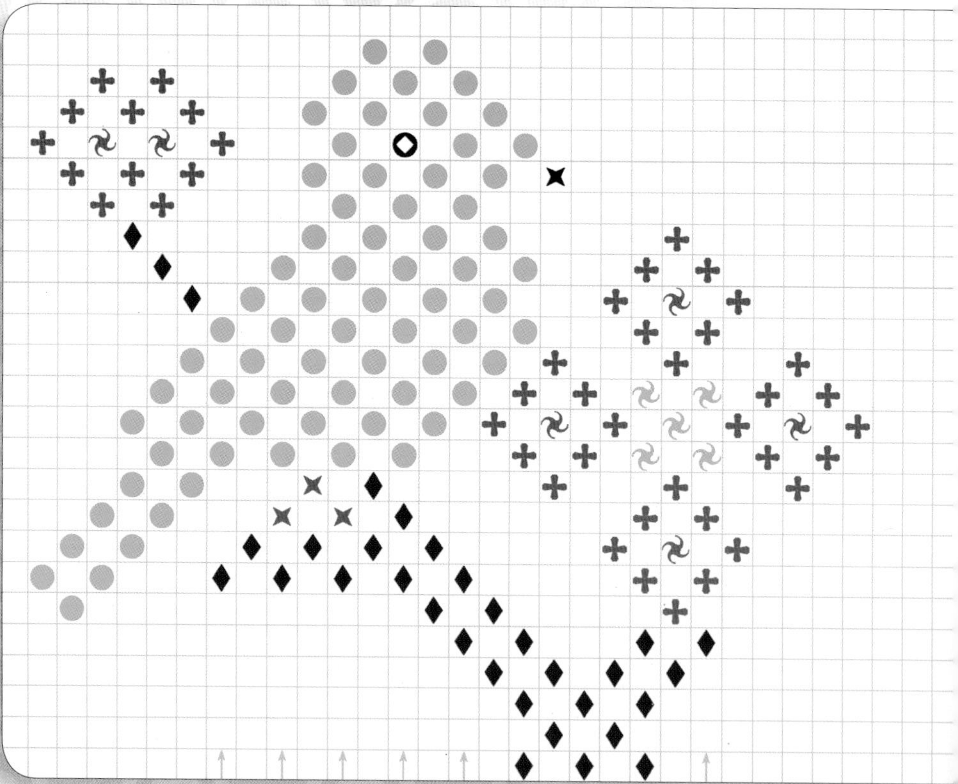

起针建议：九针起花

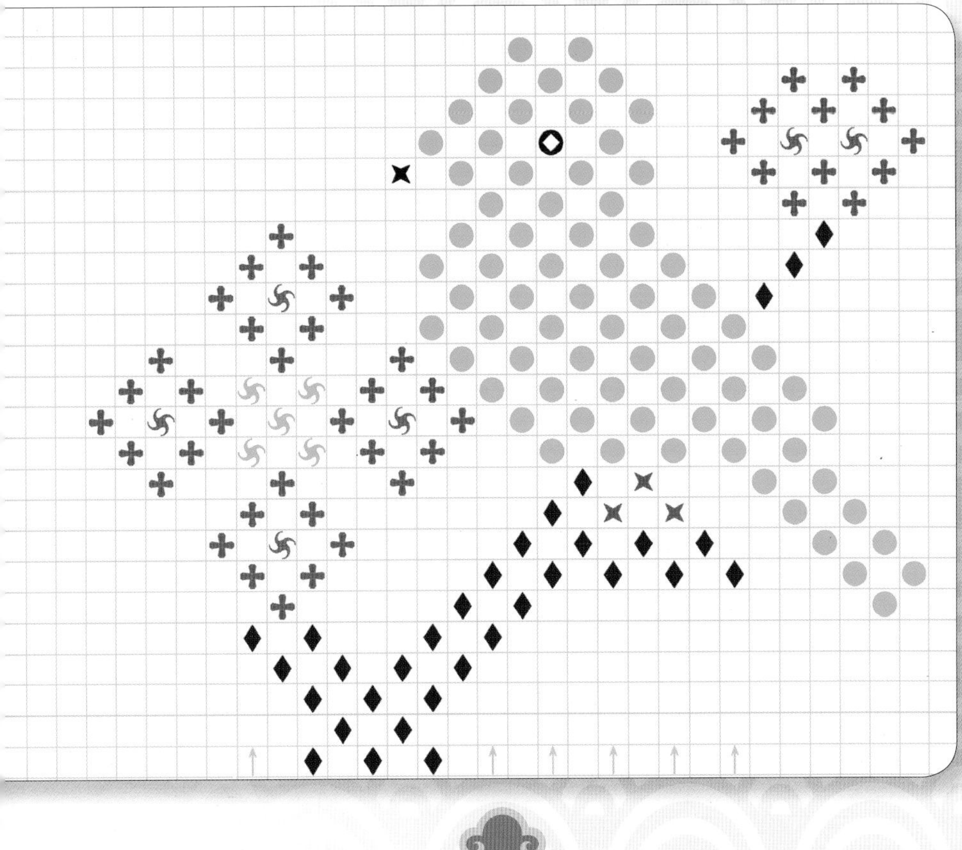

两情相悦

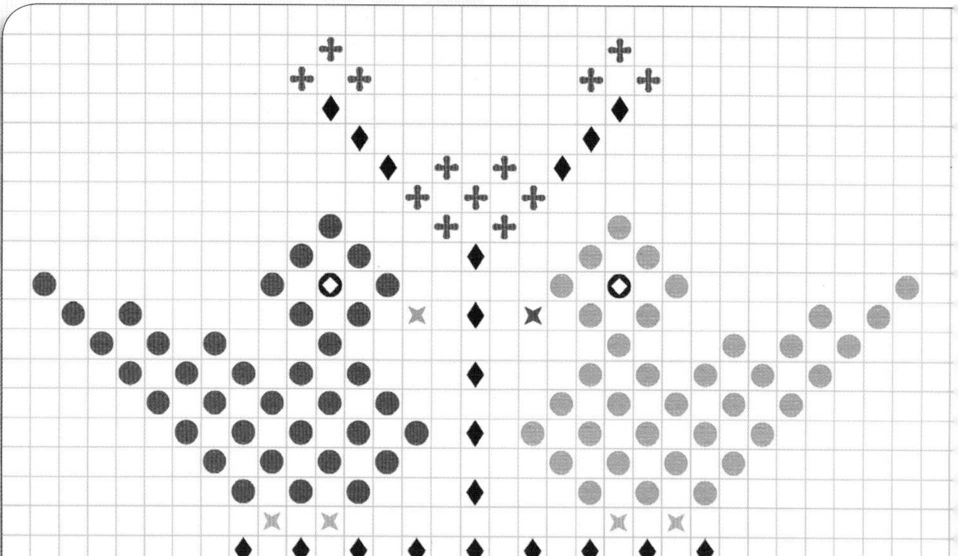

起针建议：九针起花

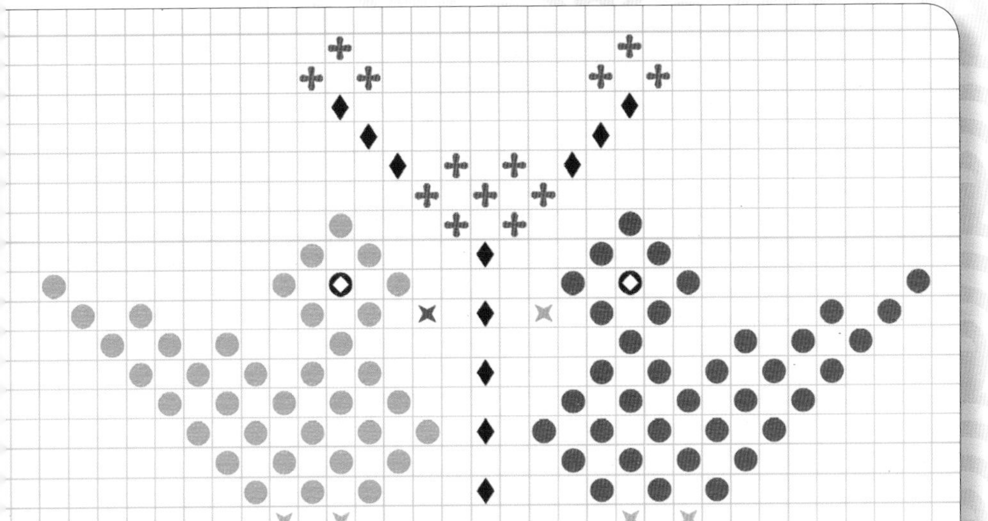

一花一鸟

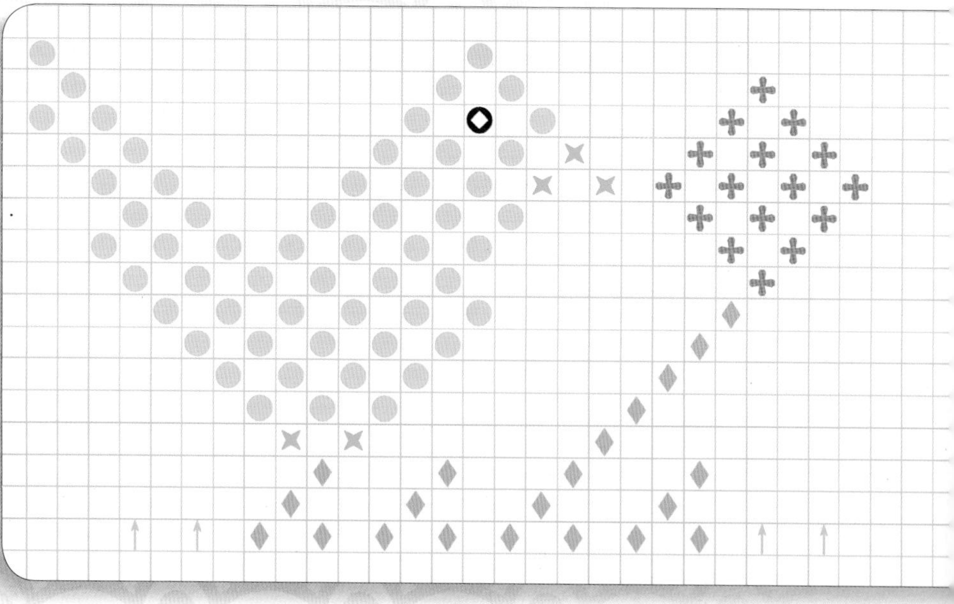

起针建议：十二针起花

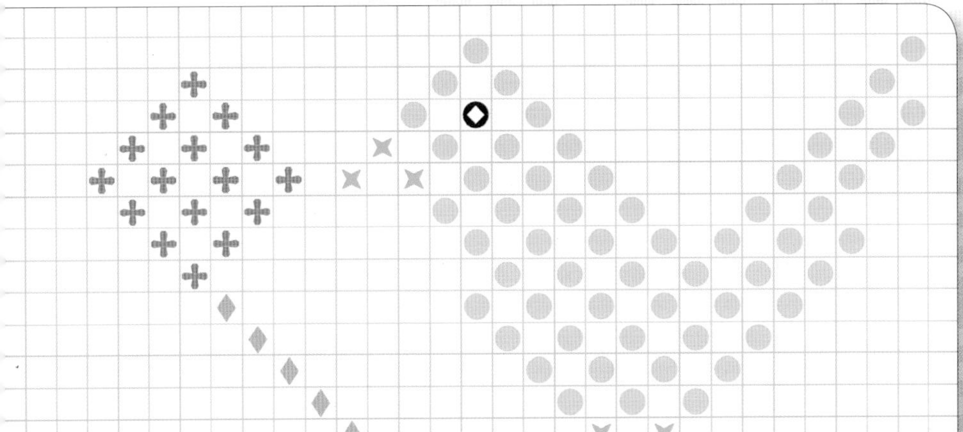

枝头欢唱

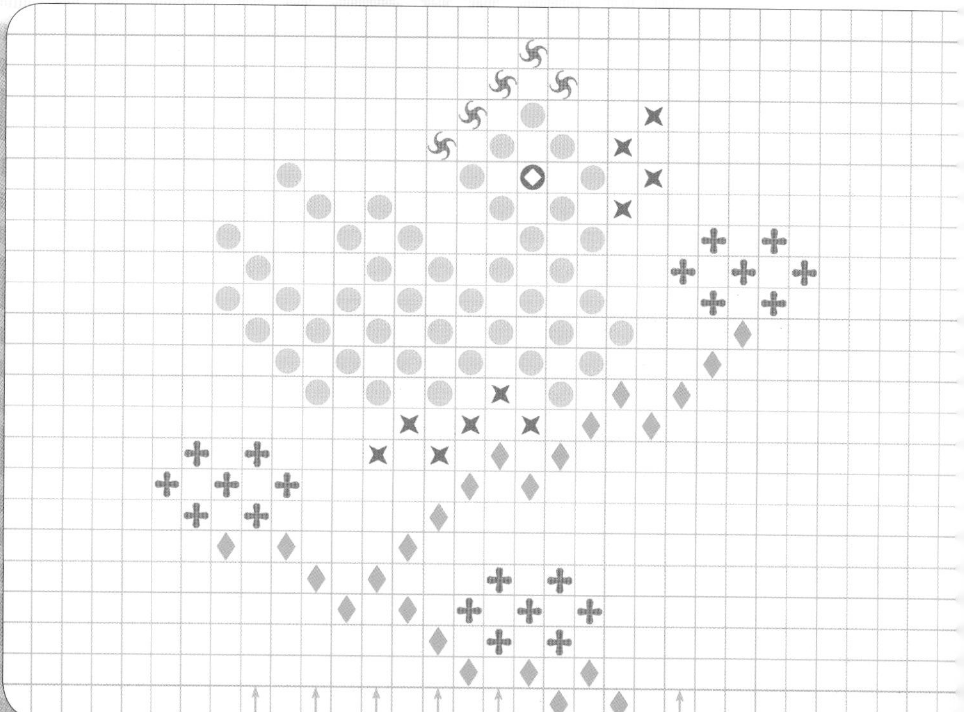

起针建议：八针起花

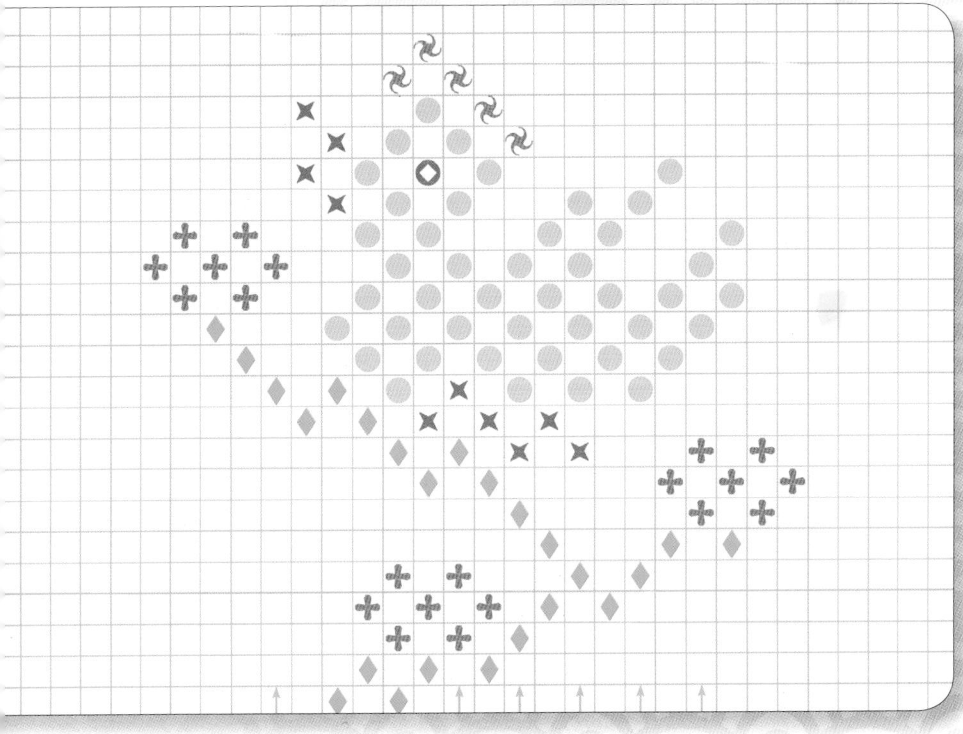

幸福时光

起针建议：十针起花

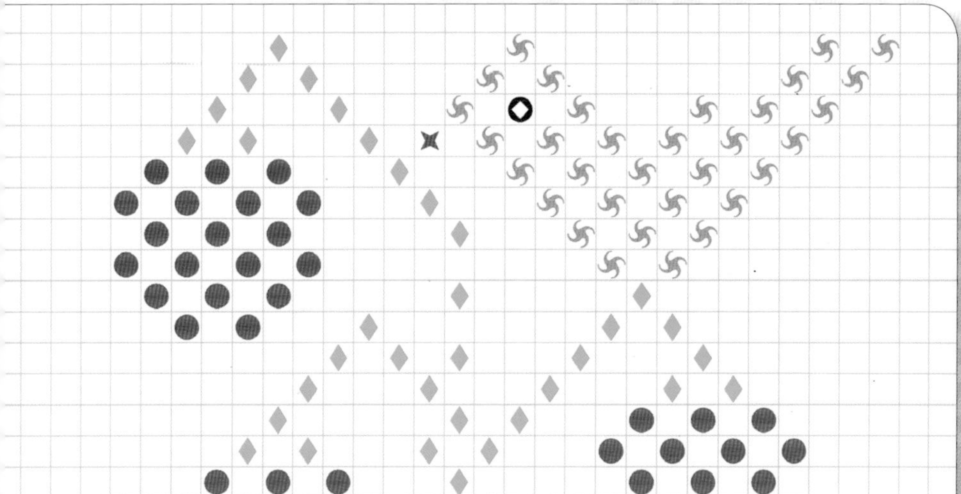

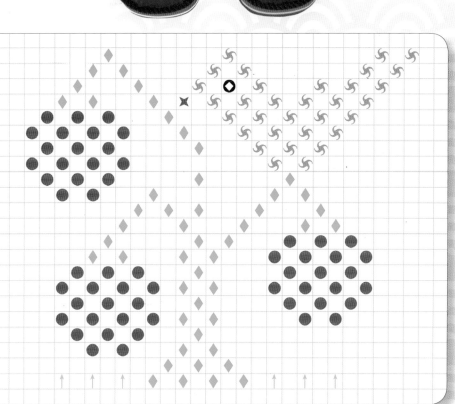

好奇小鸟

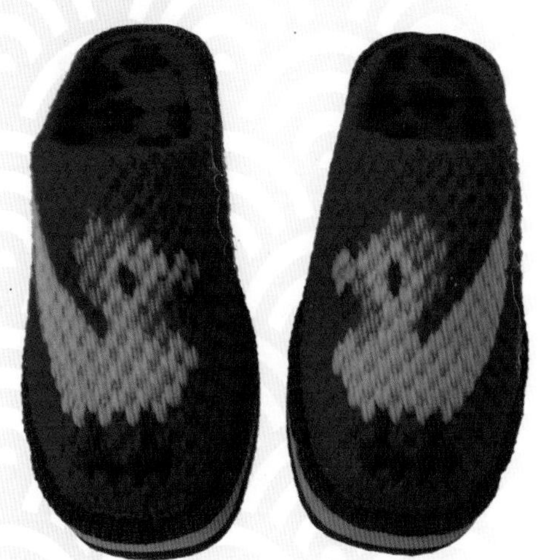

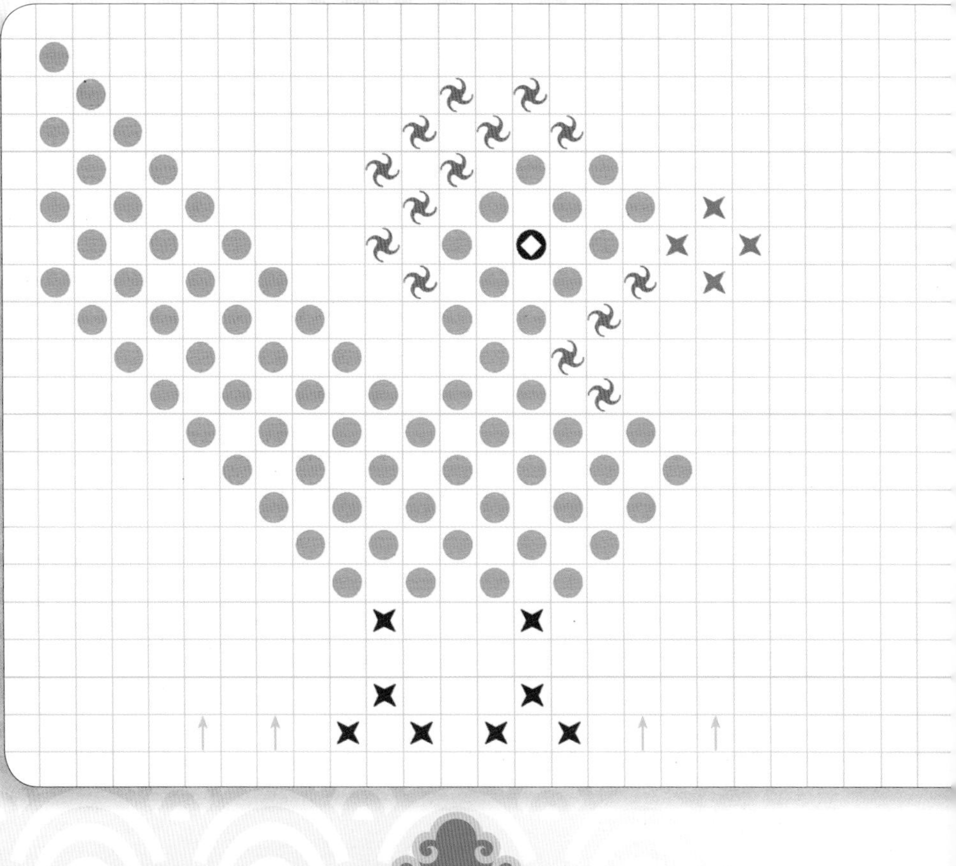

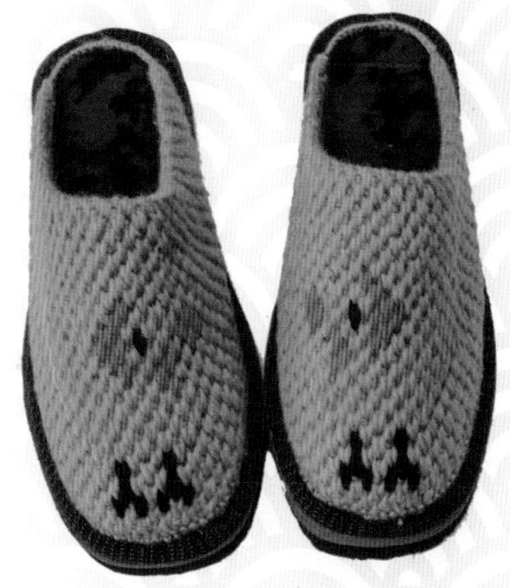

起针建议：八针起花

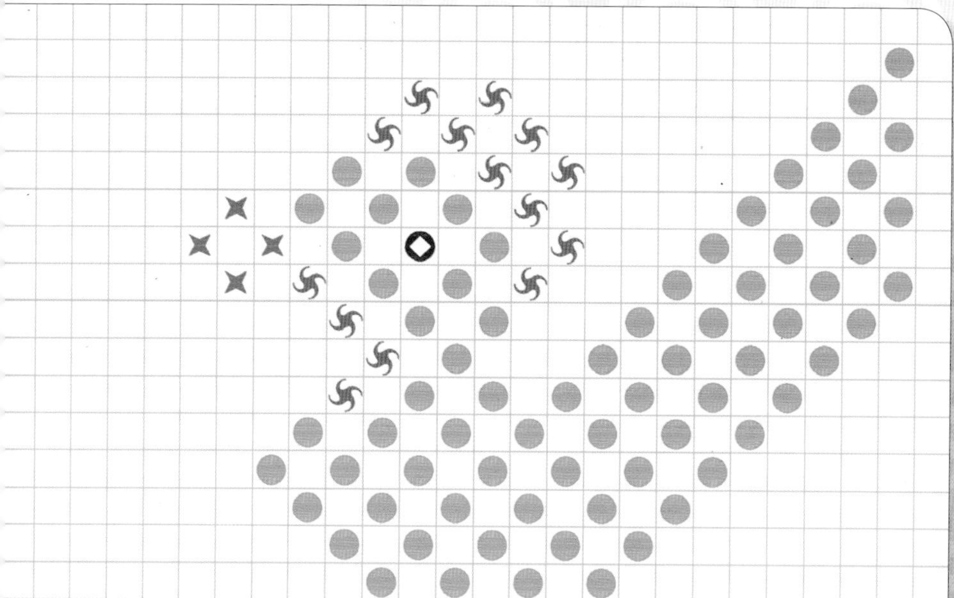

满载而归

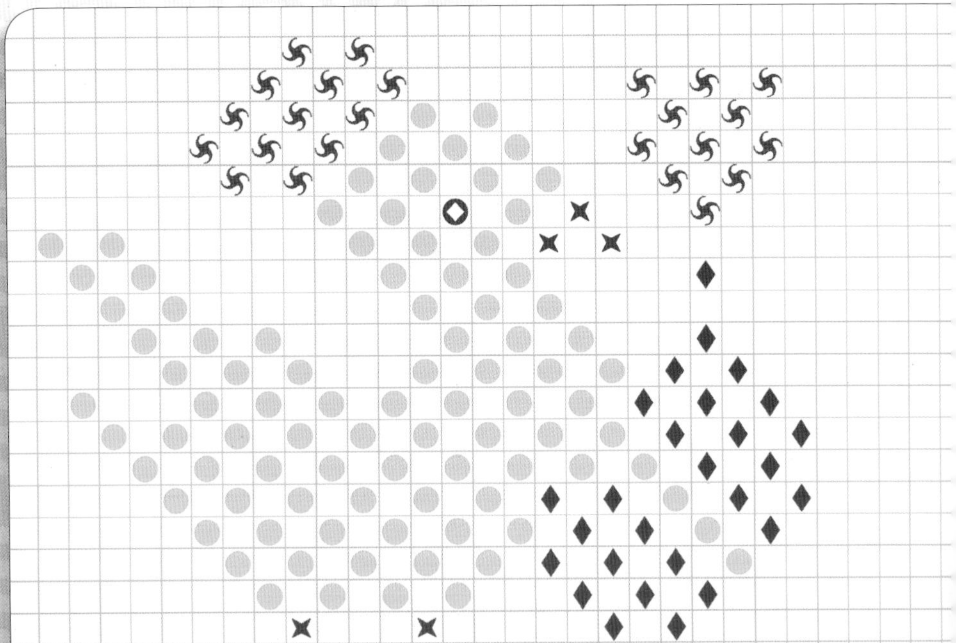

起针建议：九针起花

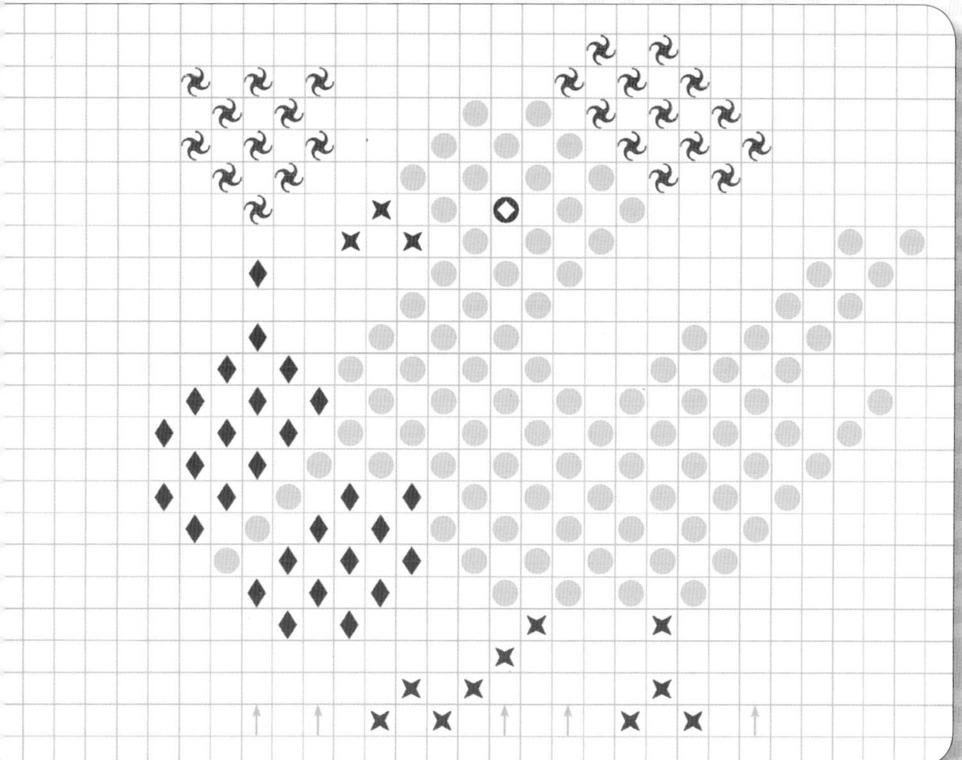

漂亮锦鸡

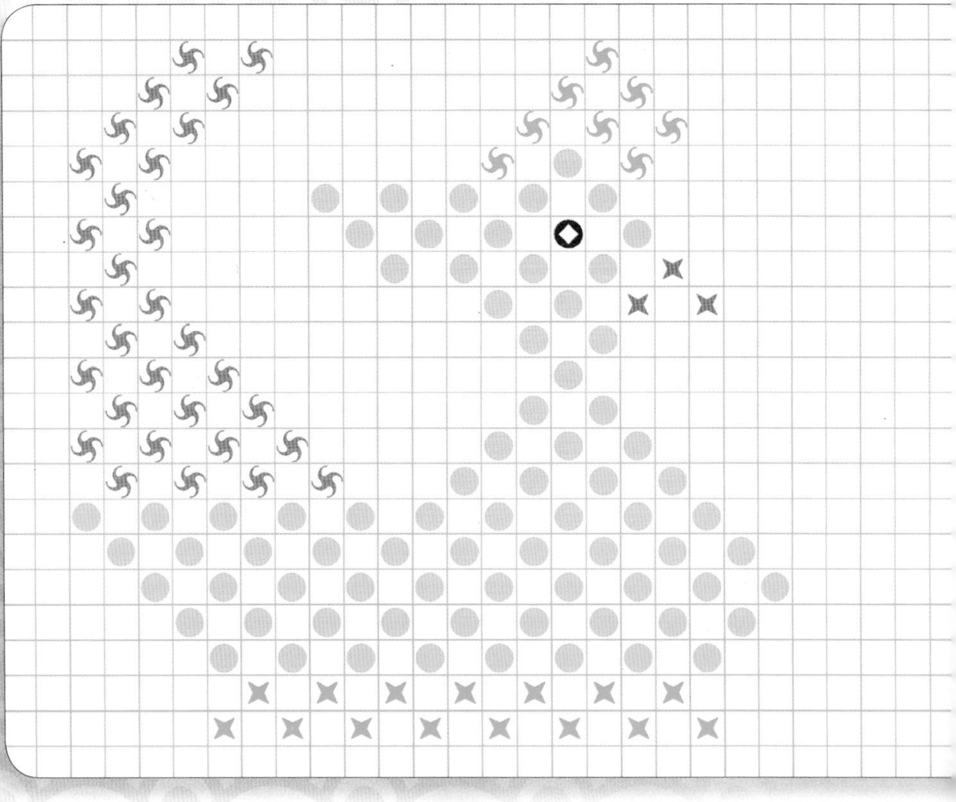

起针建议：八针起花

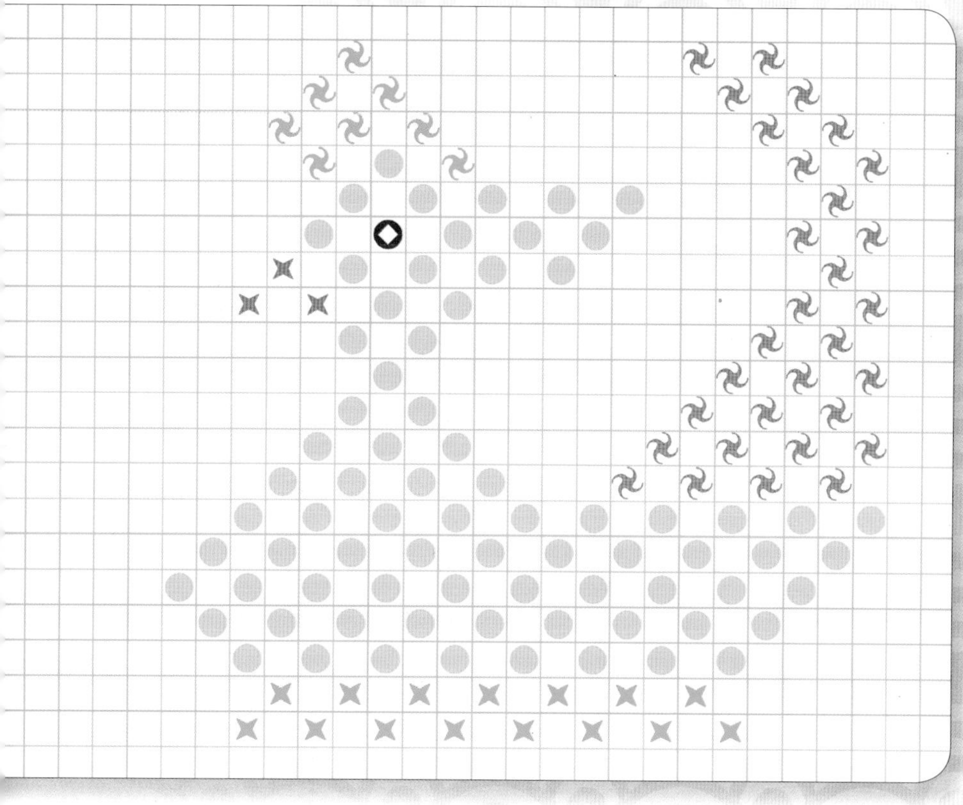

漂亮孔雀

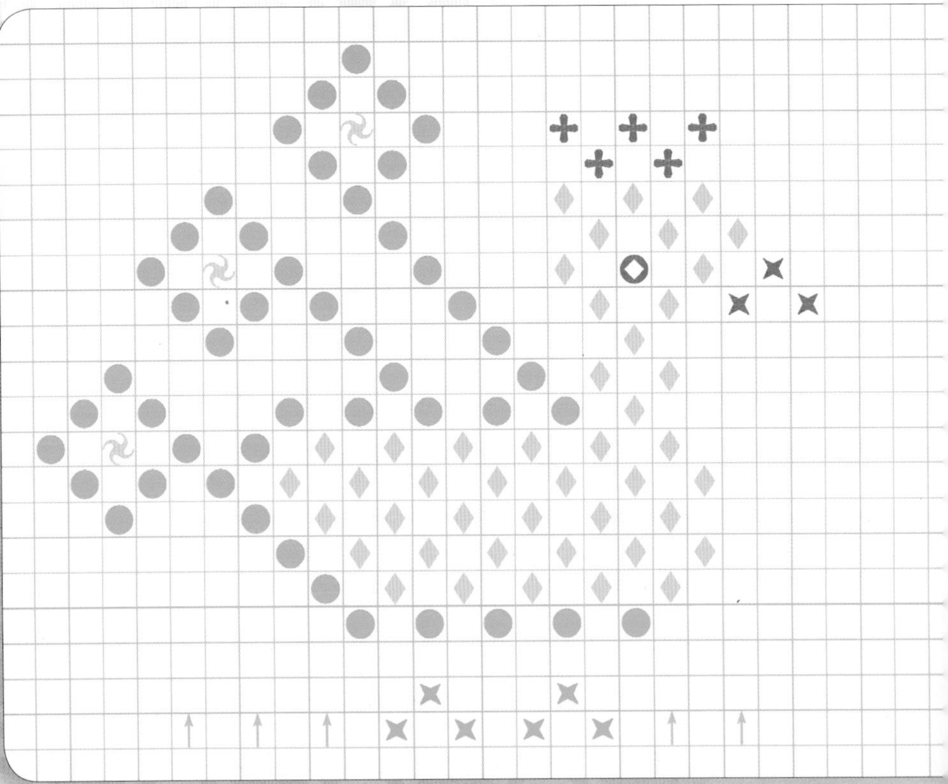

起针建议：九针起花

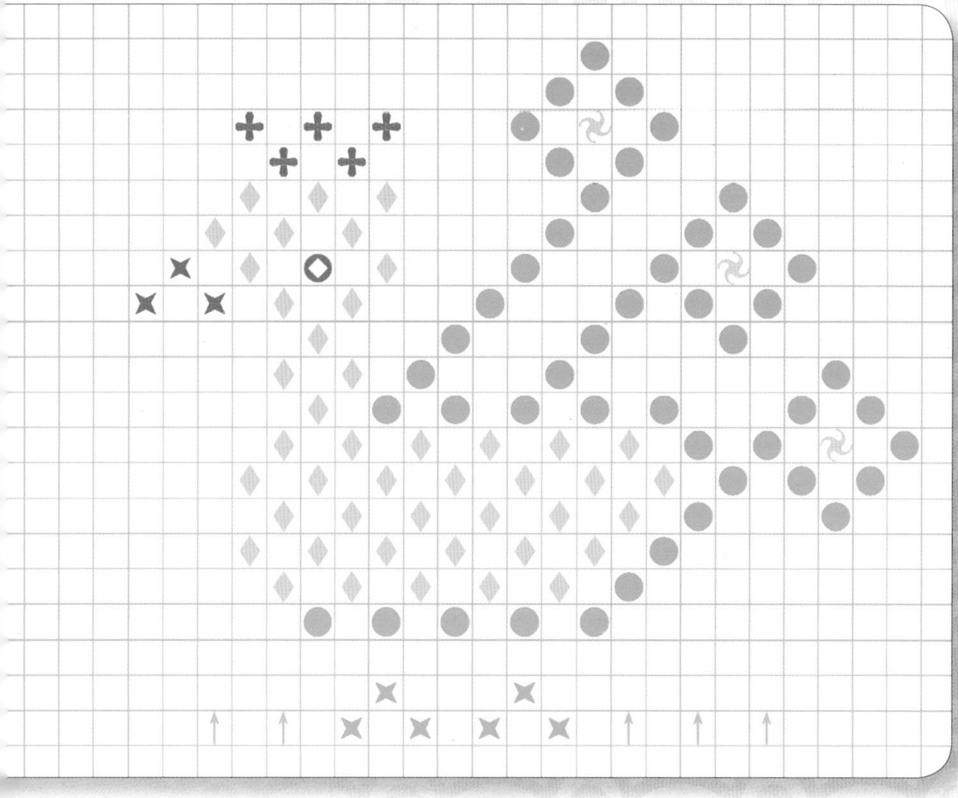

水中游

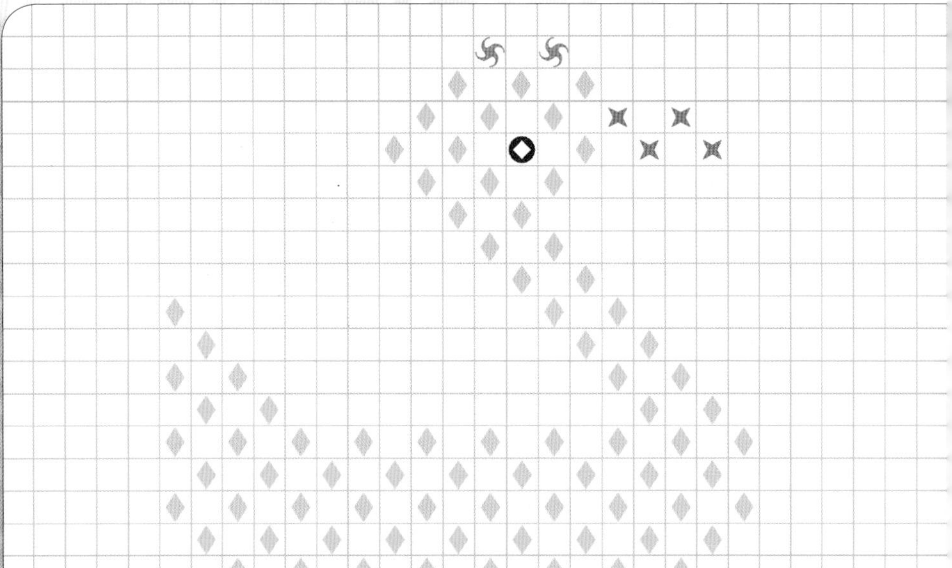

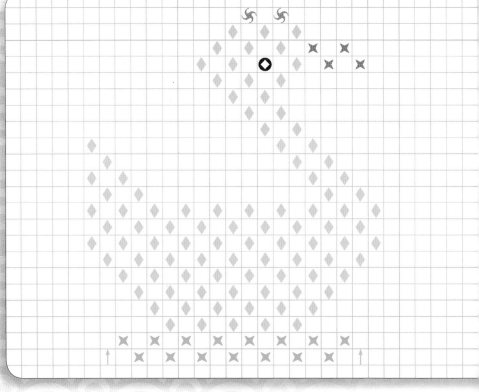

起针建议：九针起花

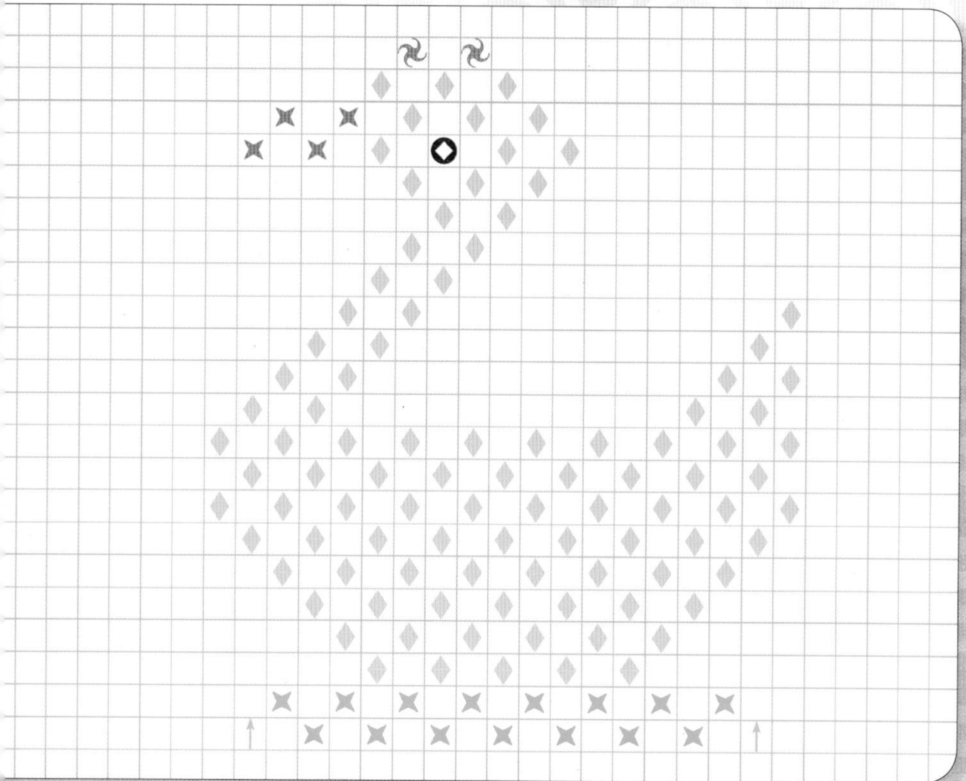

悠闲时光

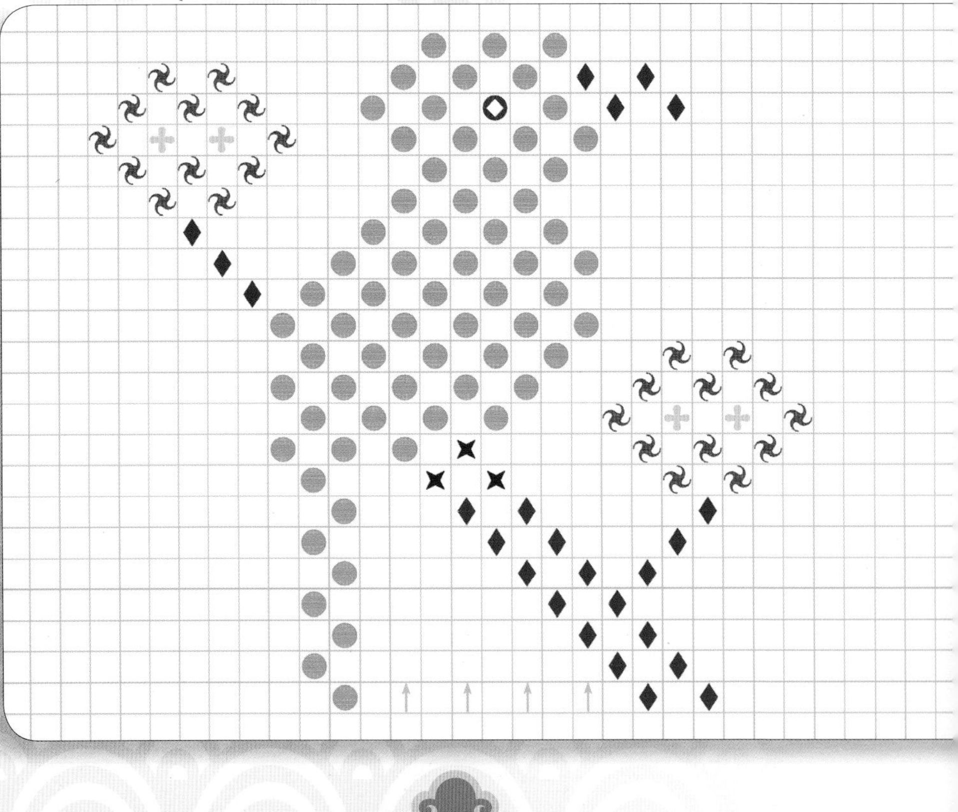

起针建议：七针起花

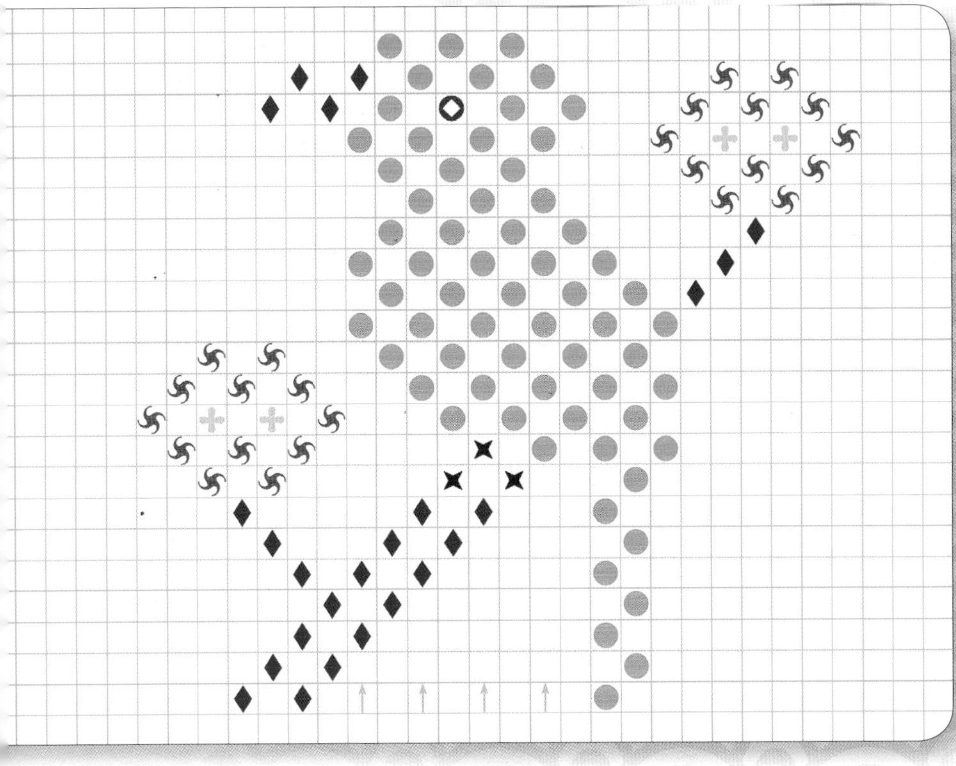

枝头眺望

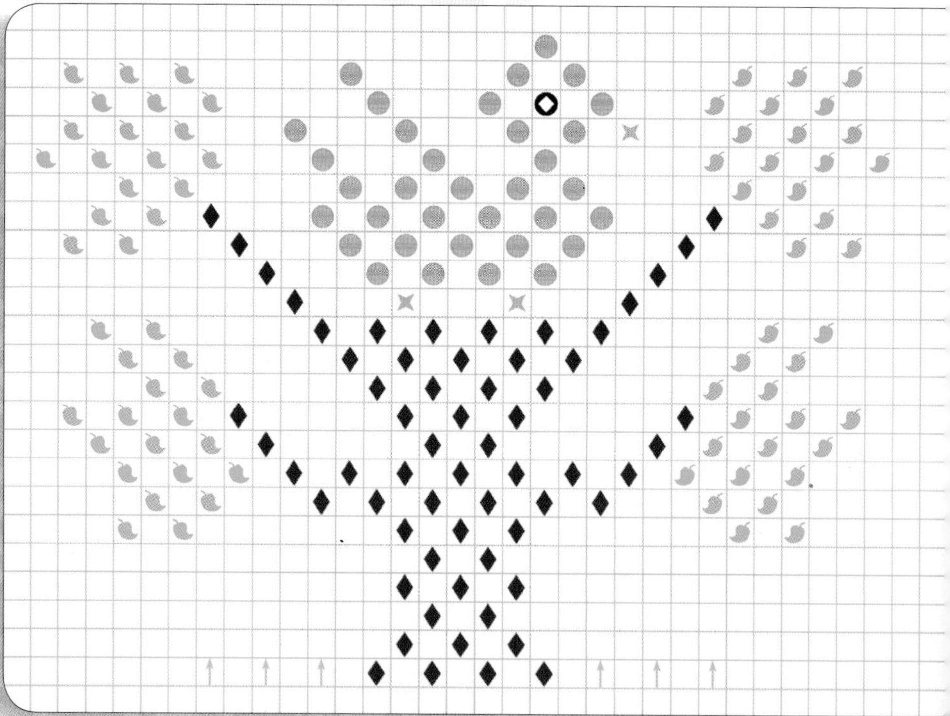

起针建议：十针起花

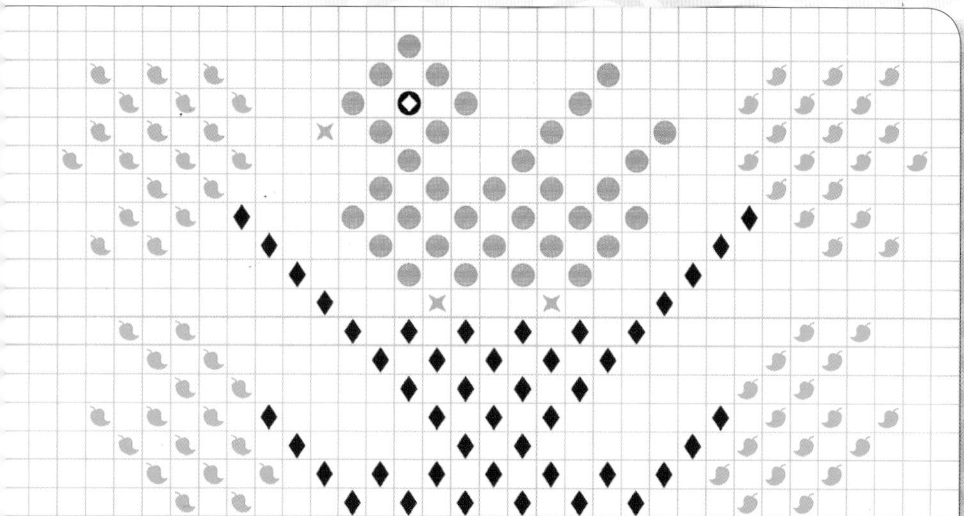

小鸭戏水

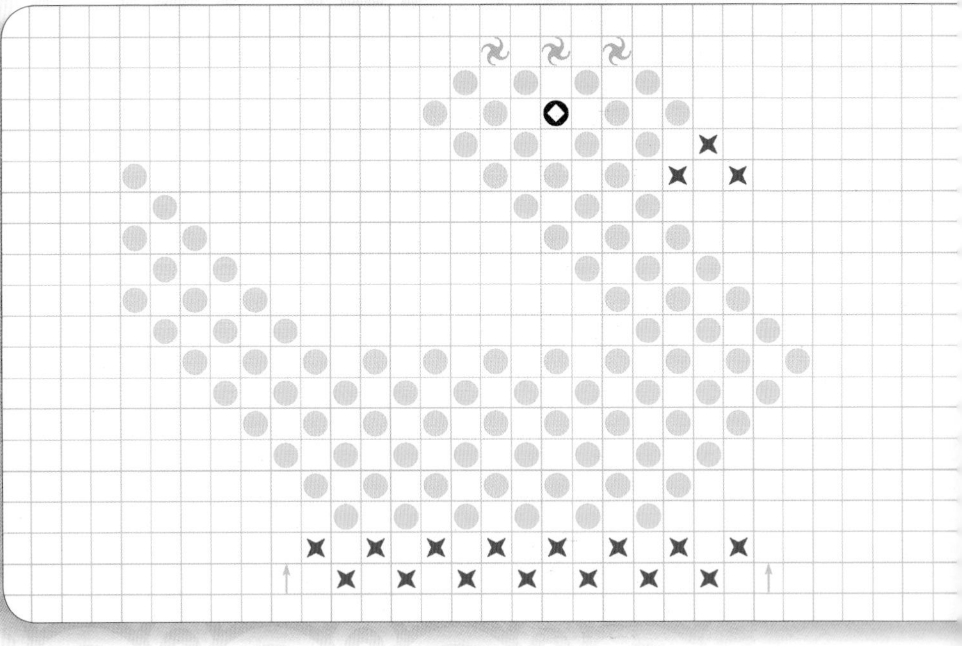

起针建议：九针起花

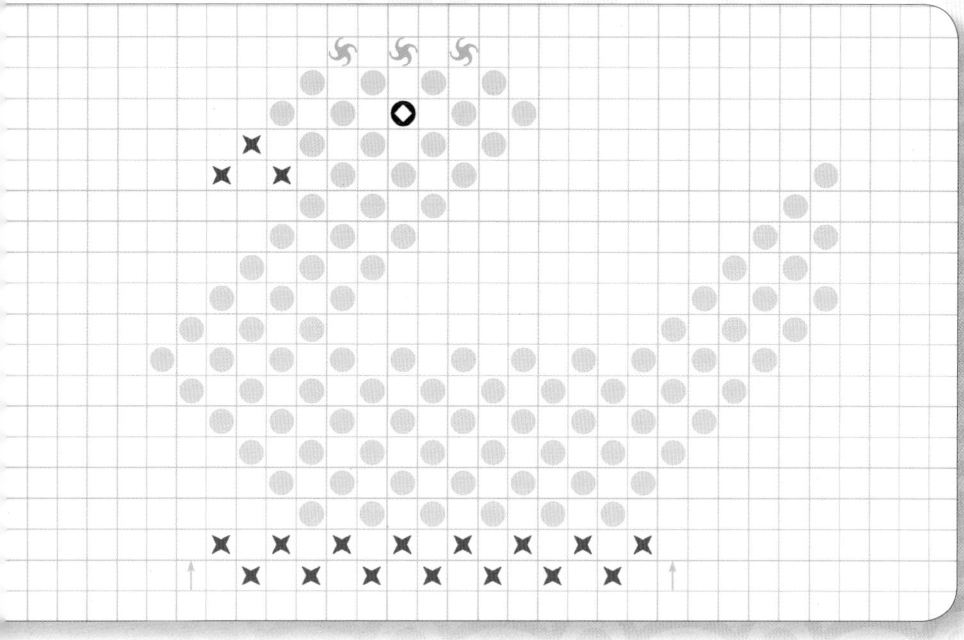

窃窃私语

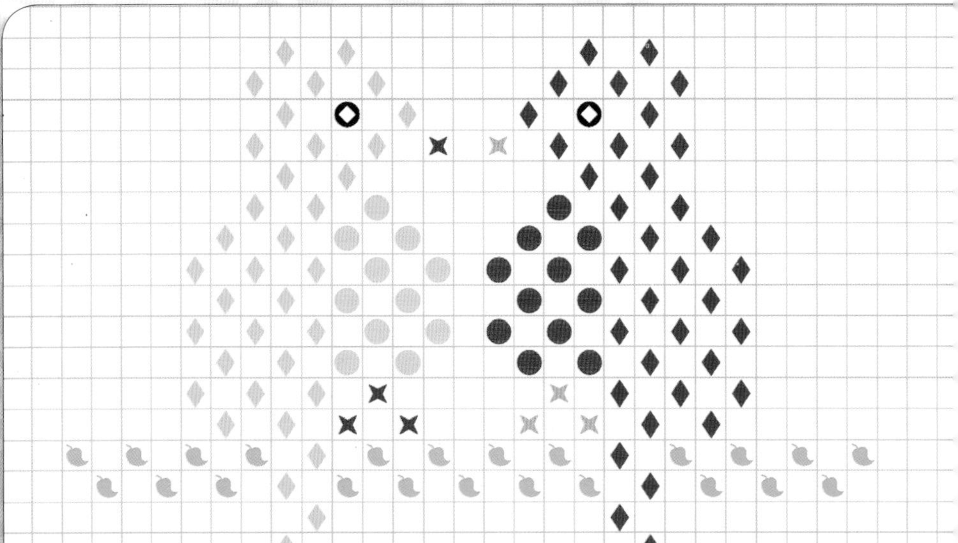

起针建议：八针起花

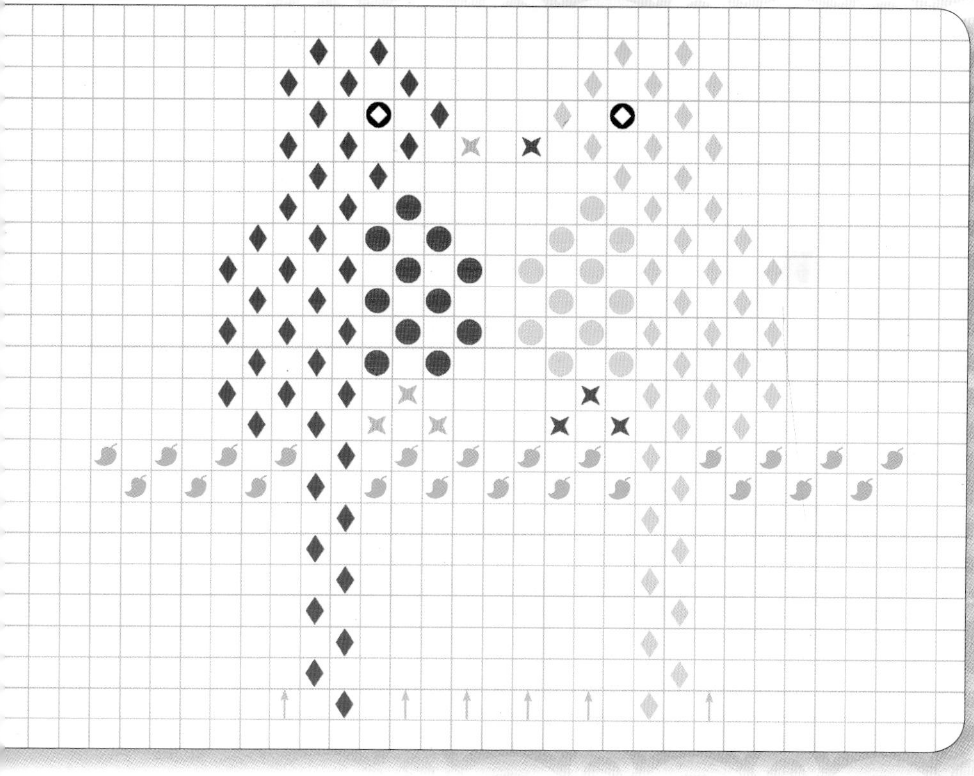

互诉衷肠

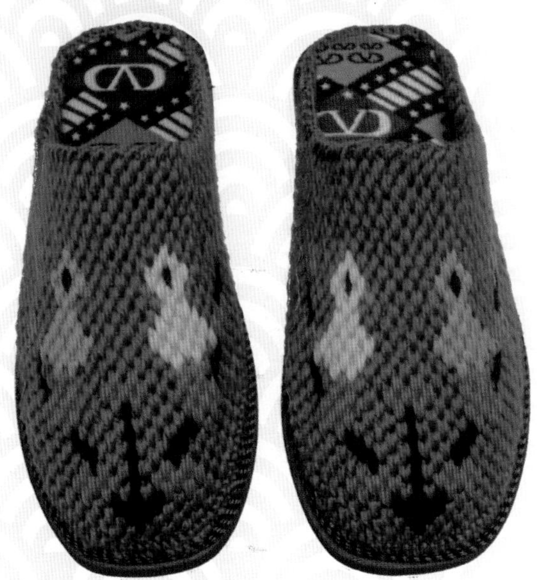

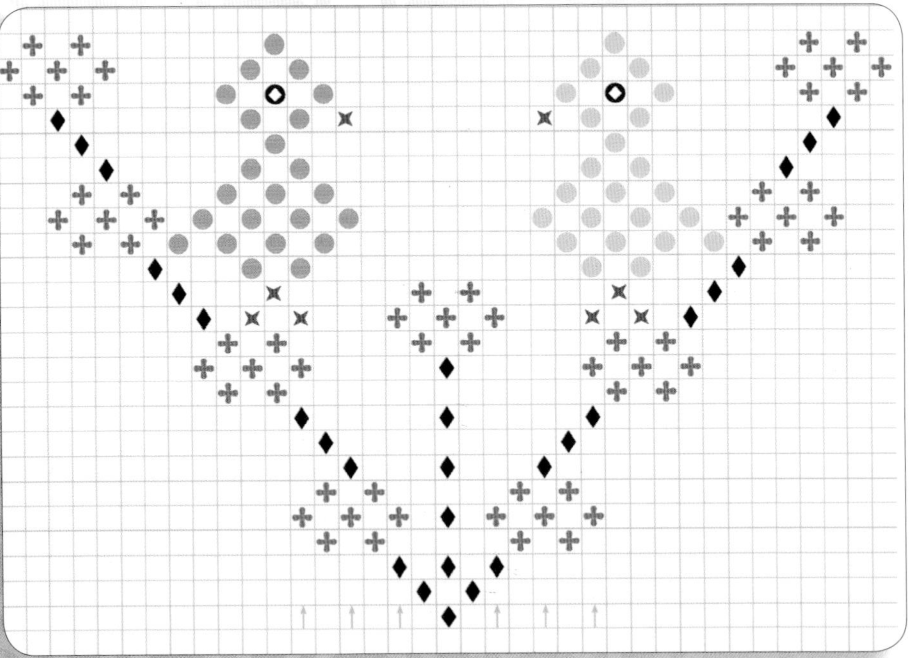

起针建议：七针起花

情意绵绵

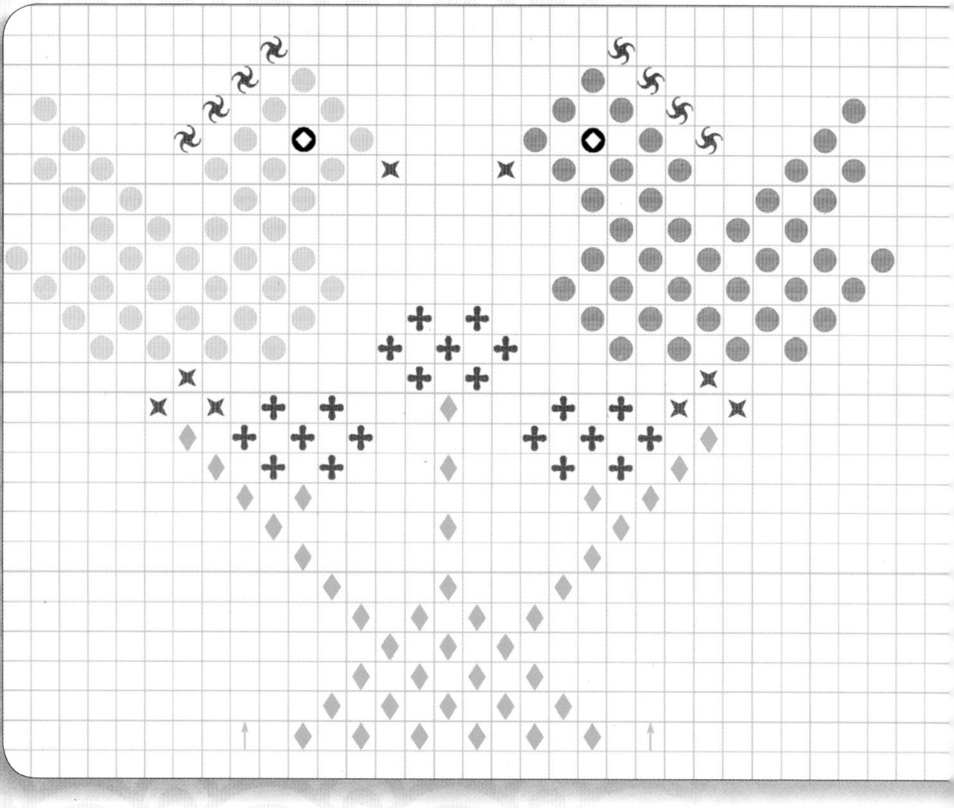

起针建议：八针起花

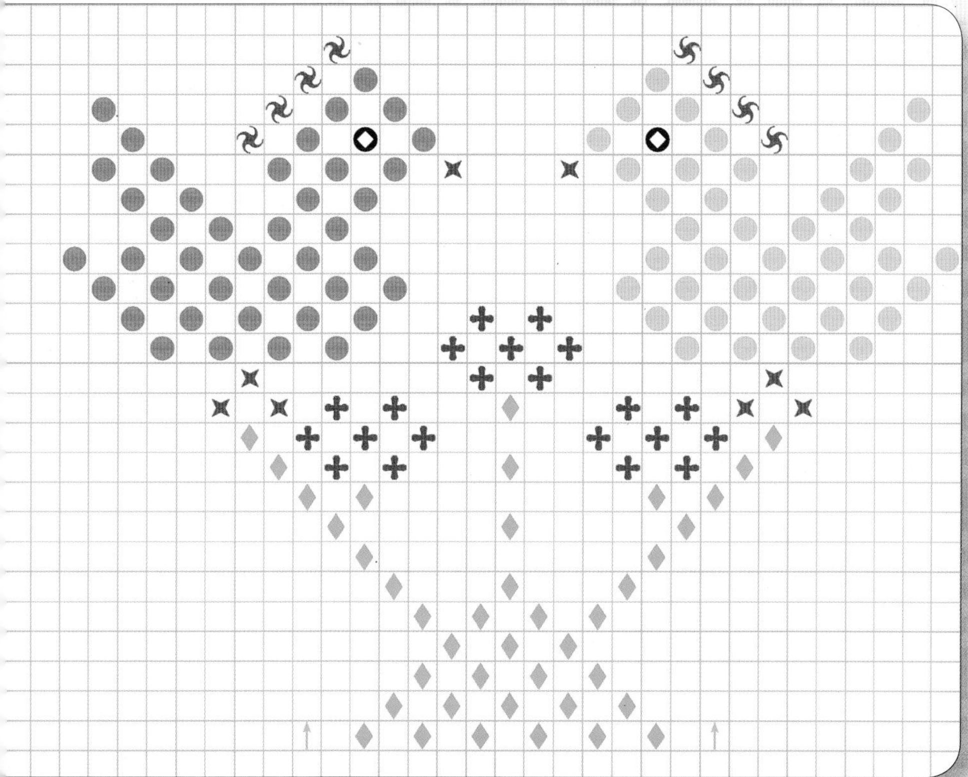

情到深处

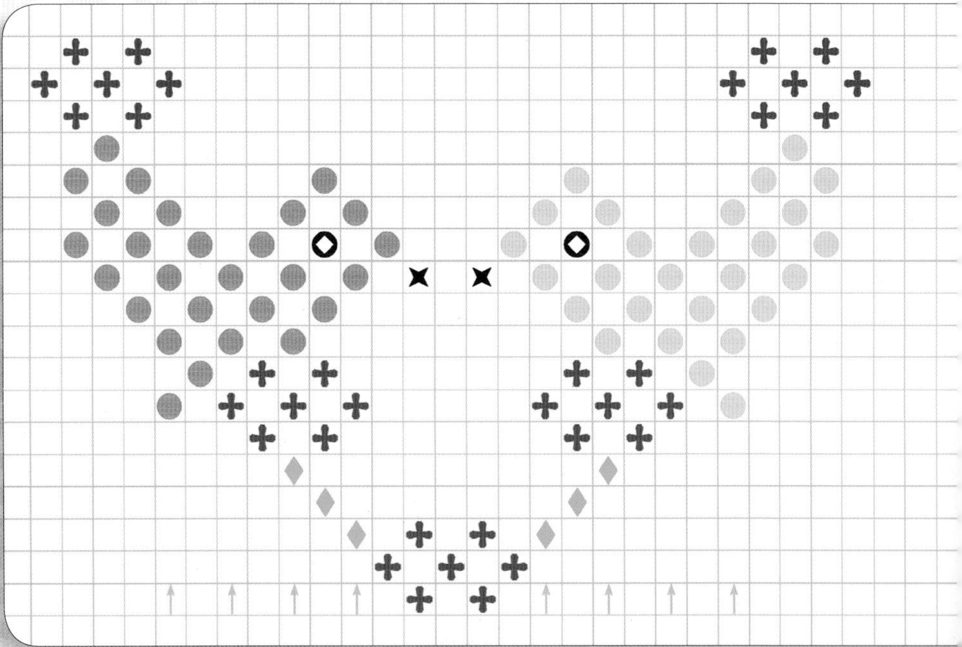

起针建议：十针起花

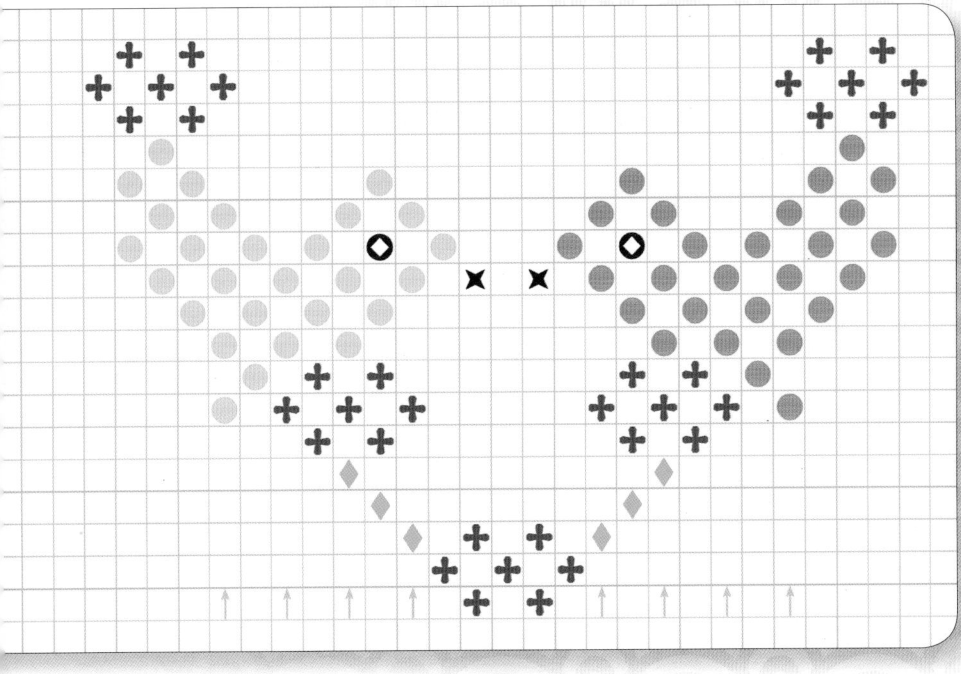

漂亮山鸡

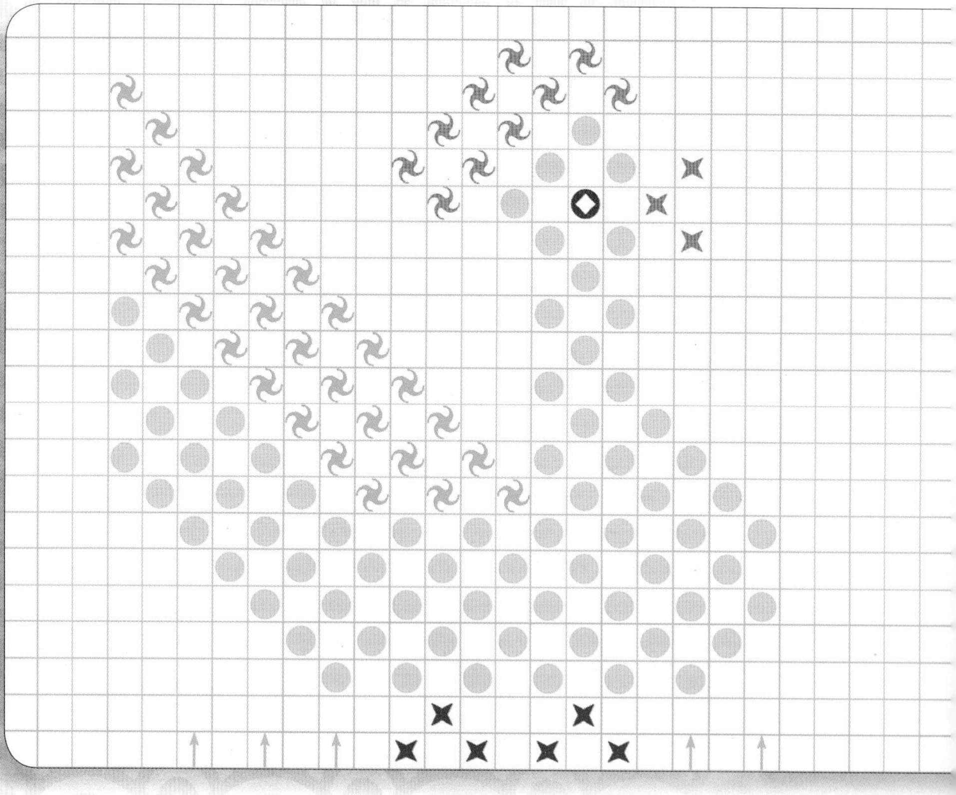

起针建议：九针起花

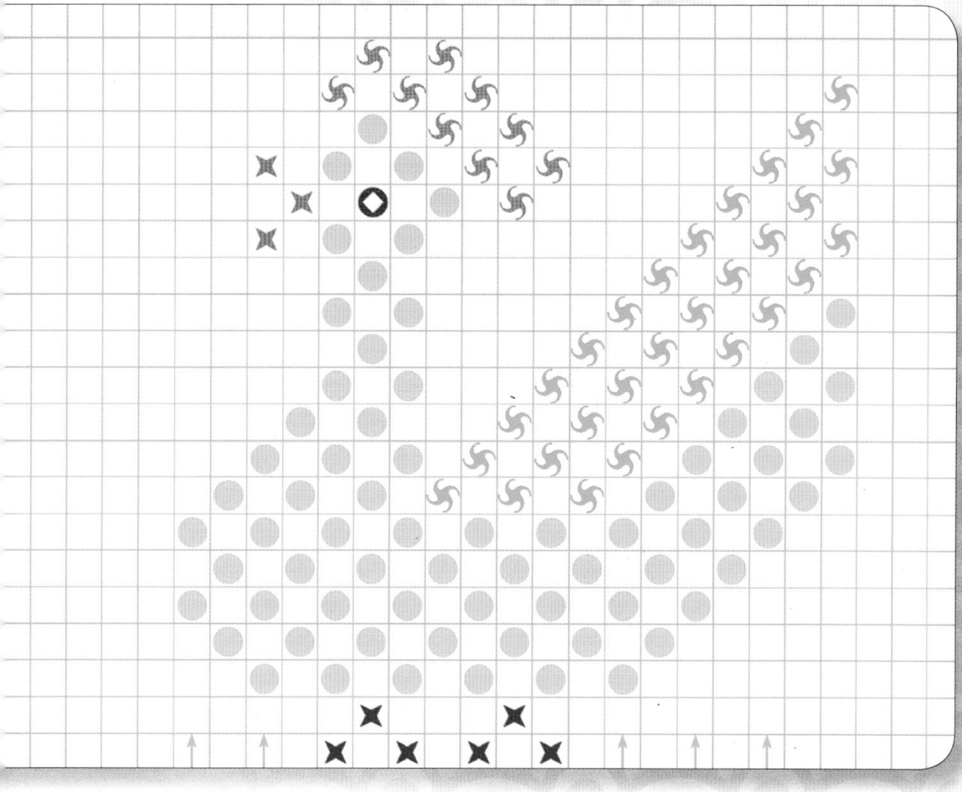

好朋友

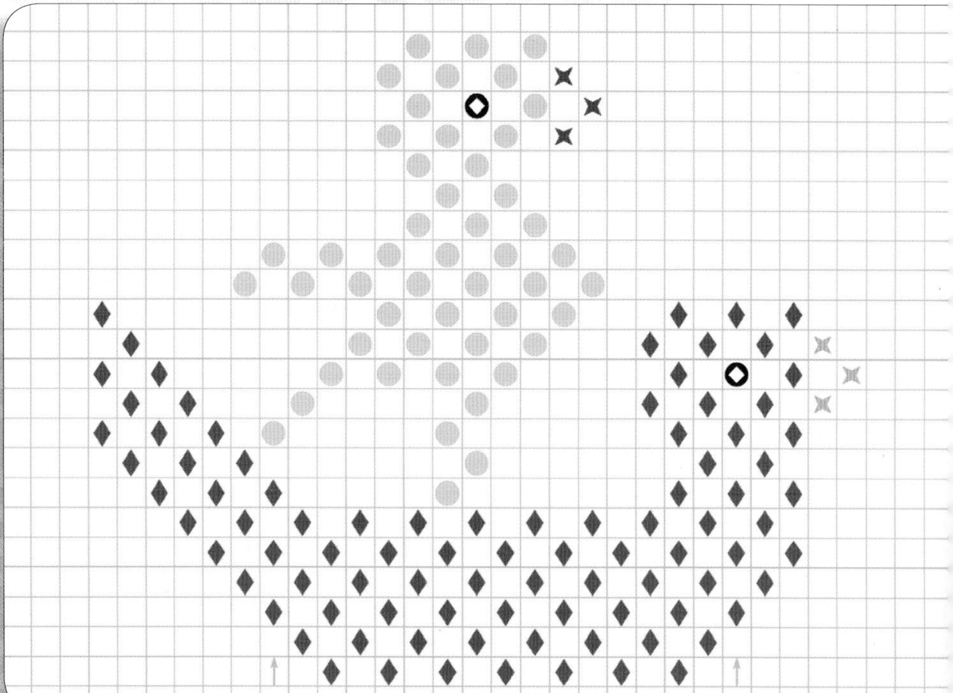

起针建议：九针起花

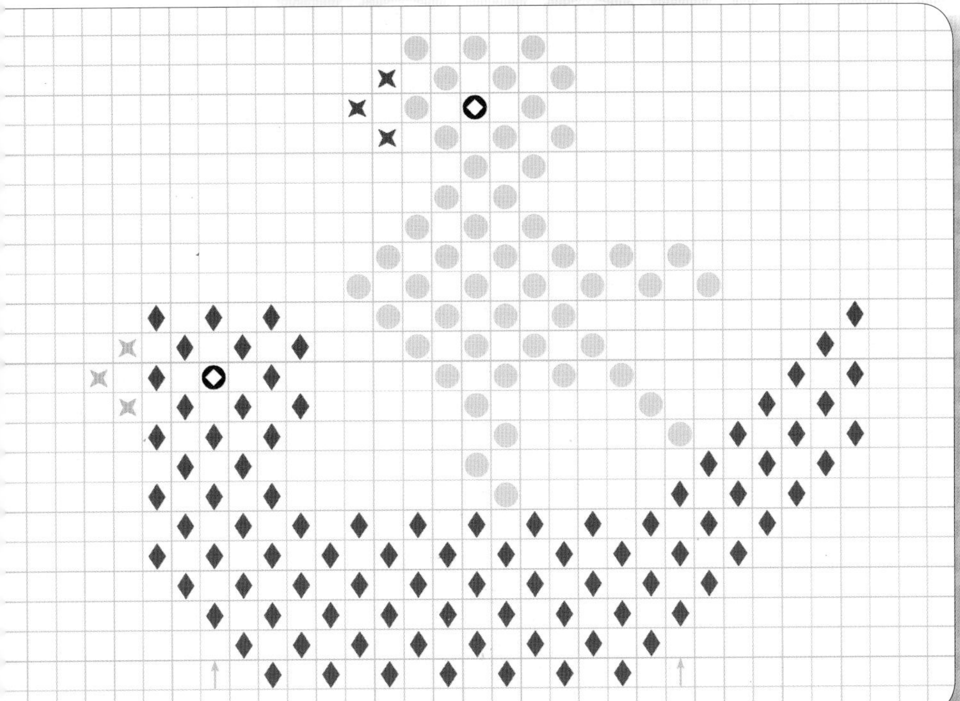

借花传情

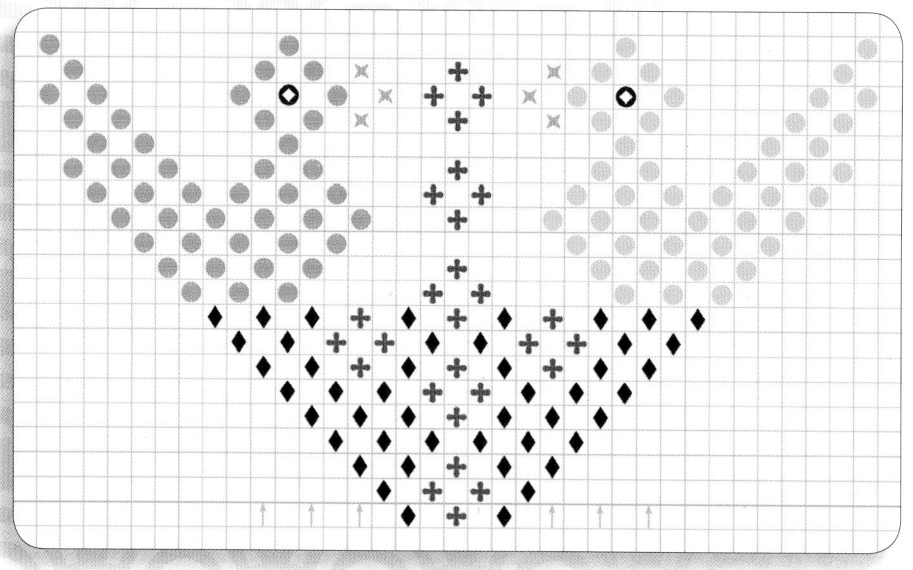

起针建议：九针起花

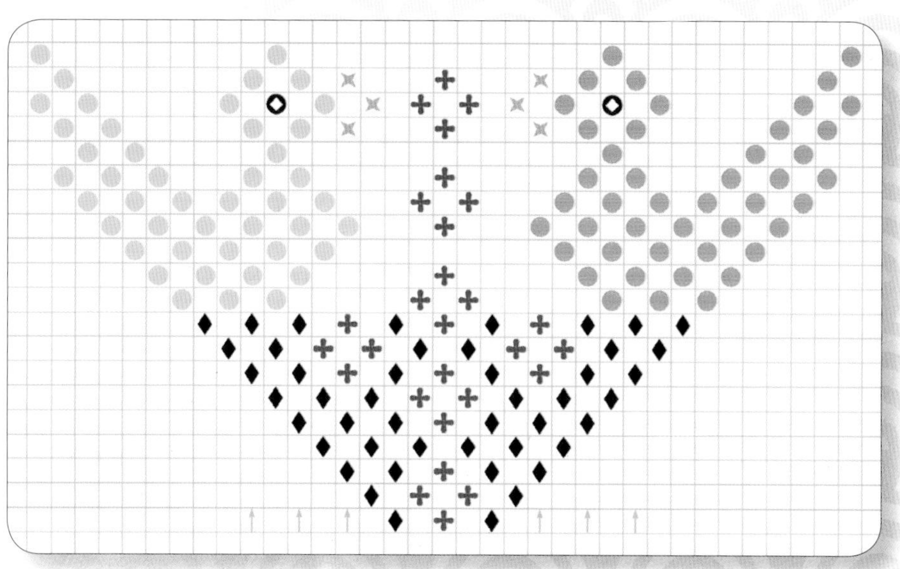

顾盼生辉

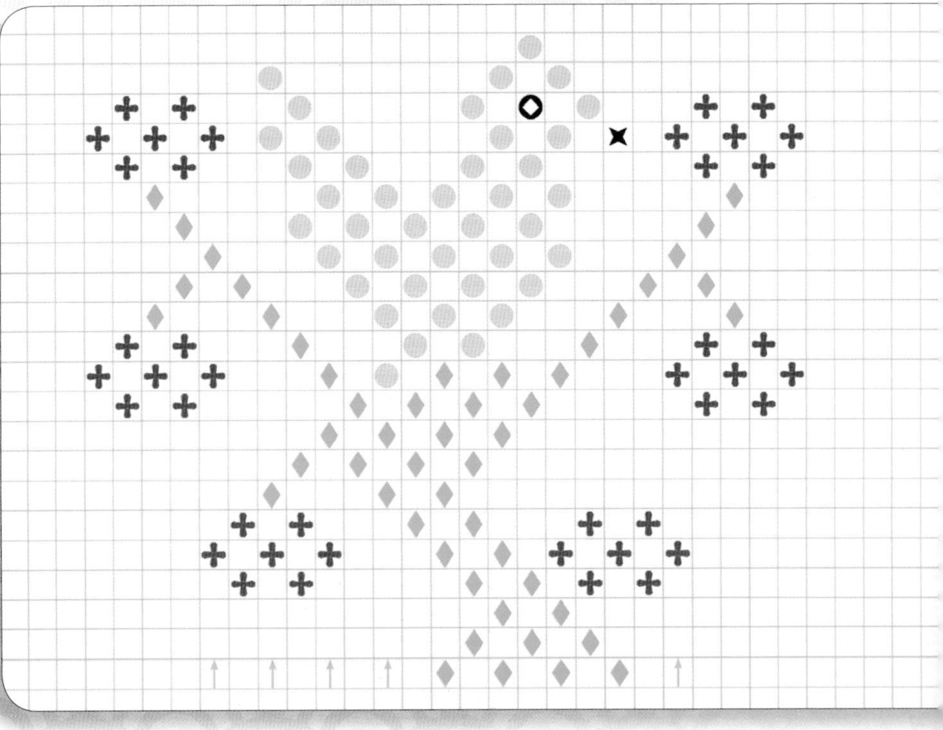

起针建议：九针起花

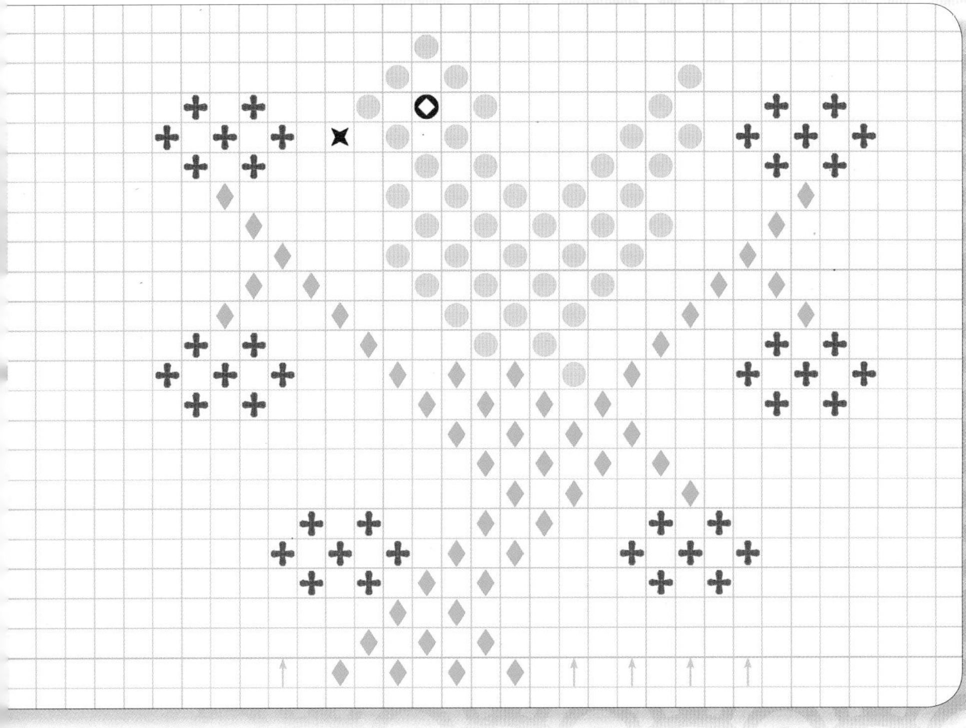

等你回来

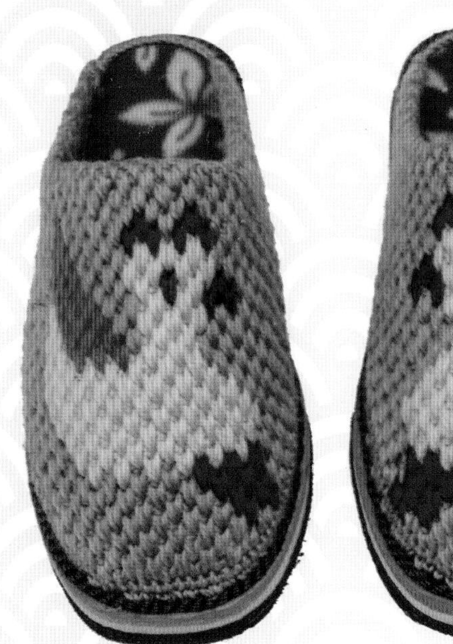

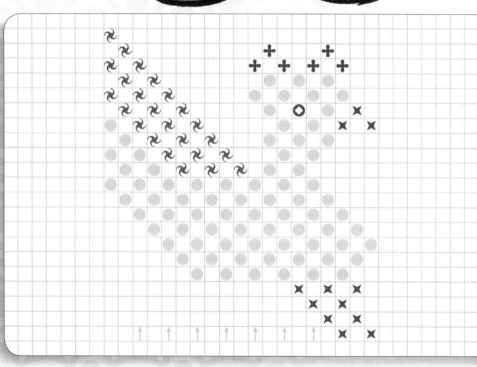

起针建议：九针起花

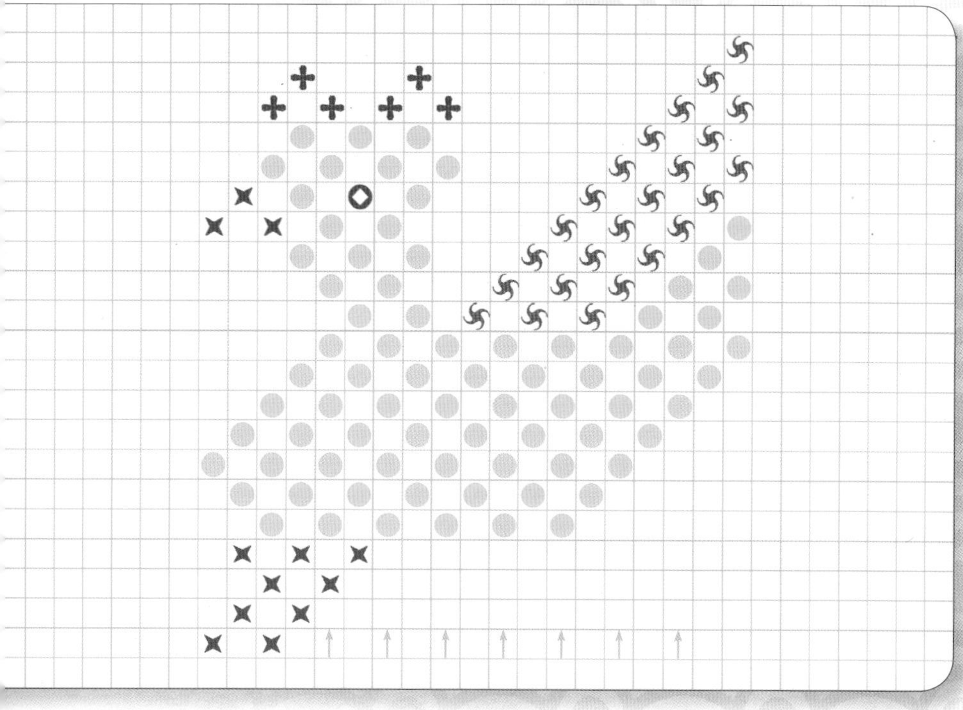

花与鸟

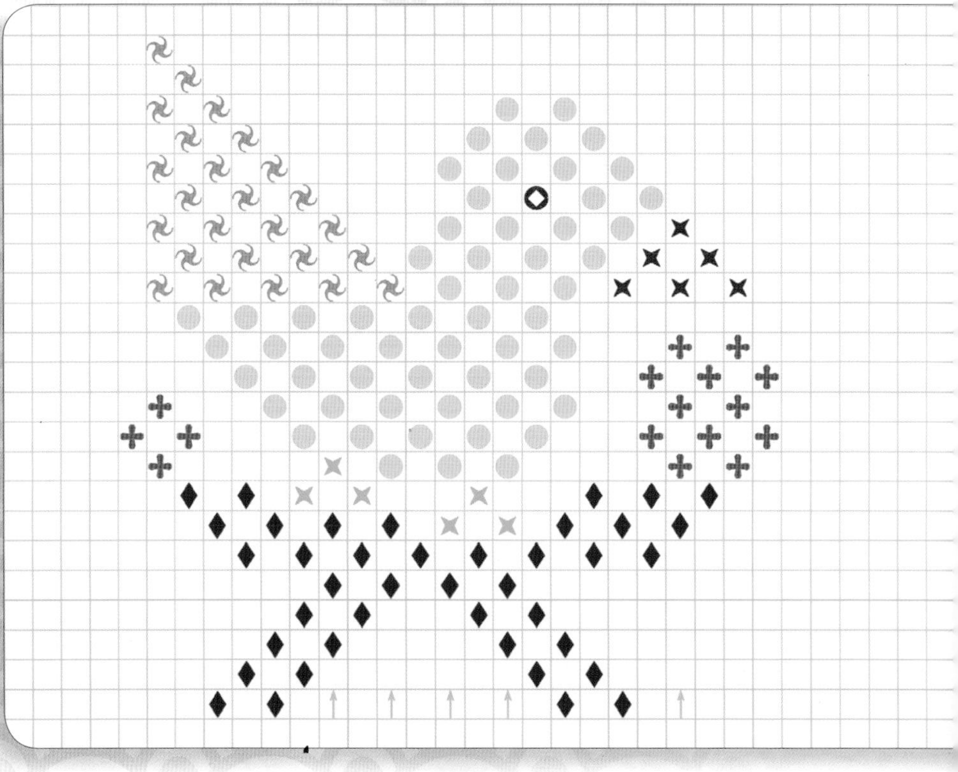

起针建议：九针起花

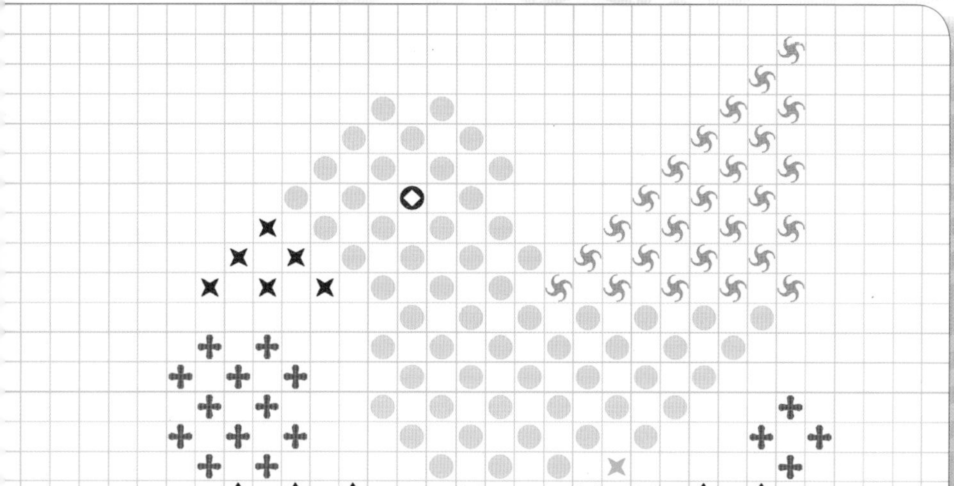

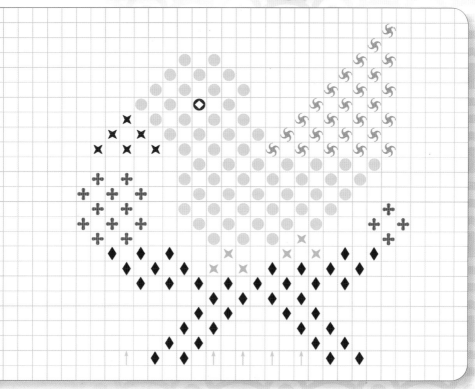

我要飞了

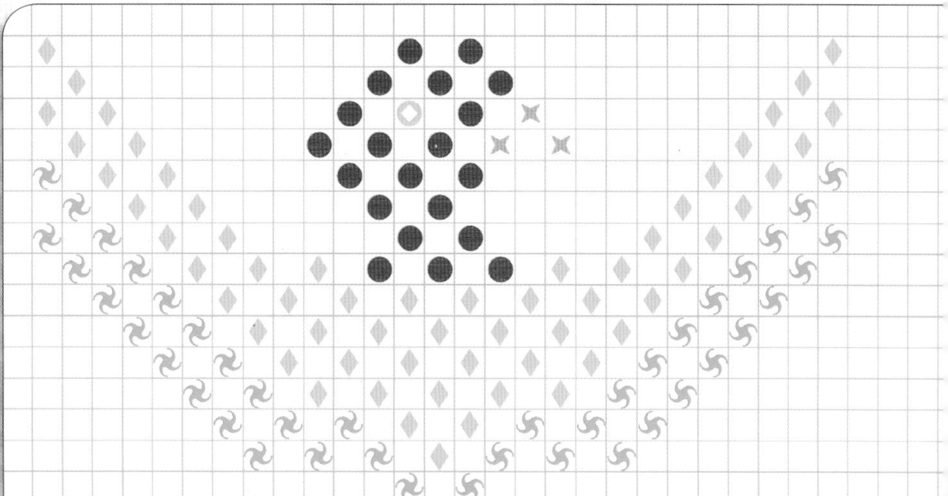

起针建议：八针起花

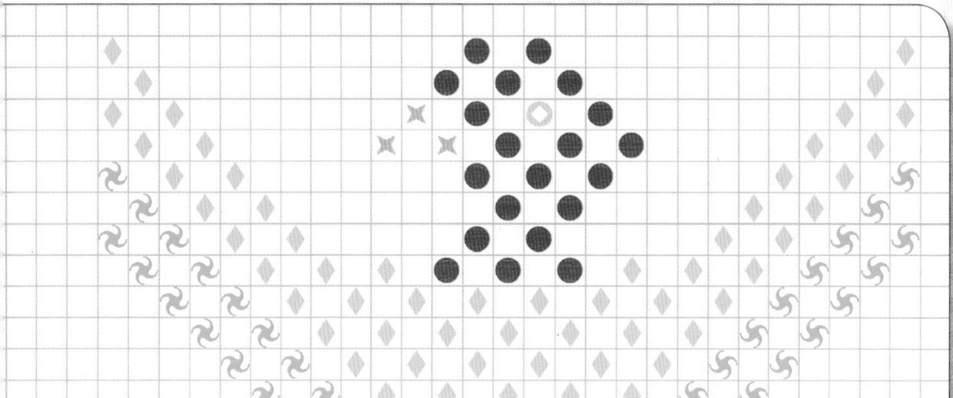

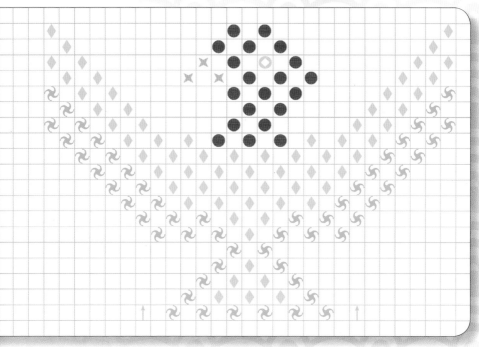

小黄鹂

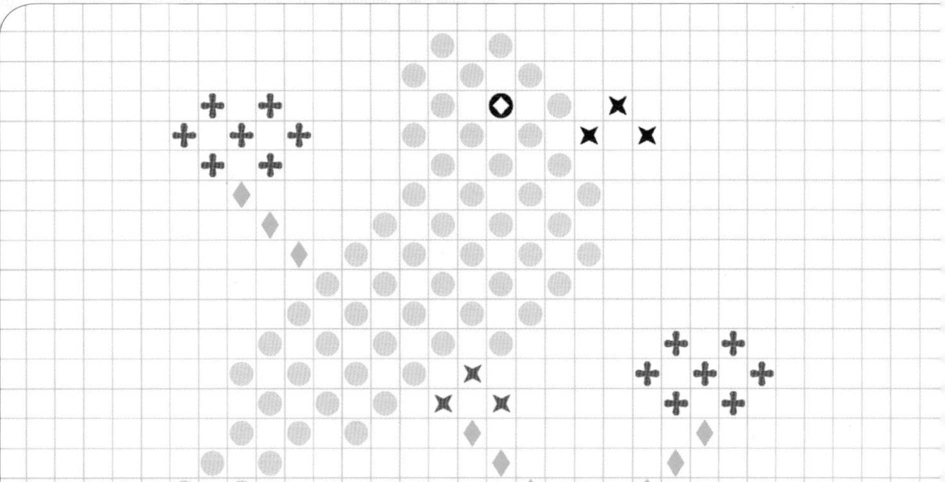

起针建议：九针起花

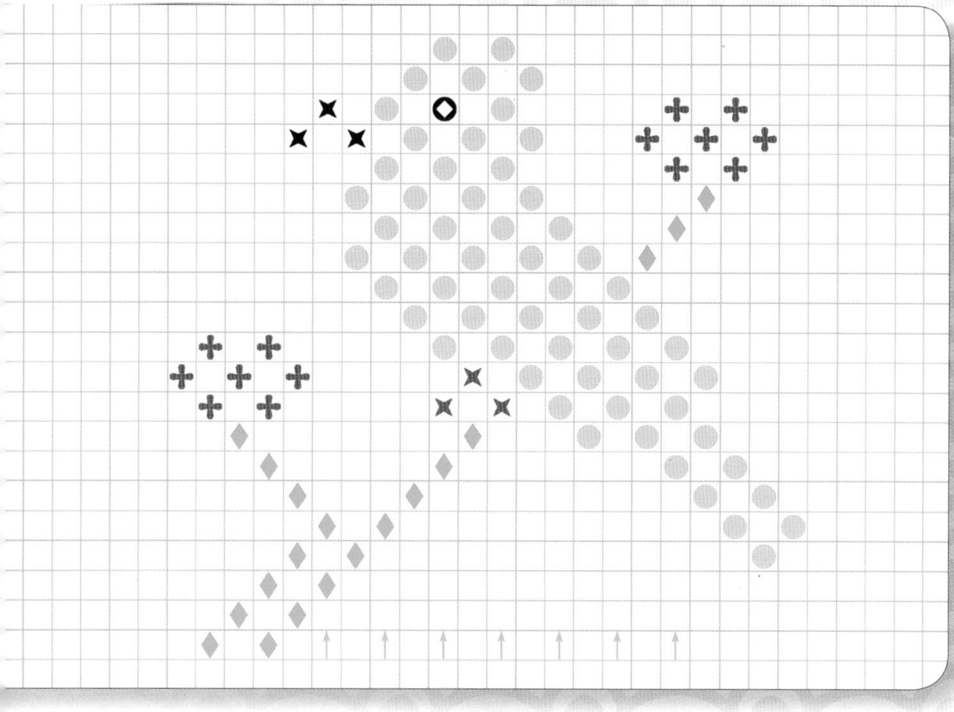

快乐小鸡

起针建议：八针起花

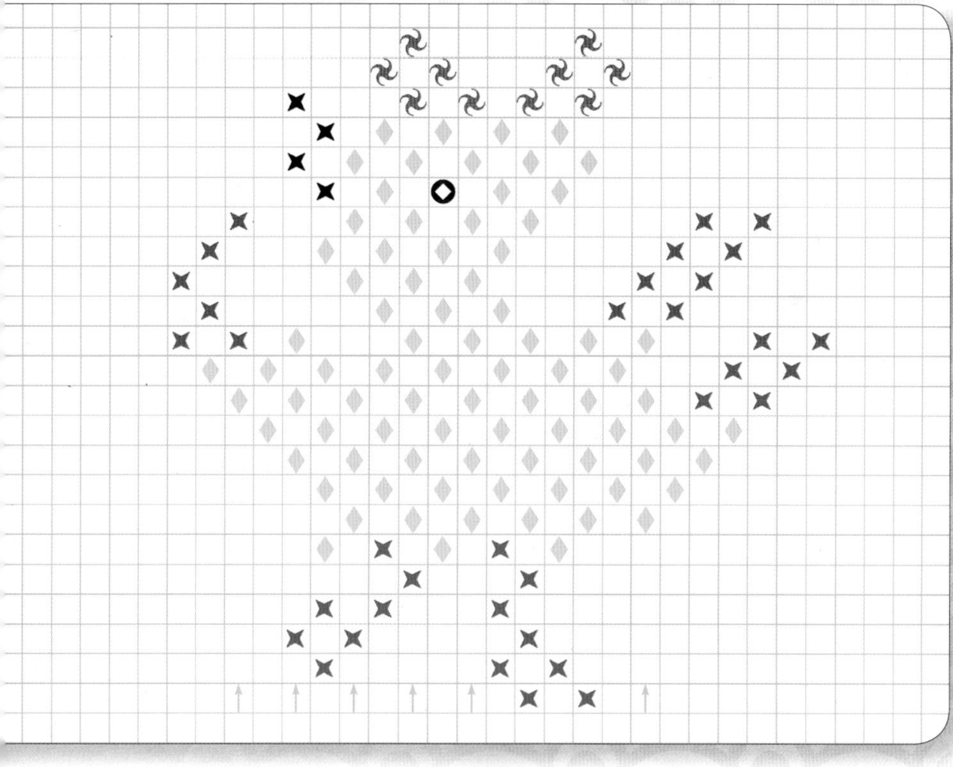

傲立枝头

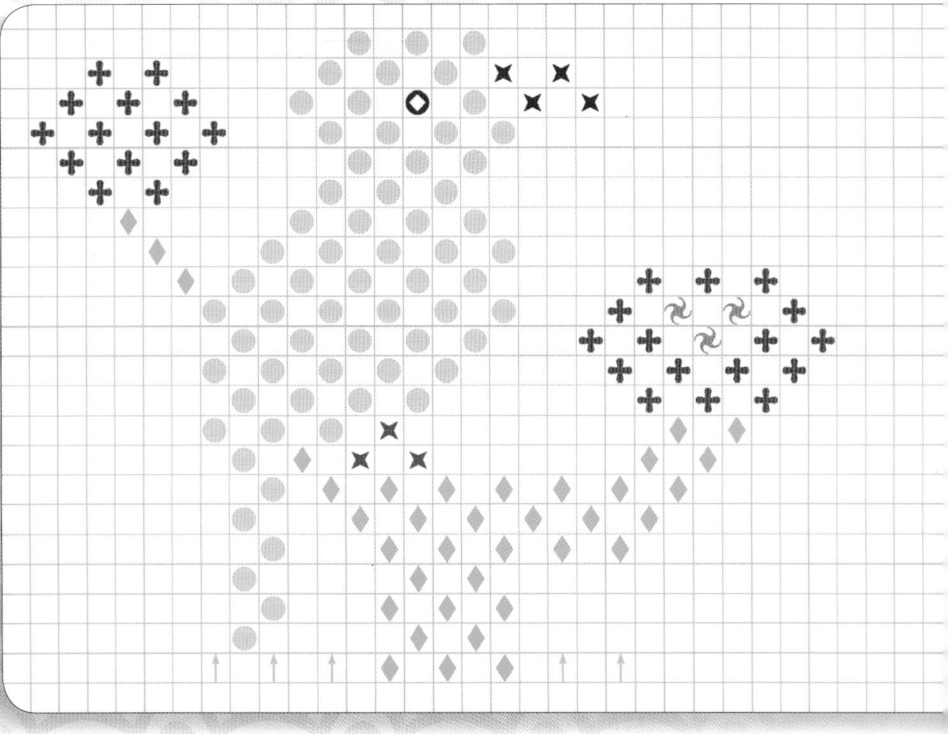

起针建议：八针起花

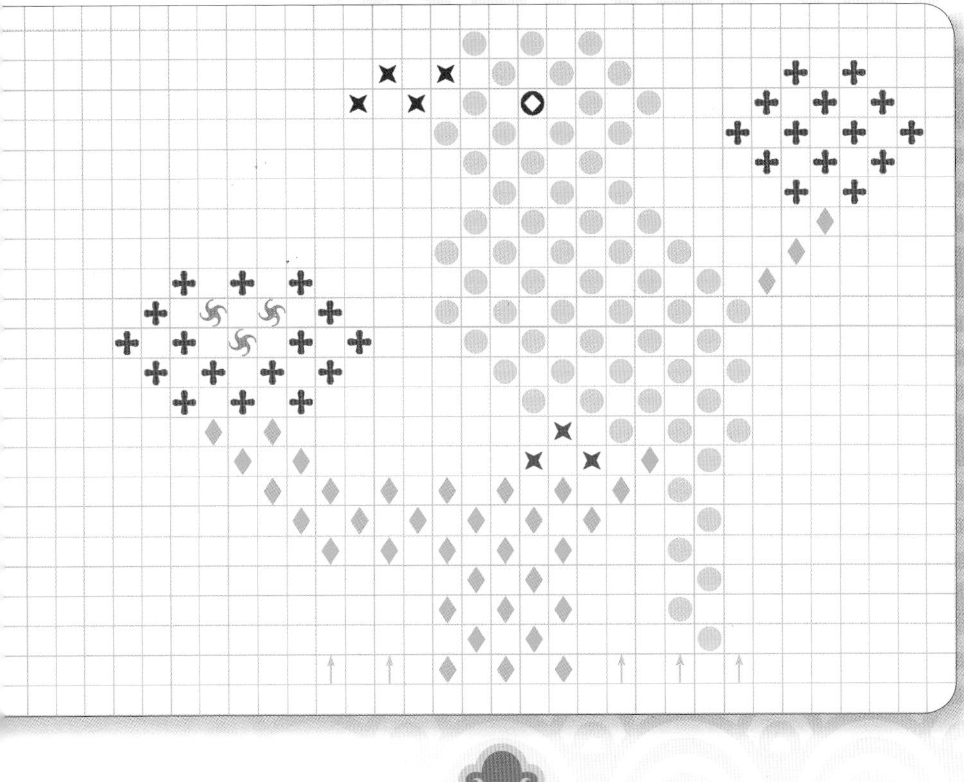

喜上眉梢

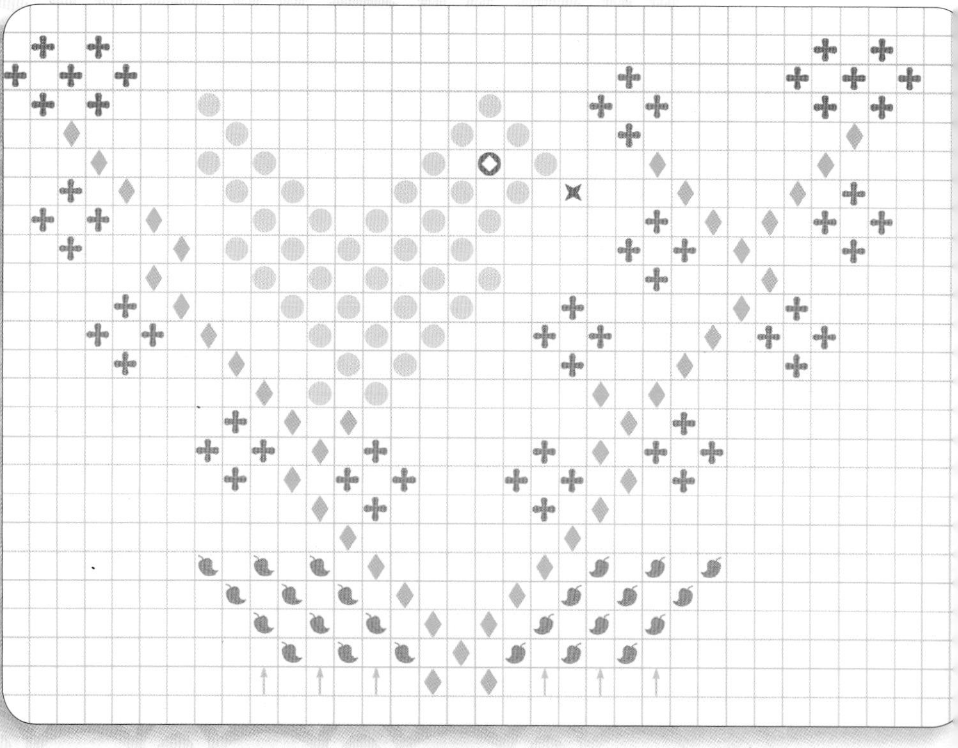

起针建议：八针起花

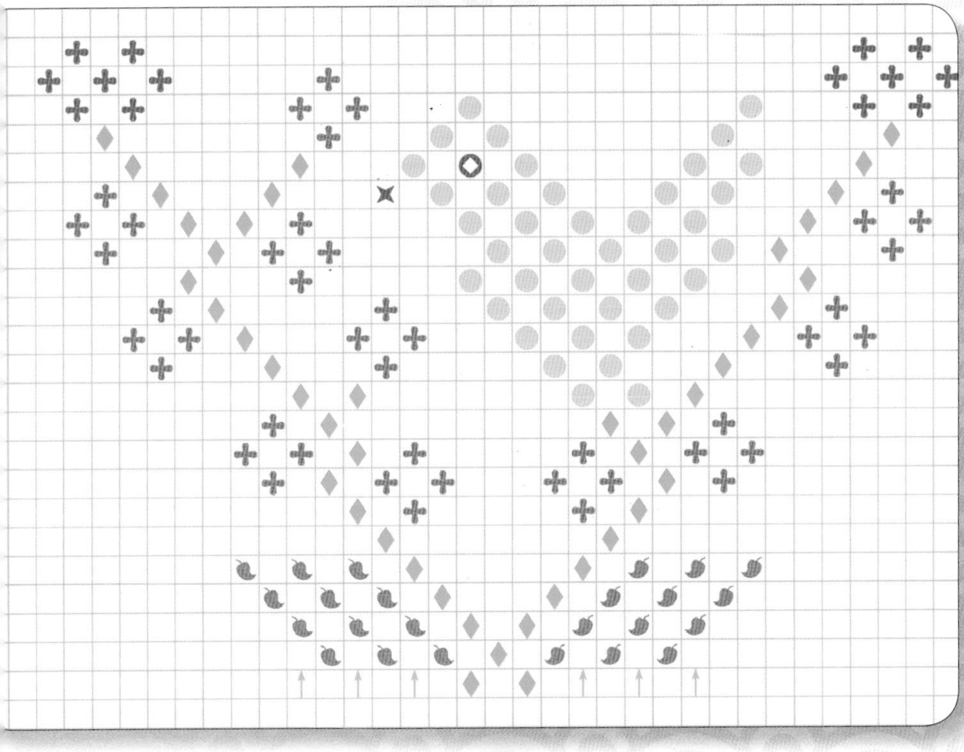

枝头张望

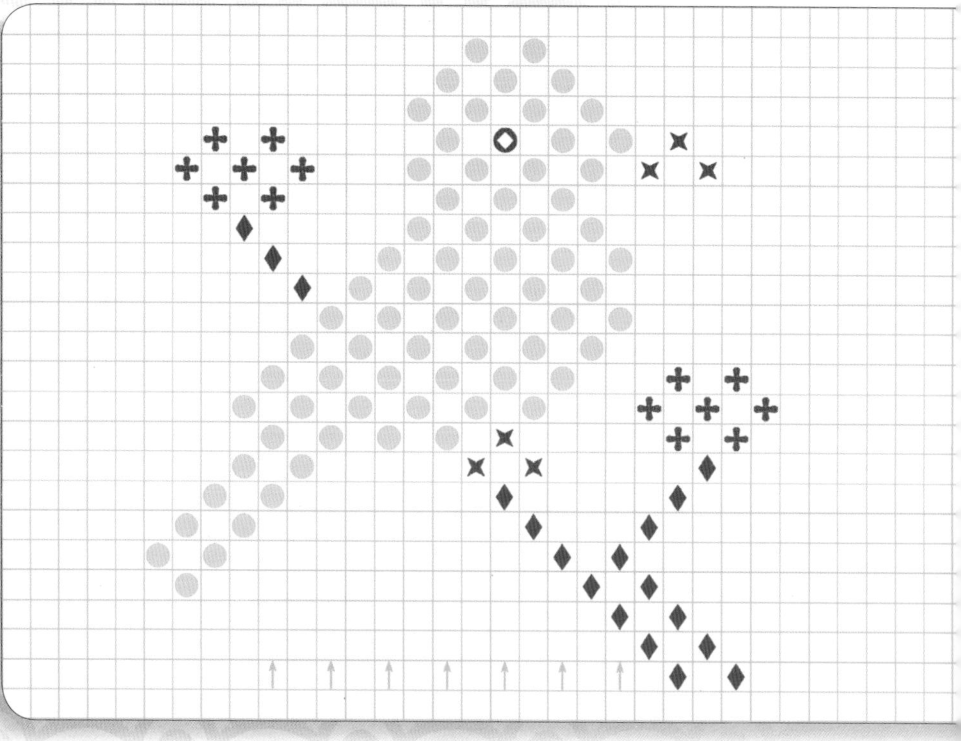

起针建议：九针起花

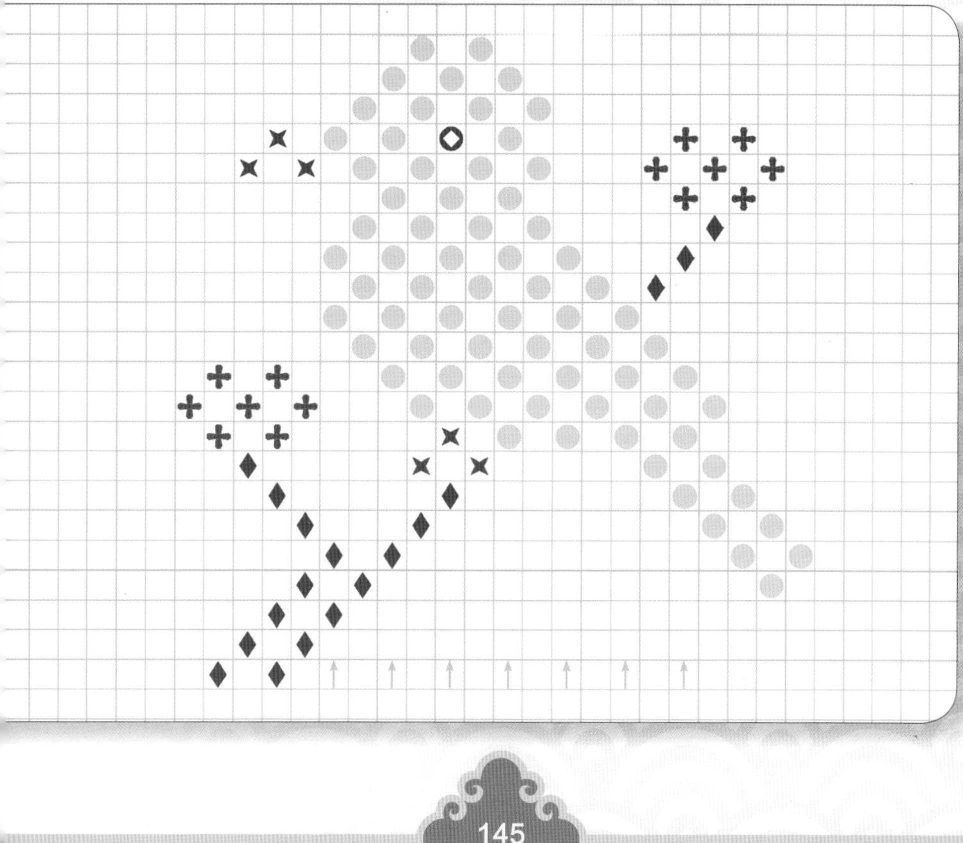

展翅欲飞

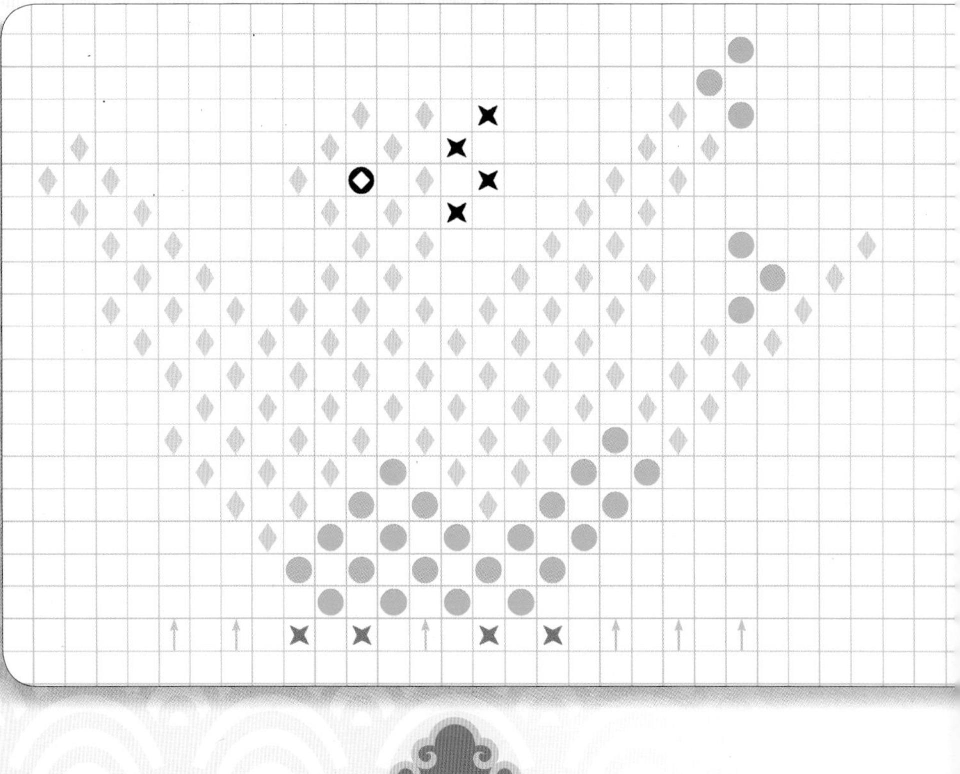

起针建议：十针起花

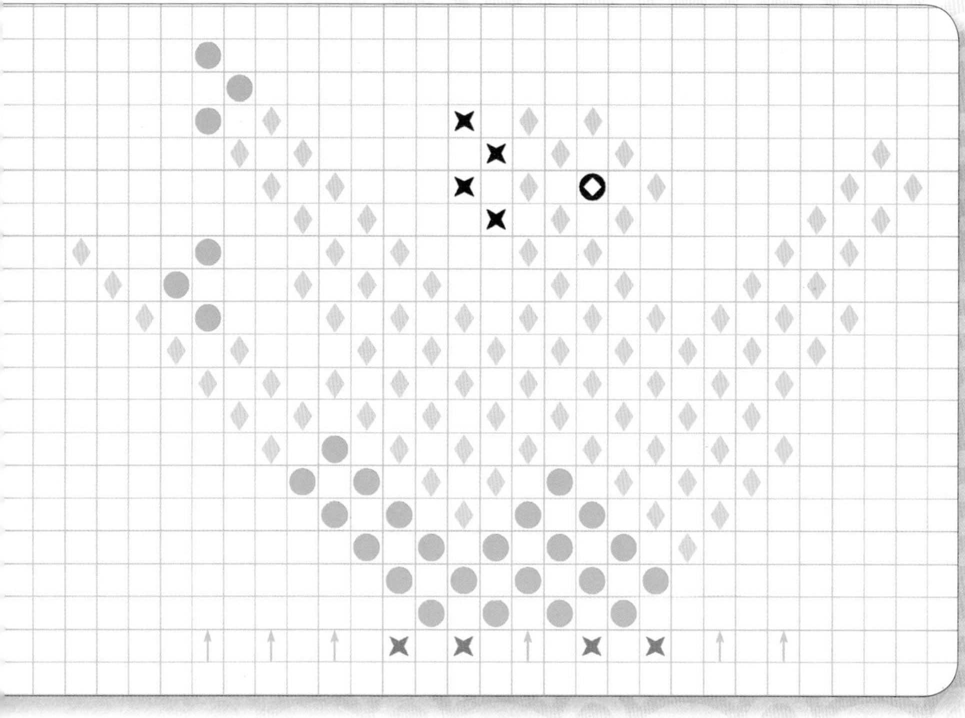

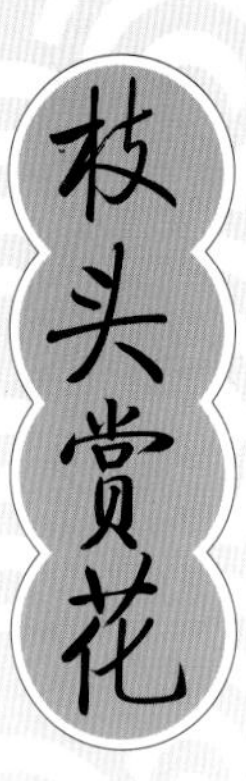
枝头赏花

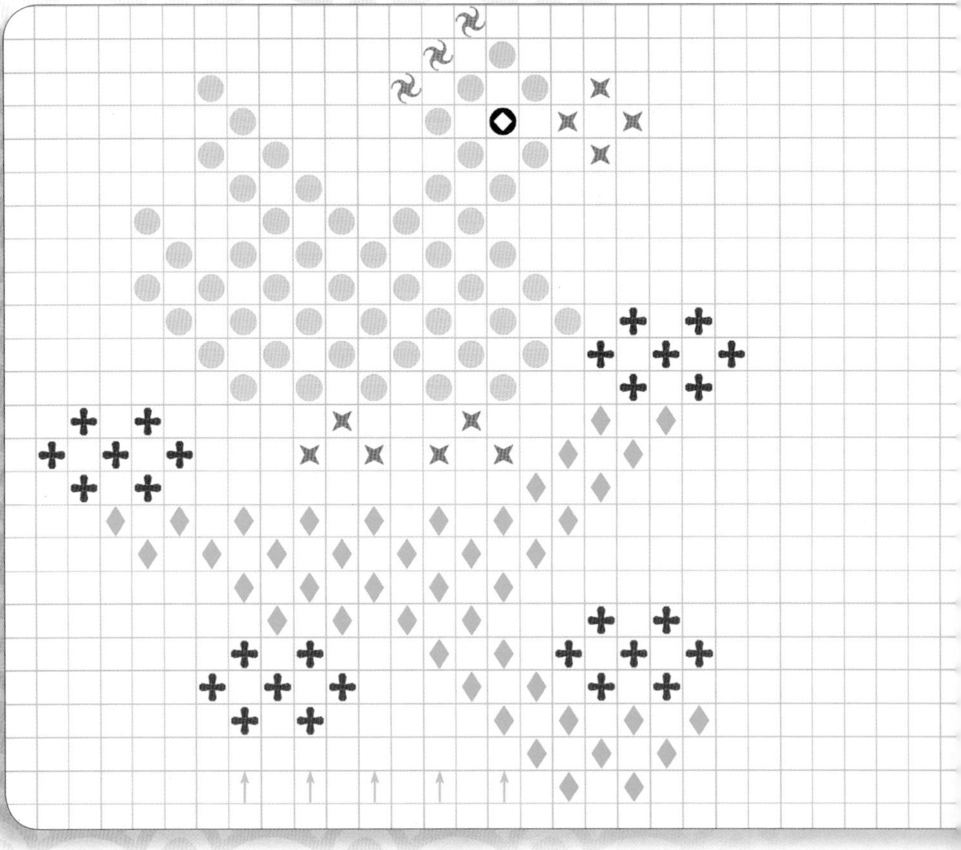

起针建议：七针起花

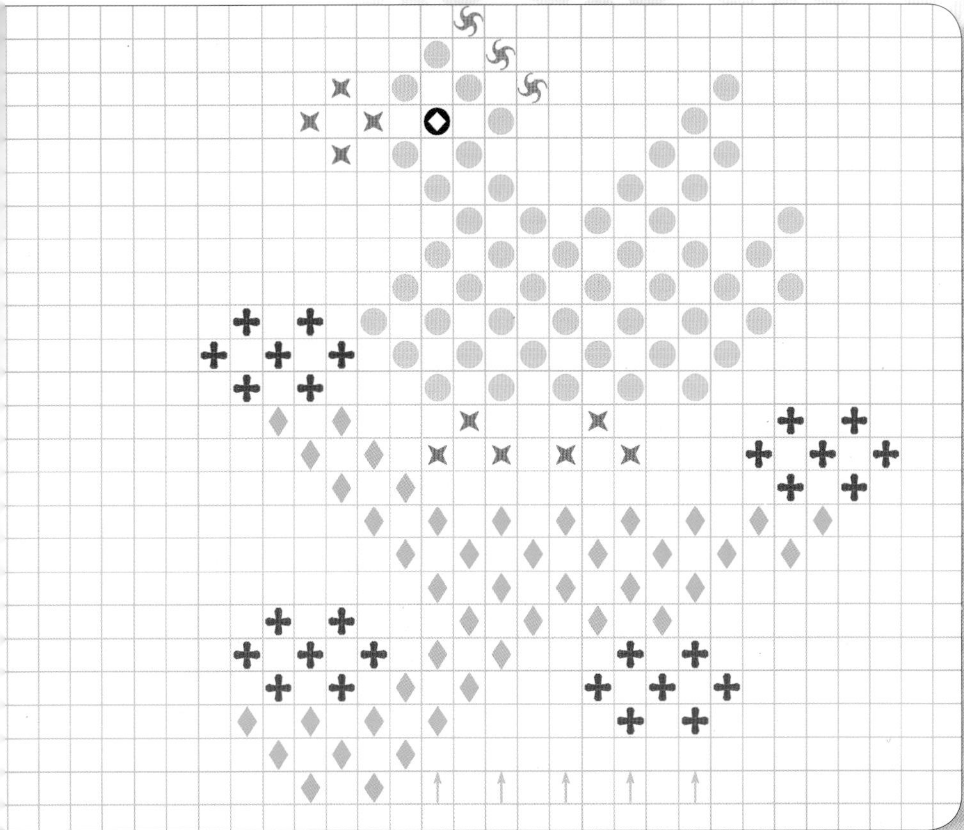

枝头闲鸣

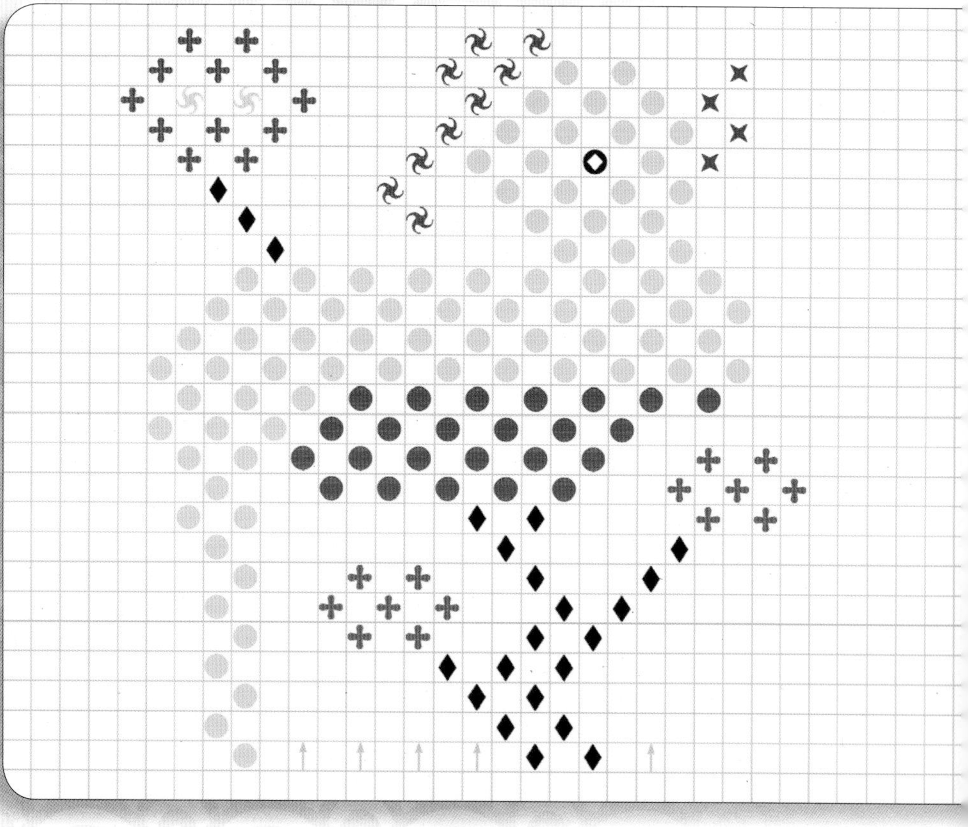

起针建议：八针起花

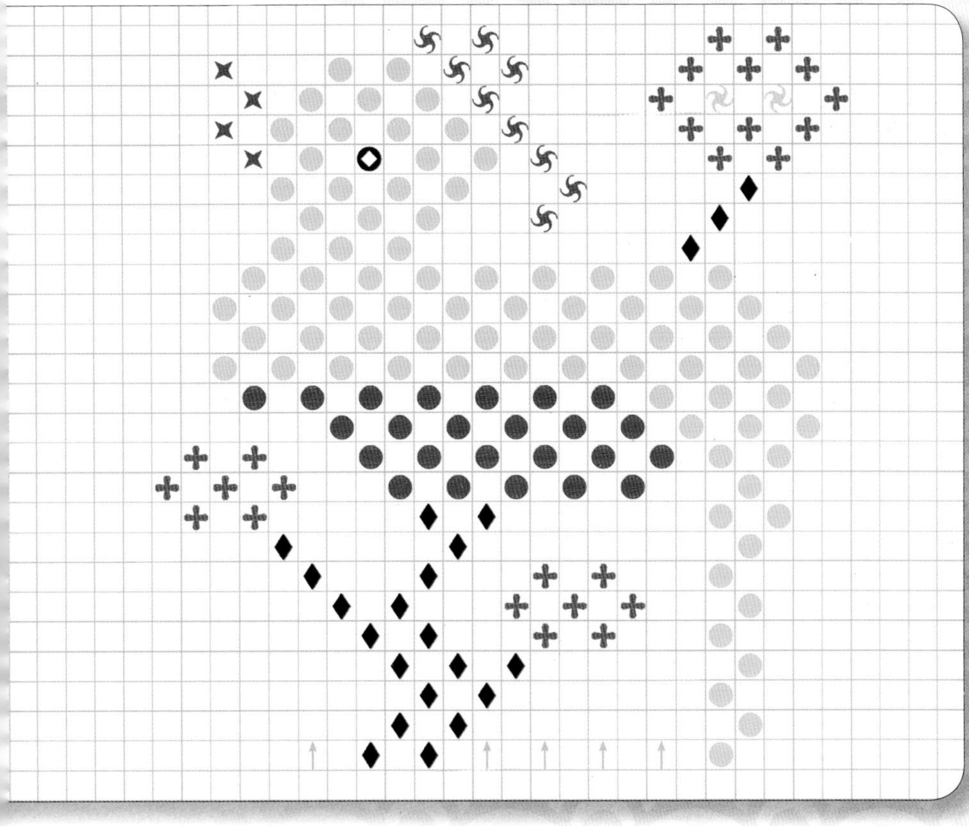

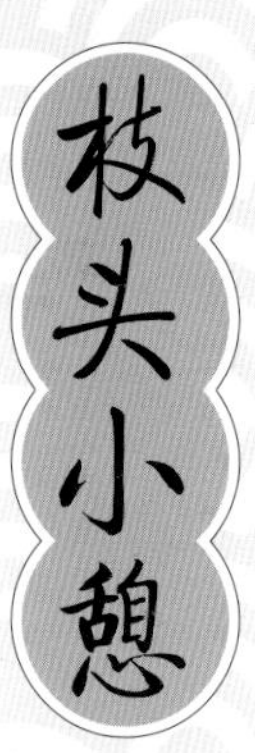
枝头小憩

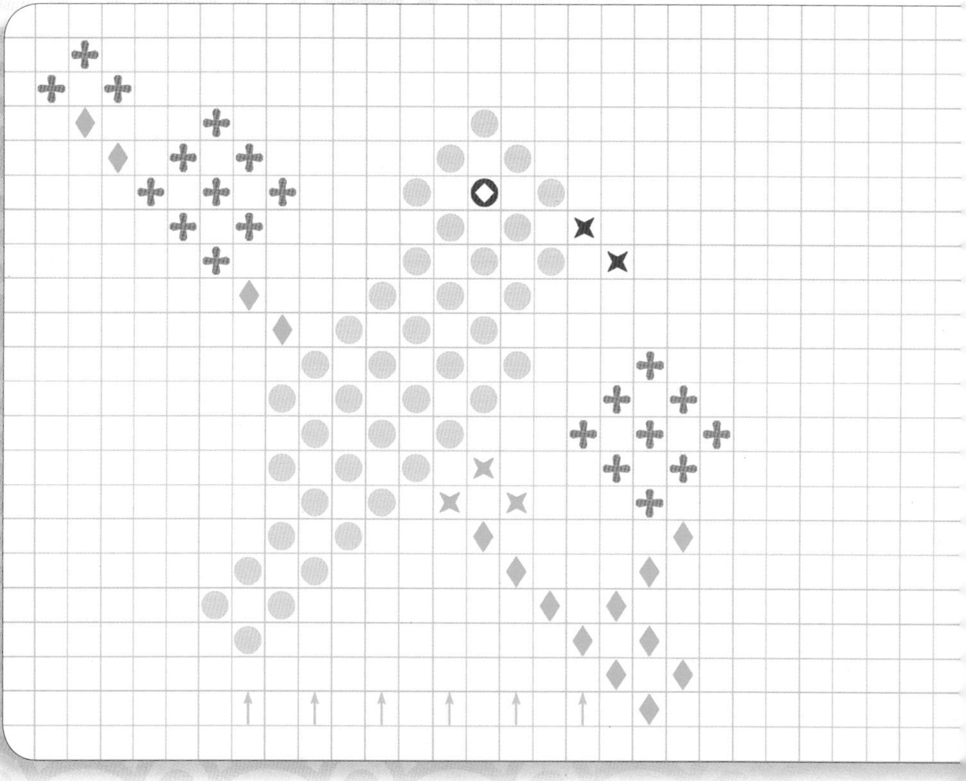

起针建议：七针起花

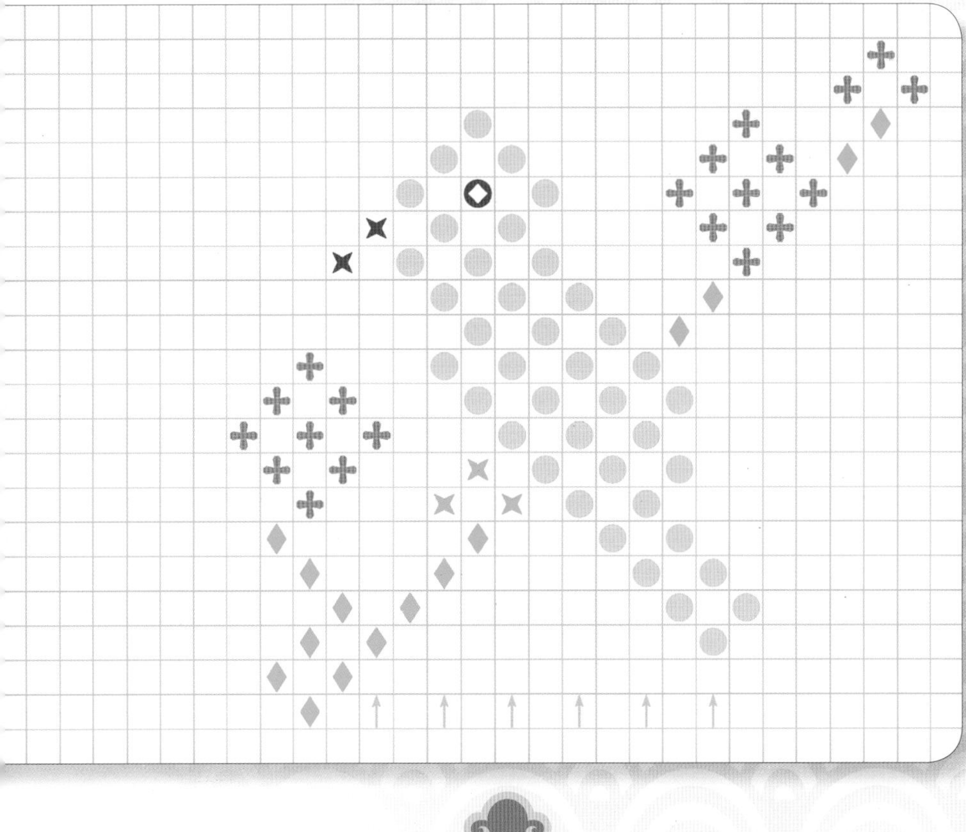

啄木鸟

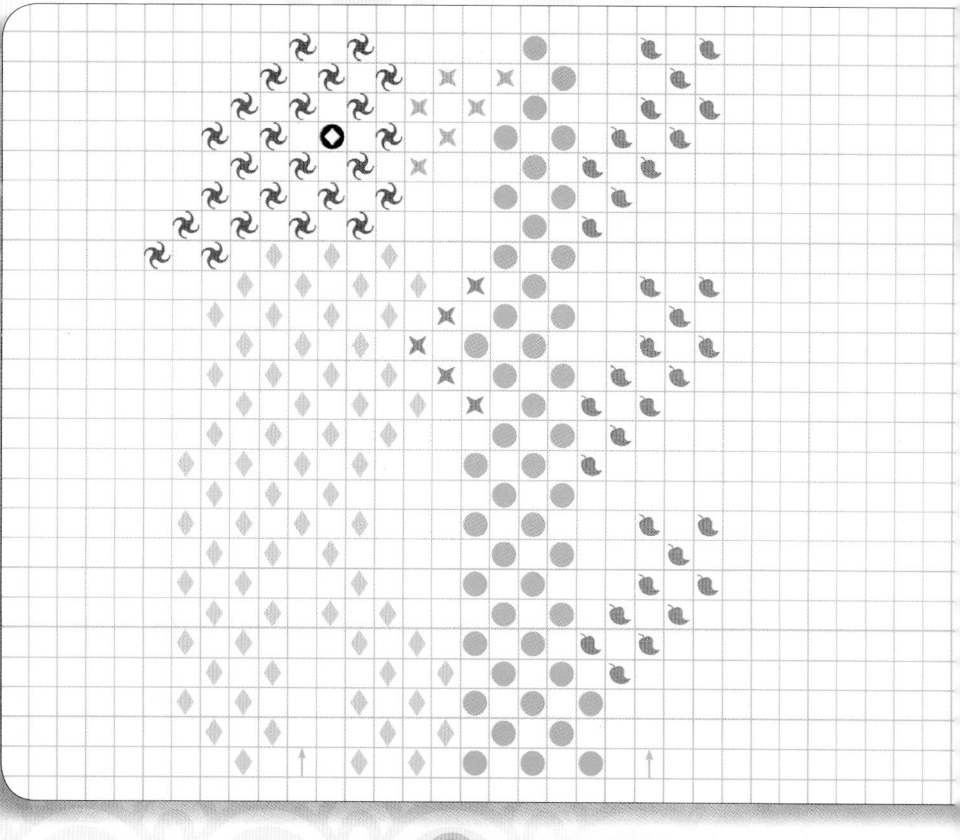

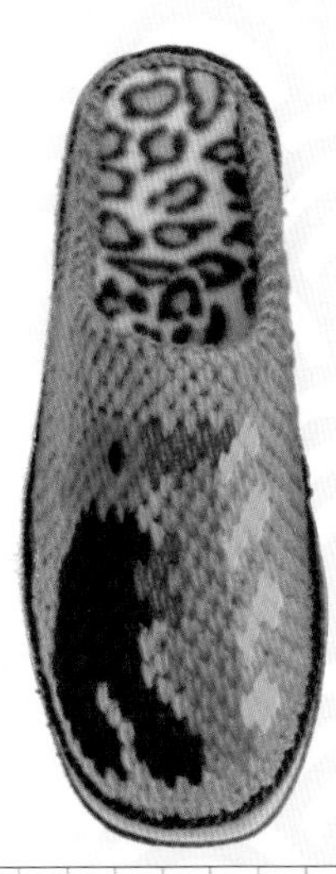

起针建议：八针起花

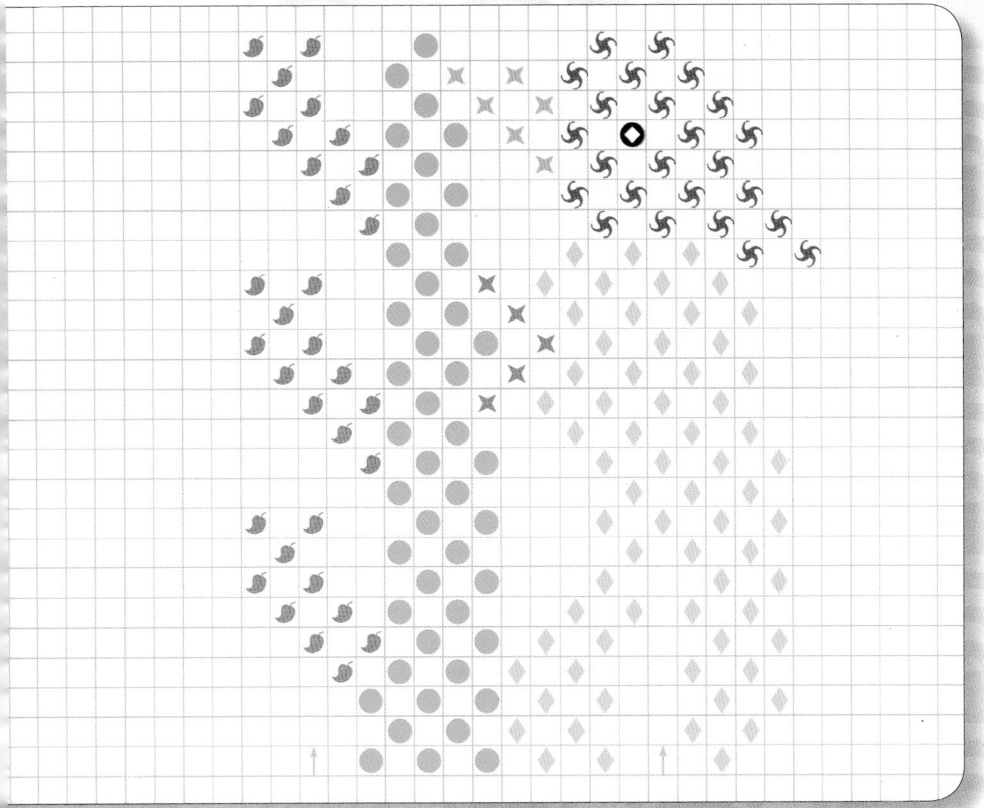

乘船小妹

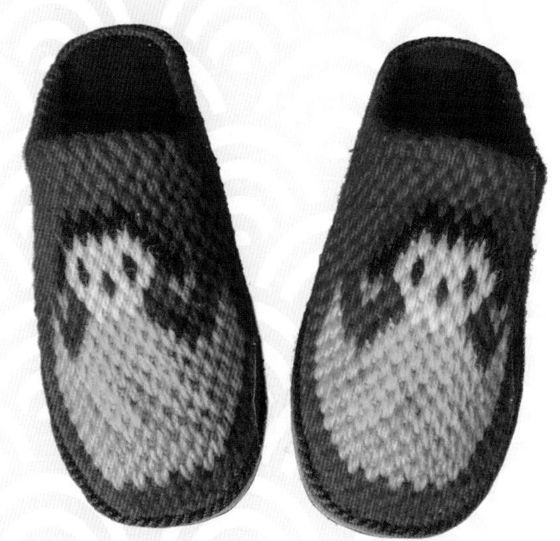

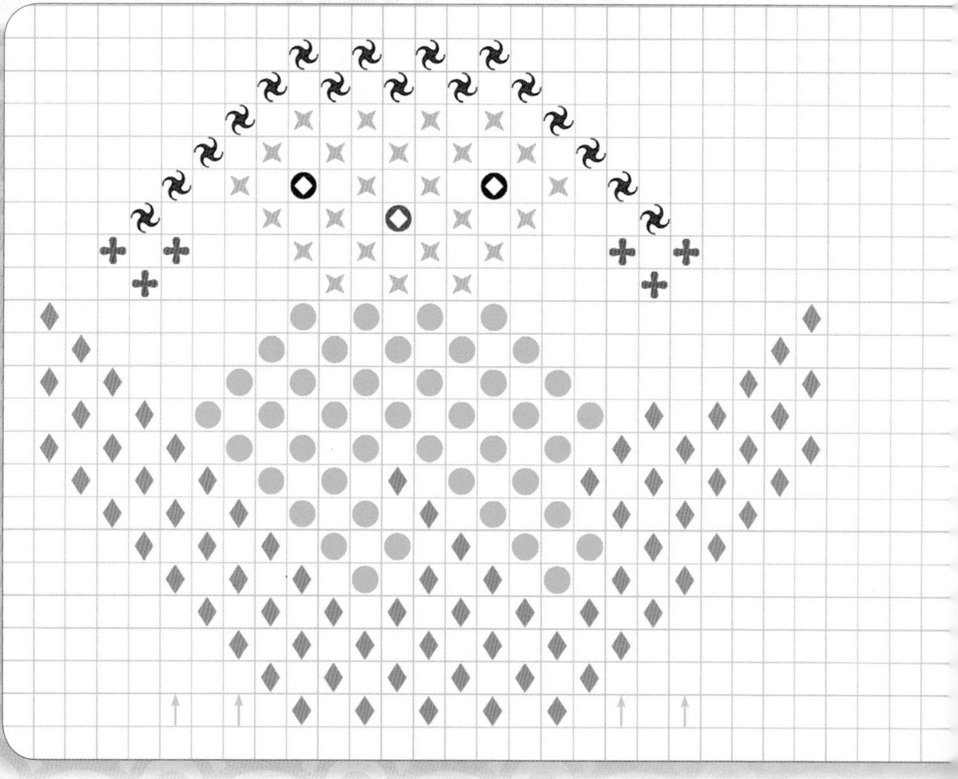

起针建议：九针起花

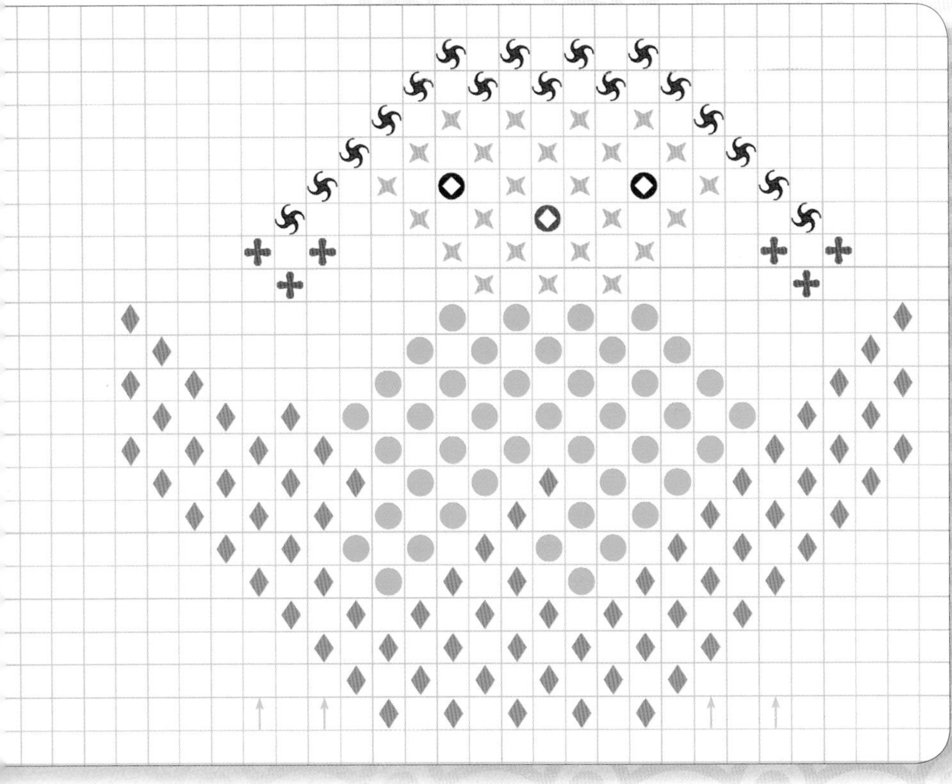

人鱼公主

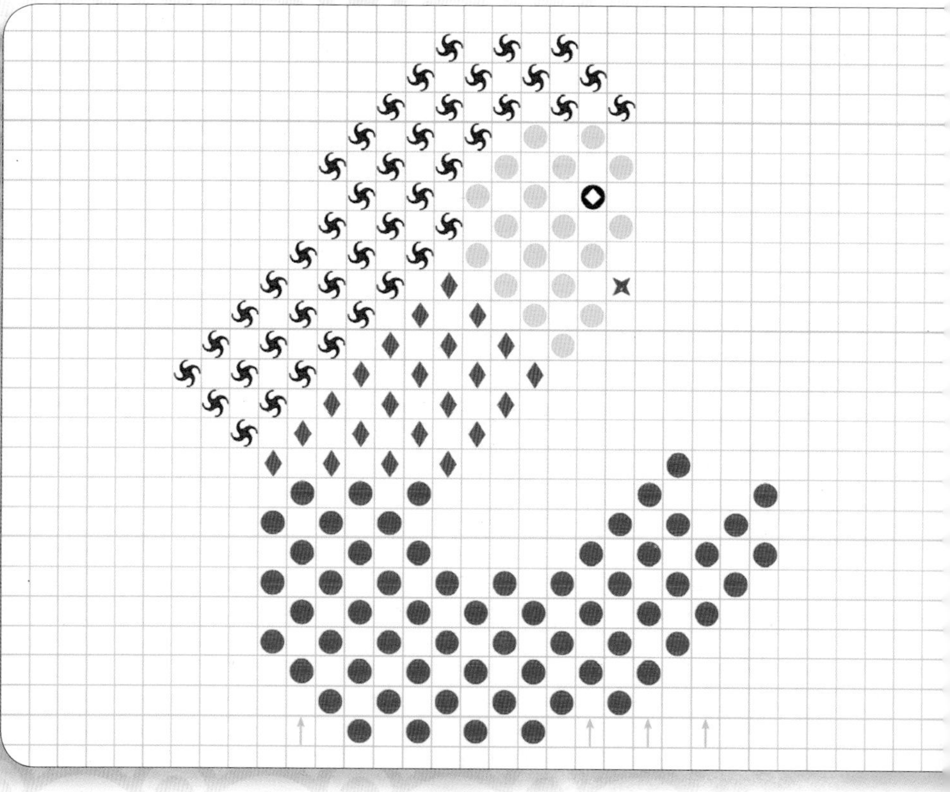

起针建议：八针起花

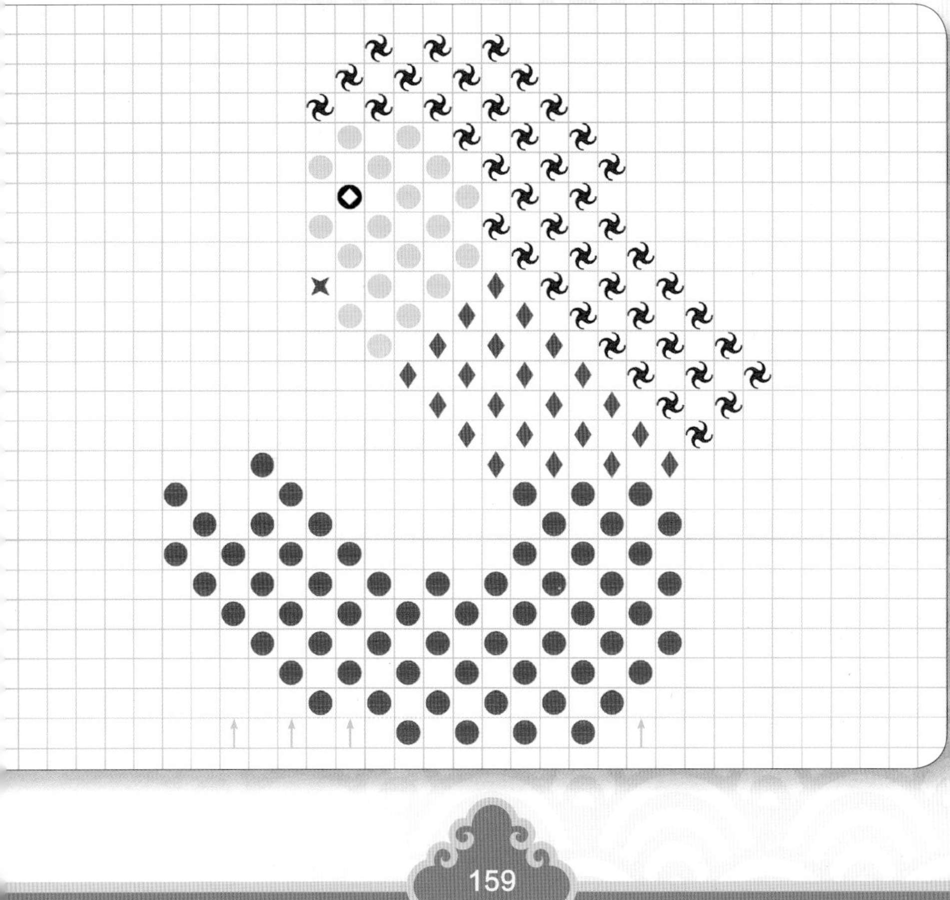

美人鱼

起针建议：九针起花

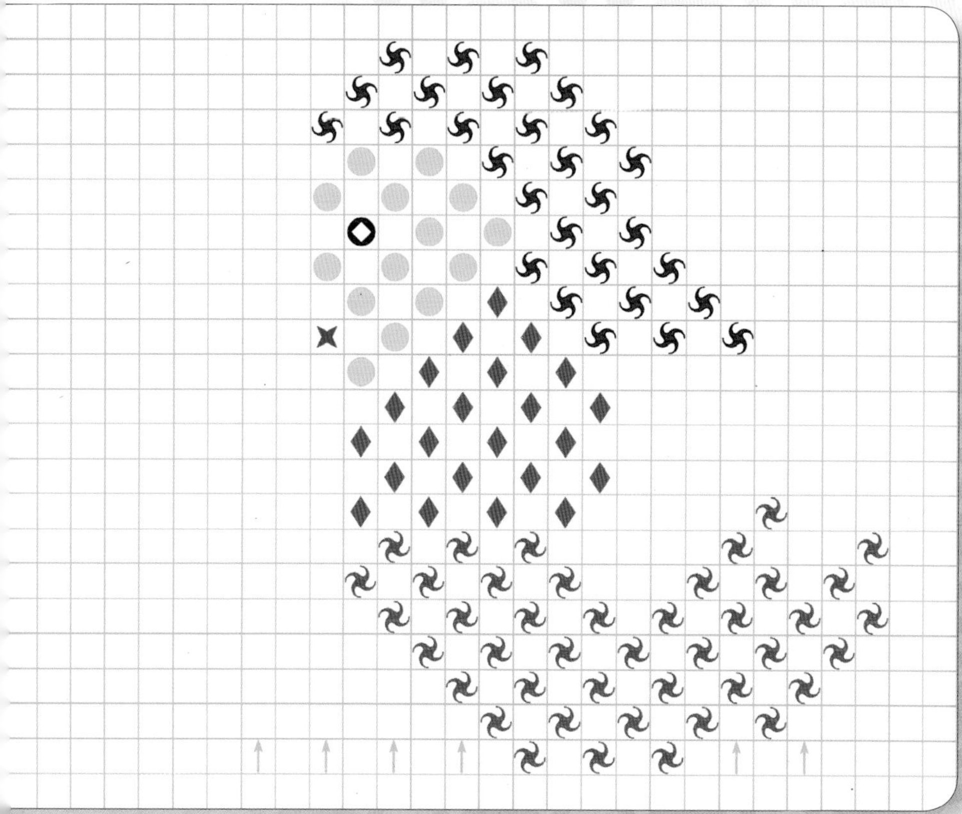

古代武士

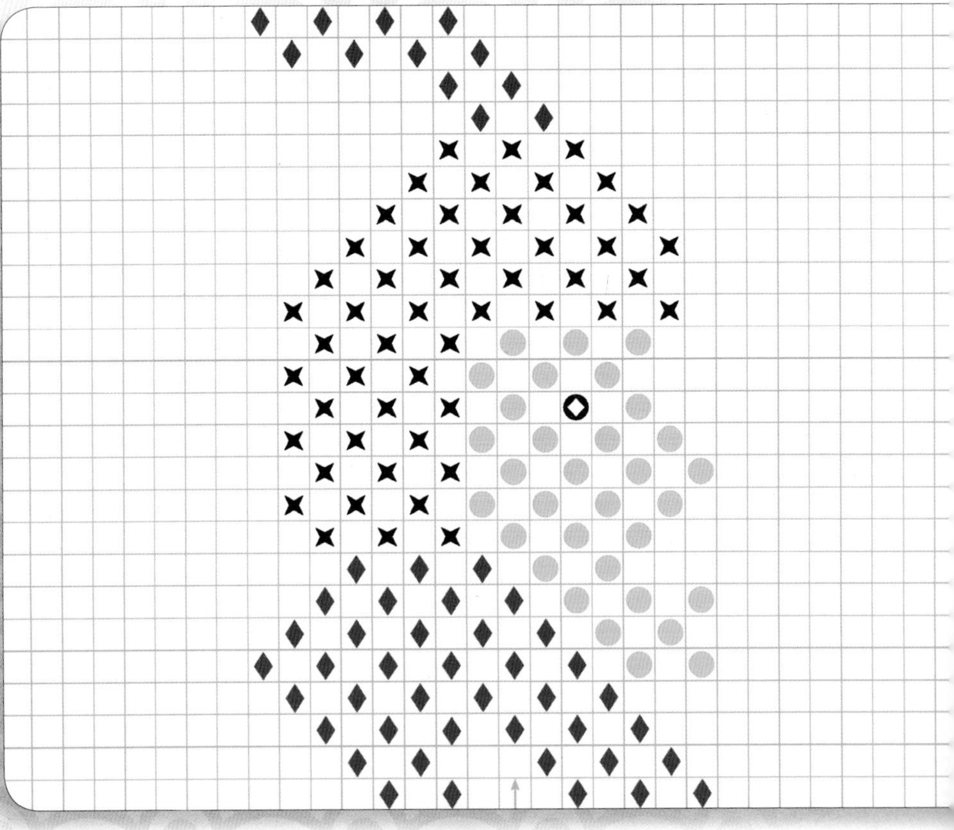

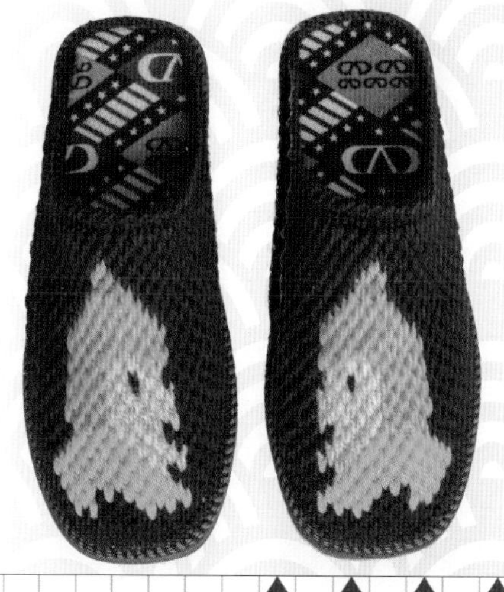

起针建议：六针起花

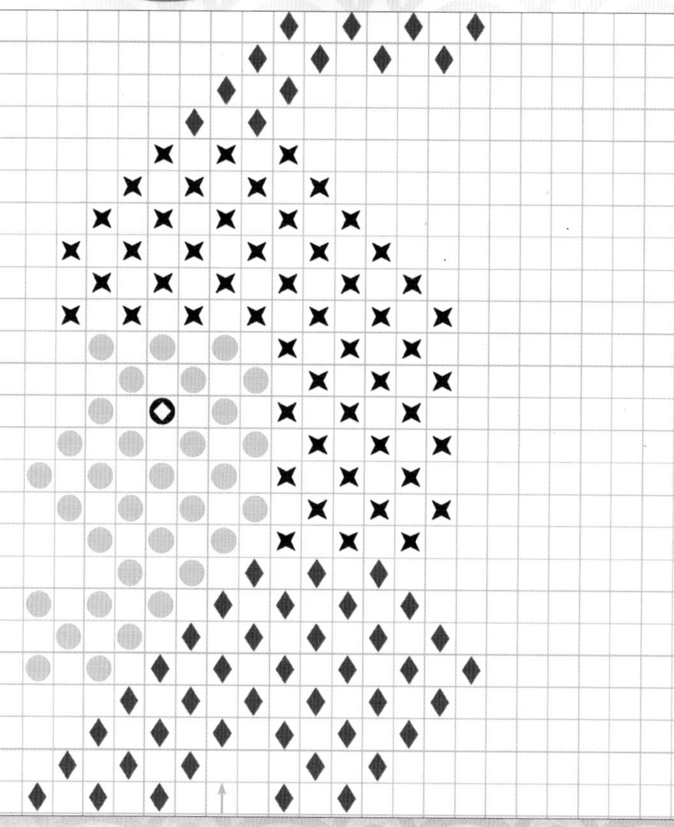

辣椒熟了

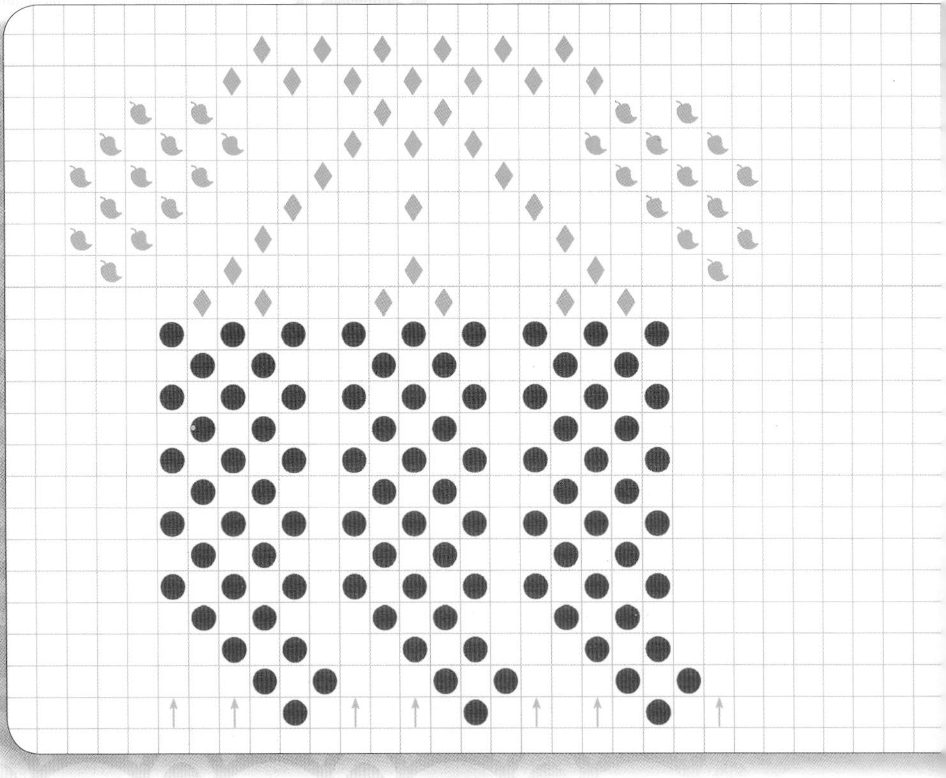

起针建议：十针起花

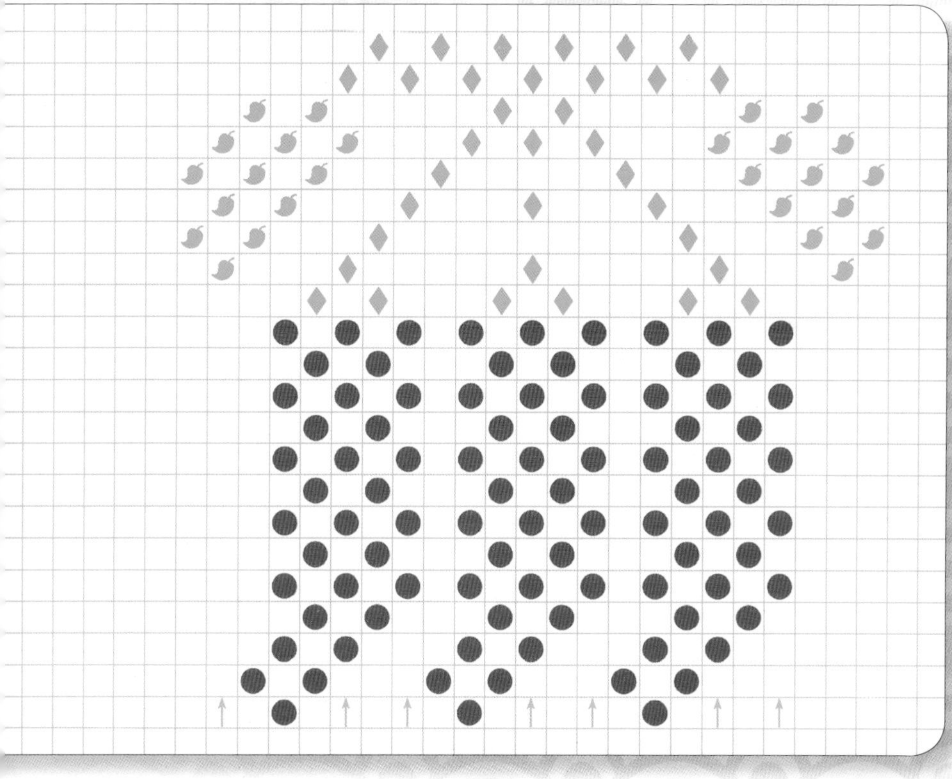

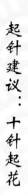

枝头绽放

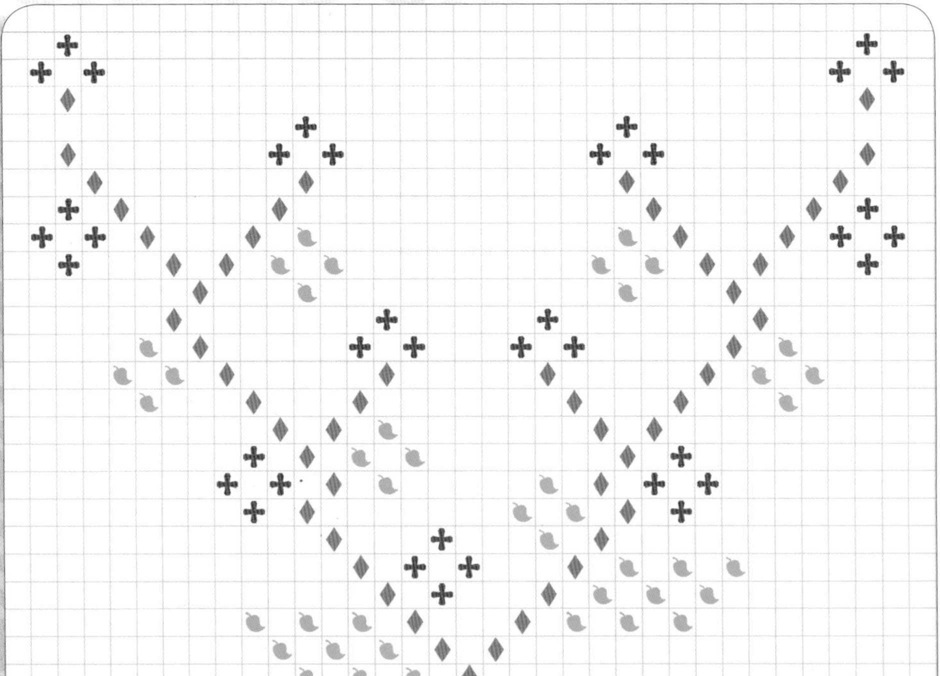

起针建议：八针起花

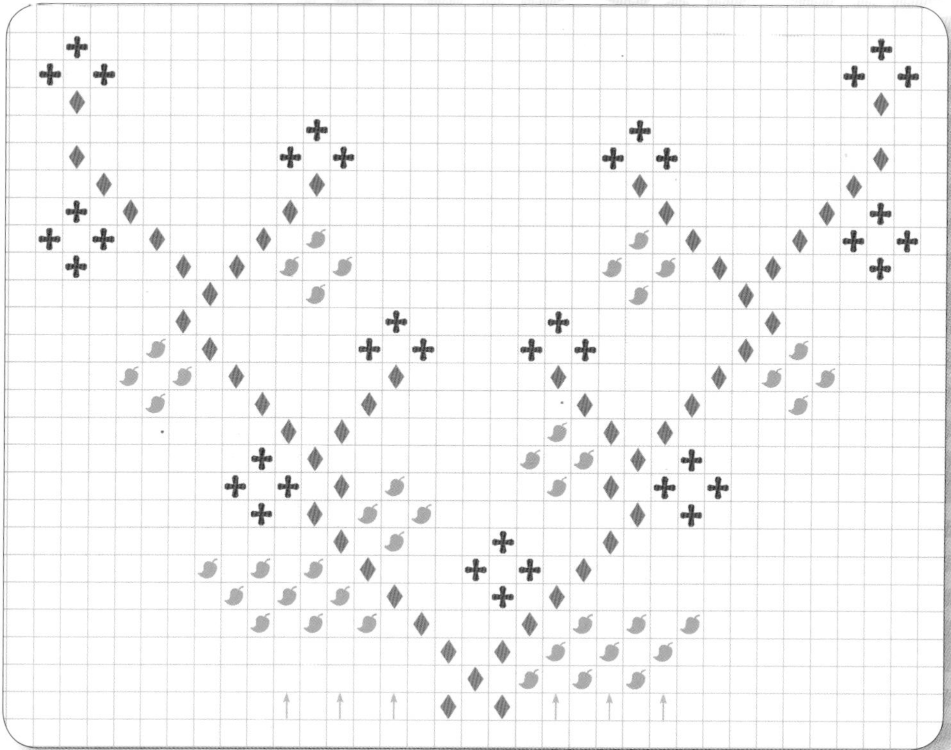

秋天到了

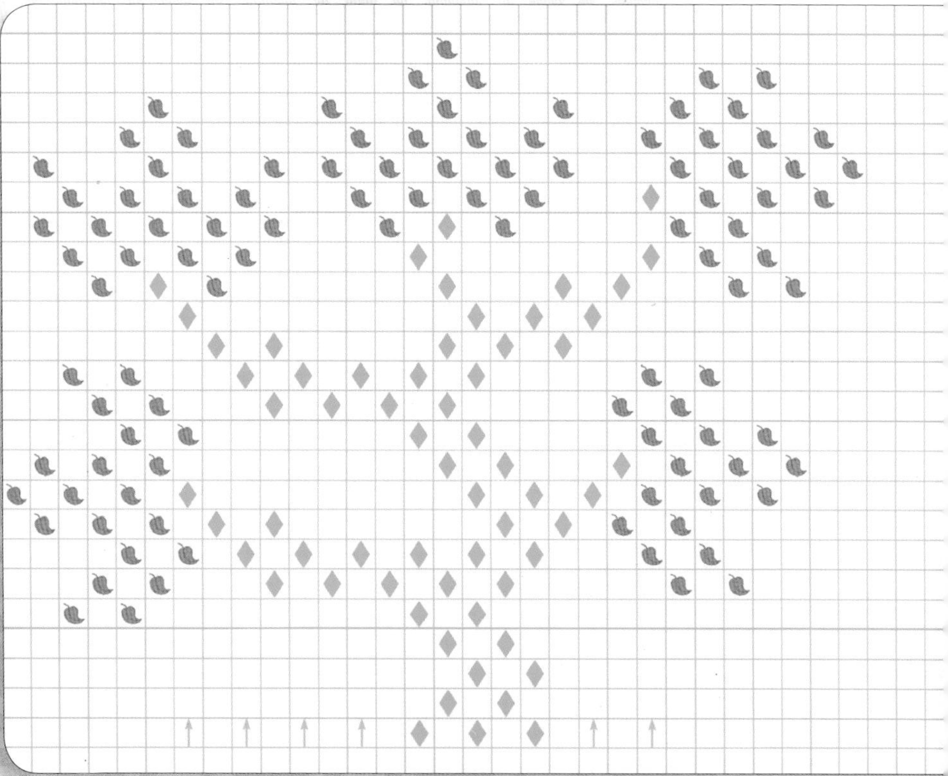

起针建议：九针起花

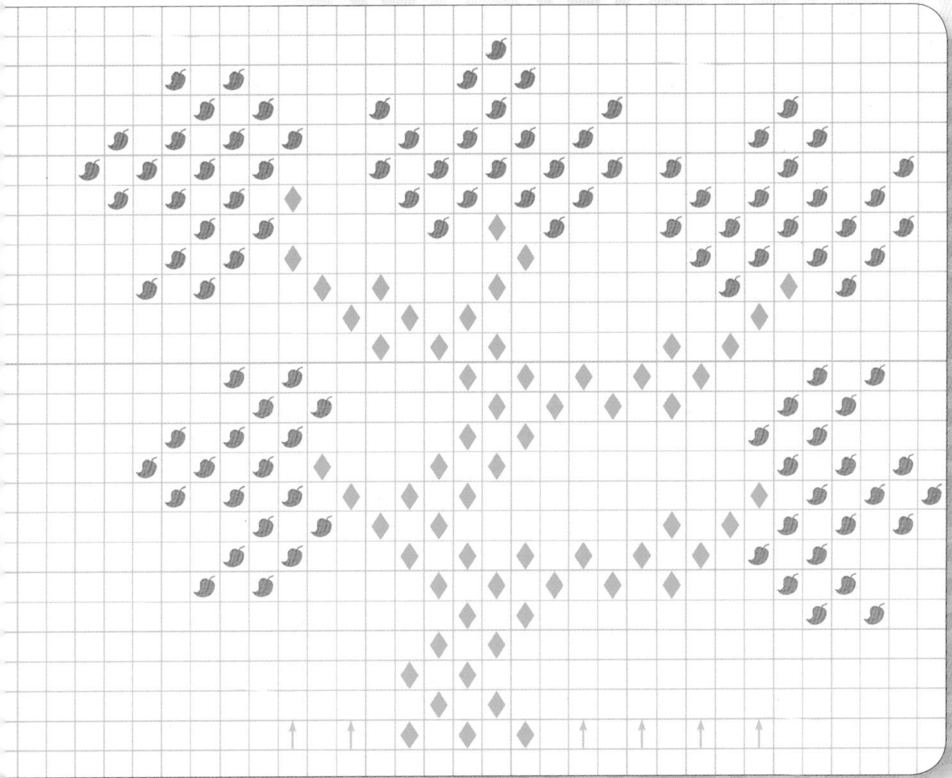

喜结连理

起针建议：七针起花

起针建议：八针起花

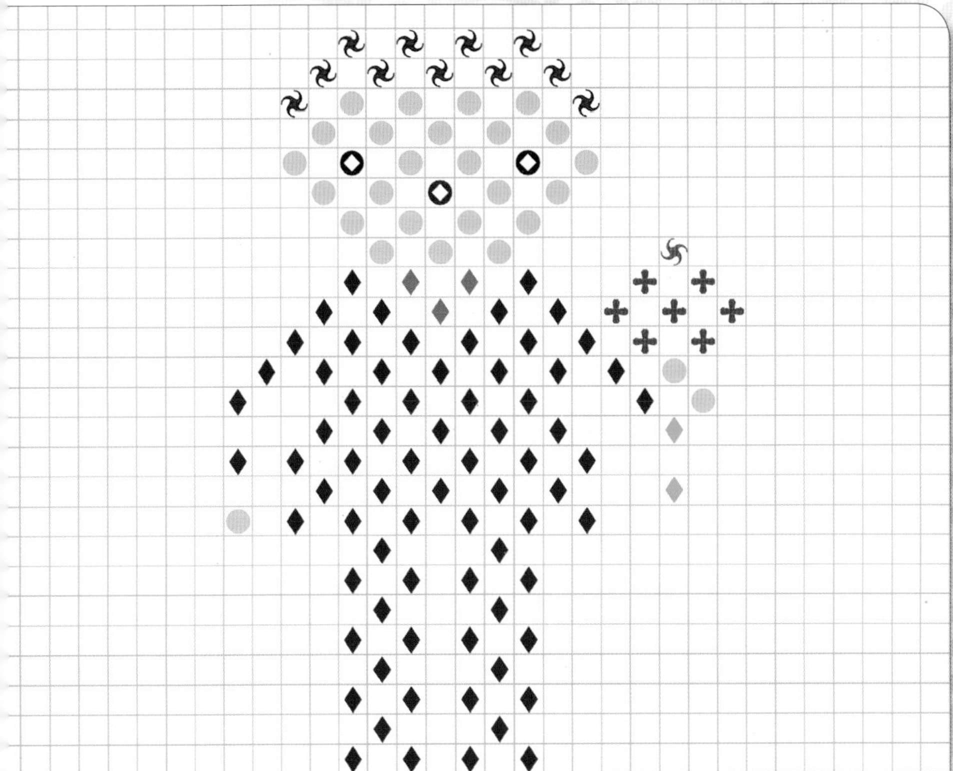

小提琴

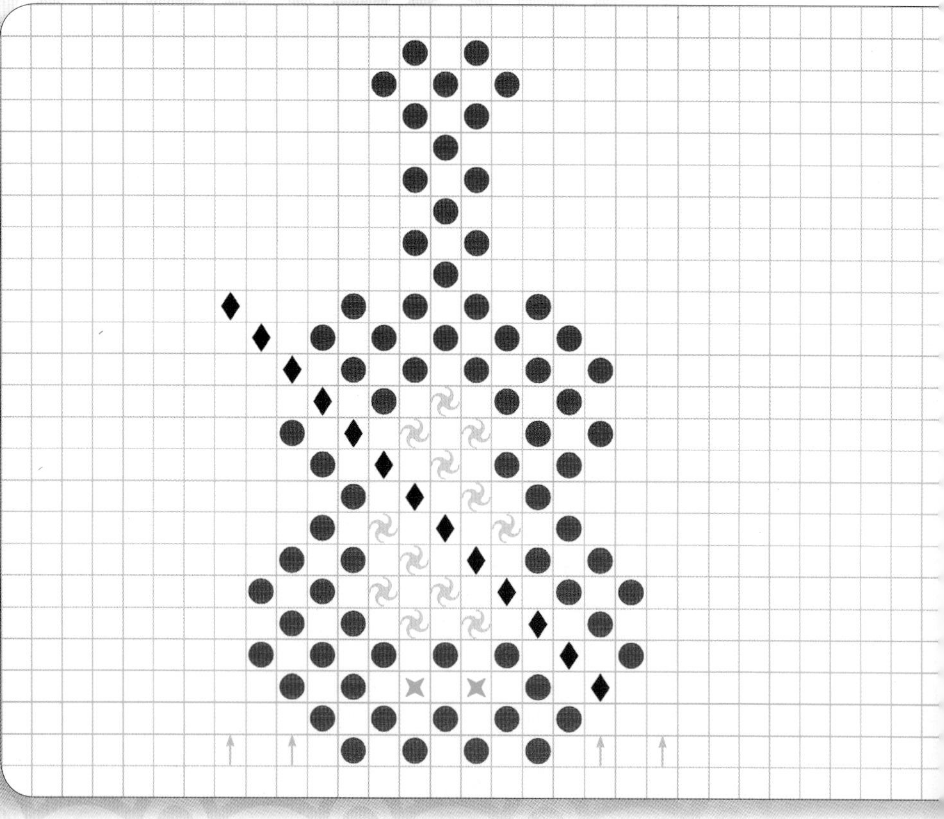

起针建议：八针起花

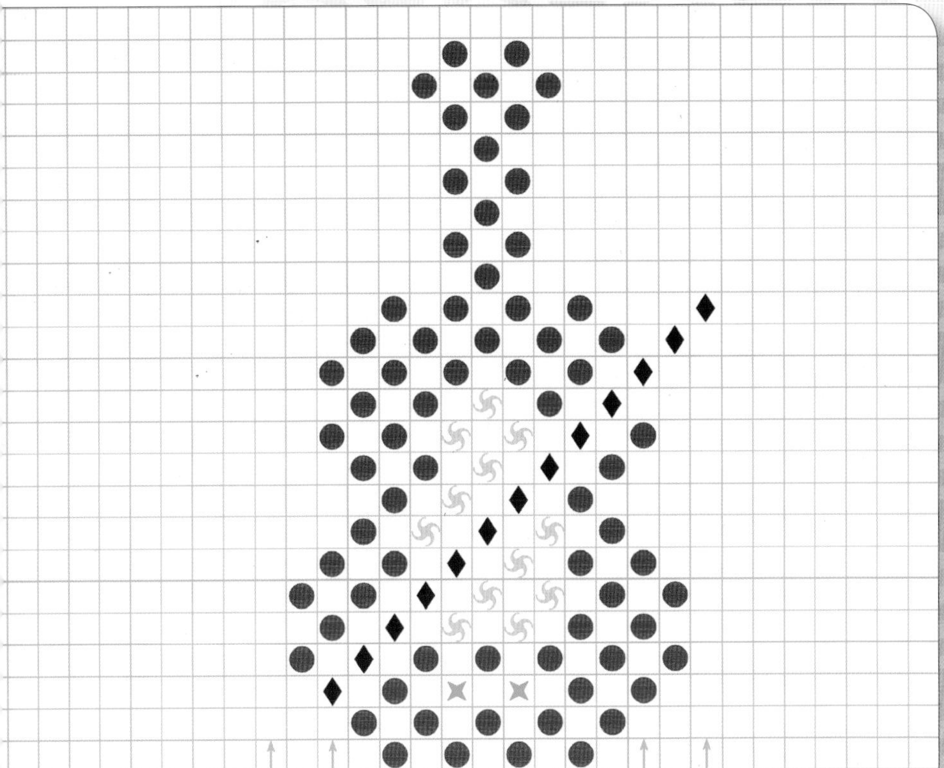

小辣椒

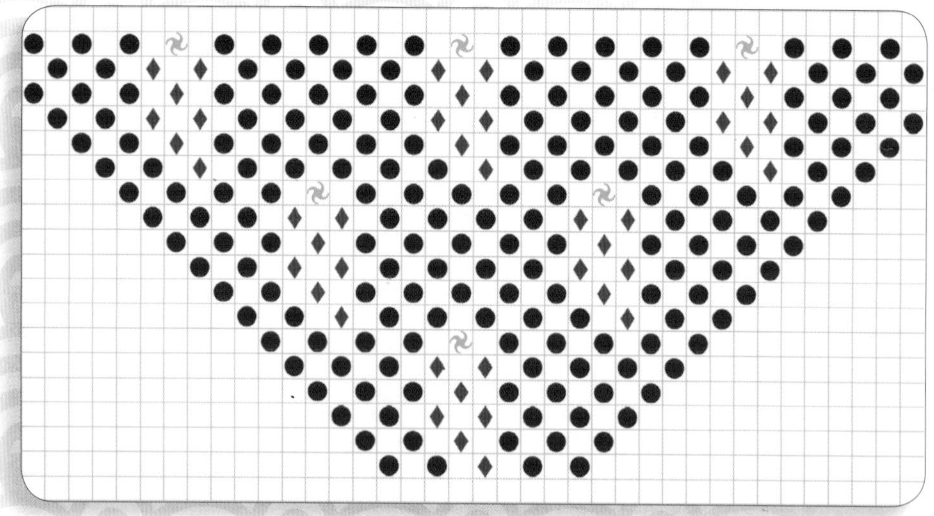

起针建议：无

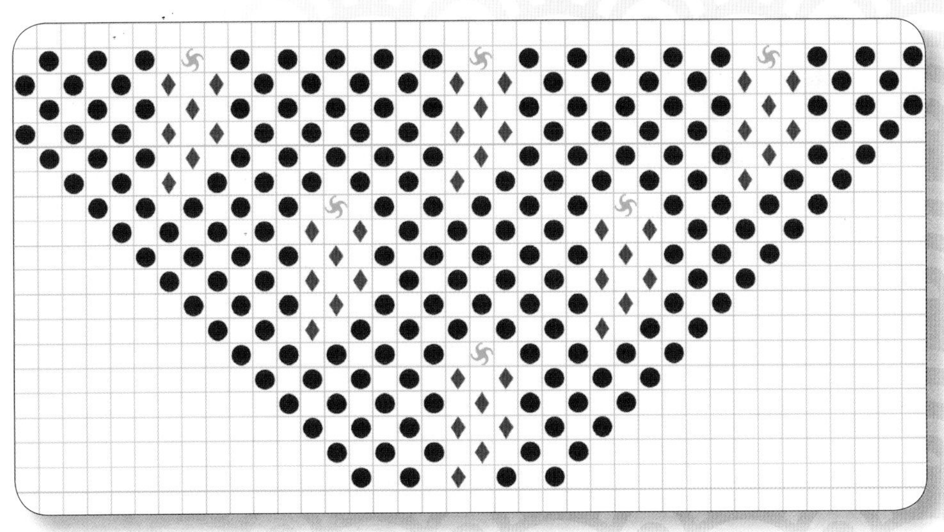

春色满园

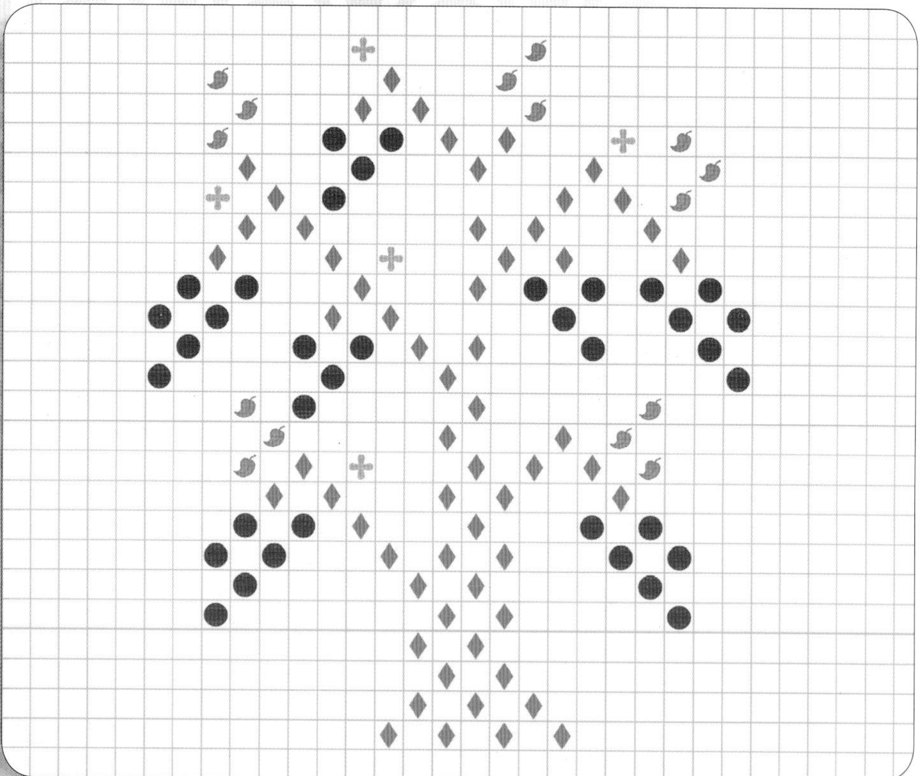

起针建议：无

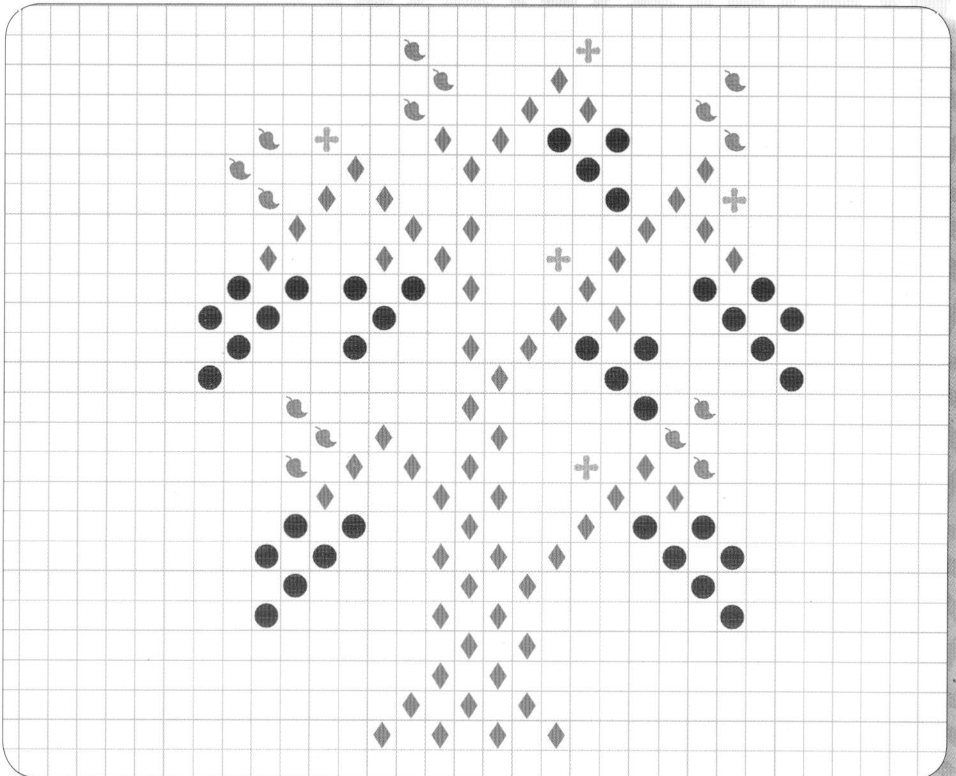

橘子熟了

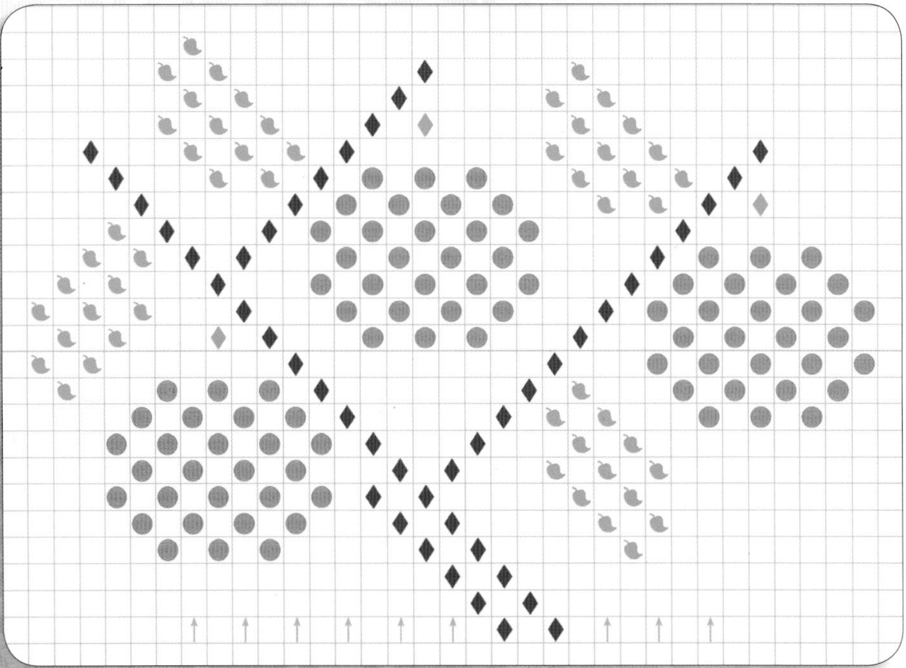

起针建议：十一针起花

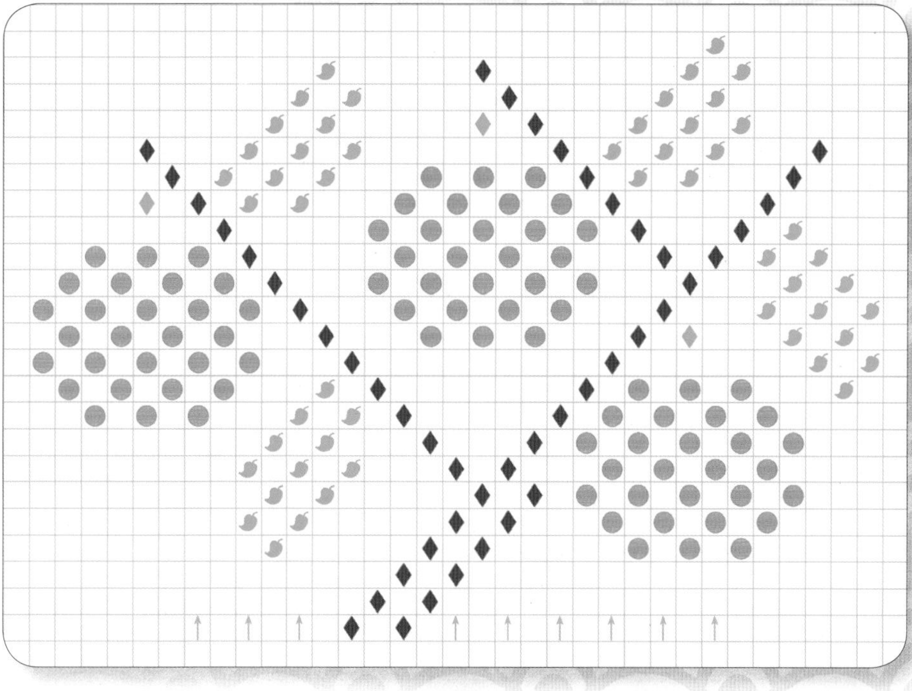

蝴蝶花开

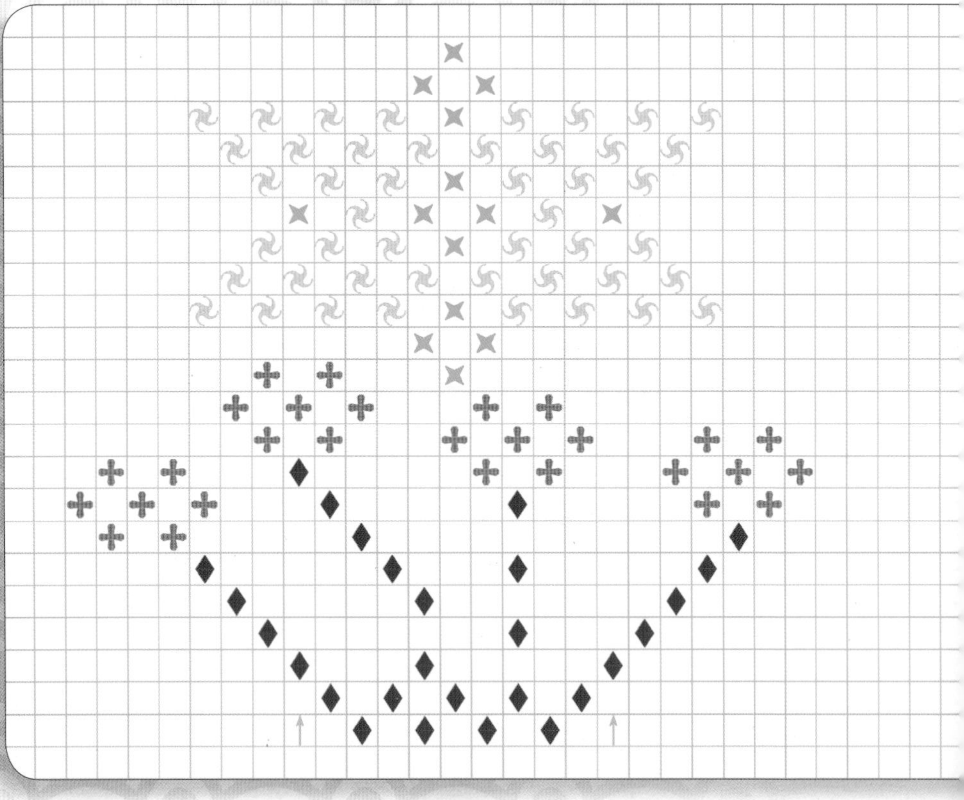

起针建议：六针起花

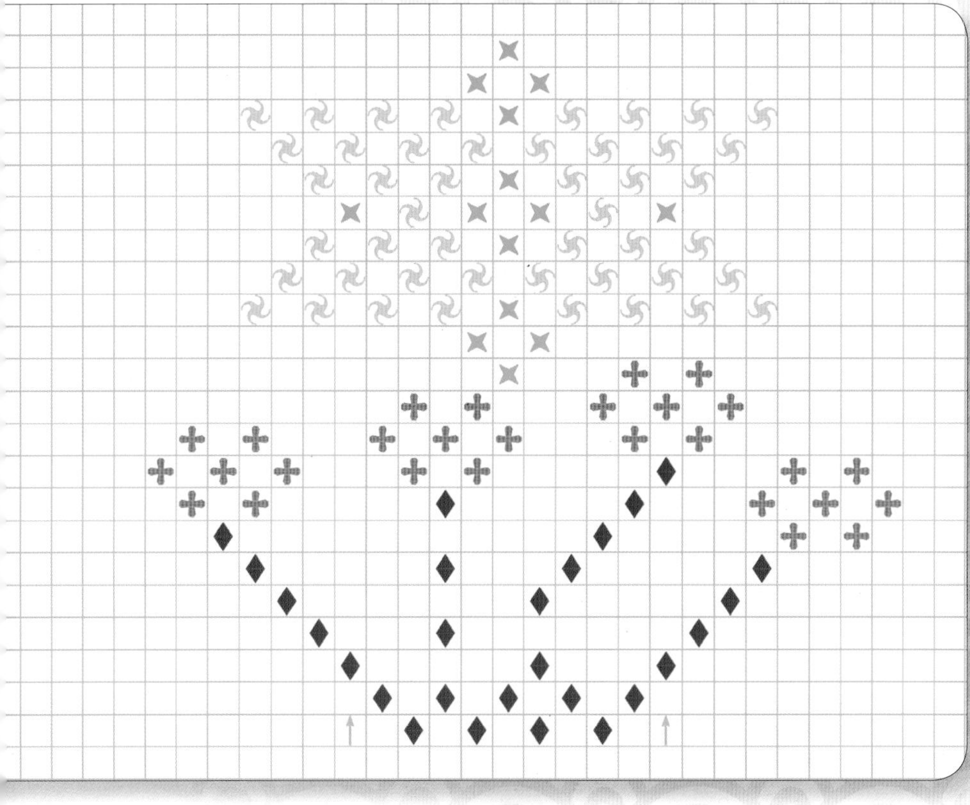

挂满枝头

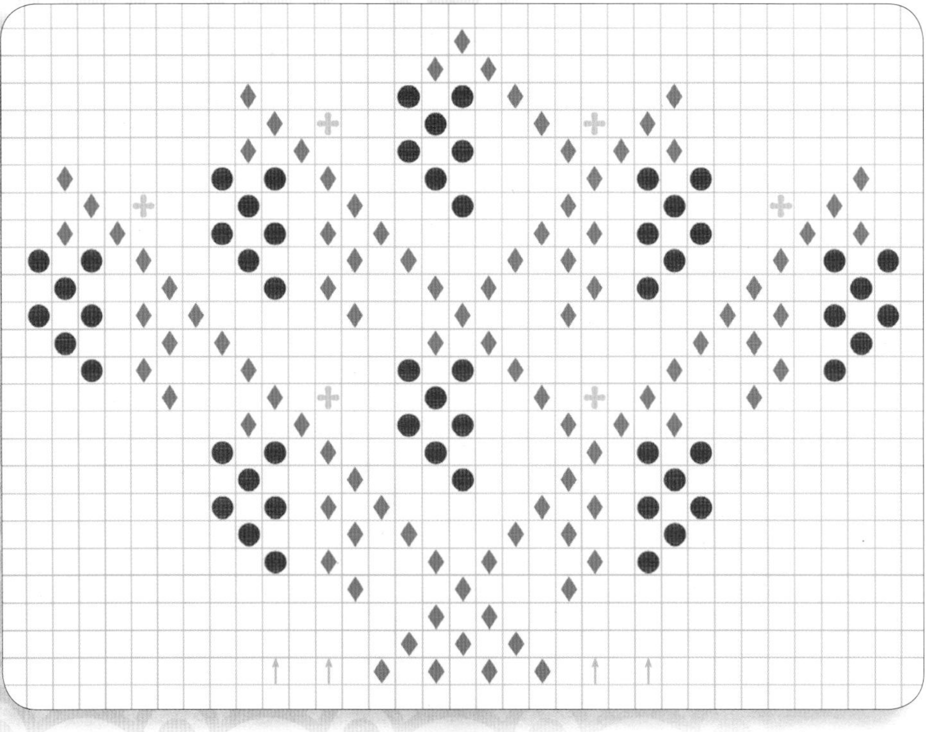

起针建议：八针起花

月季花开

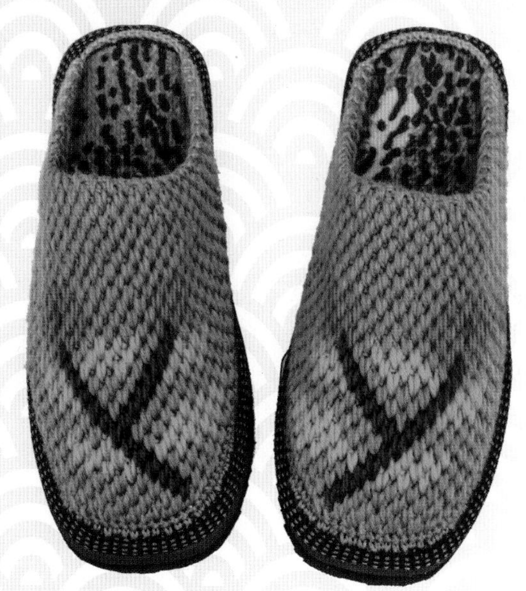

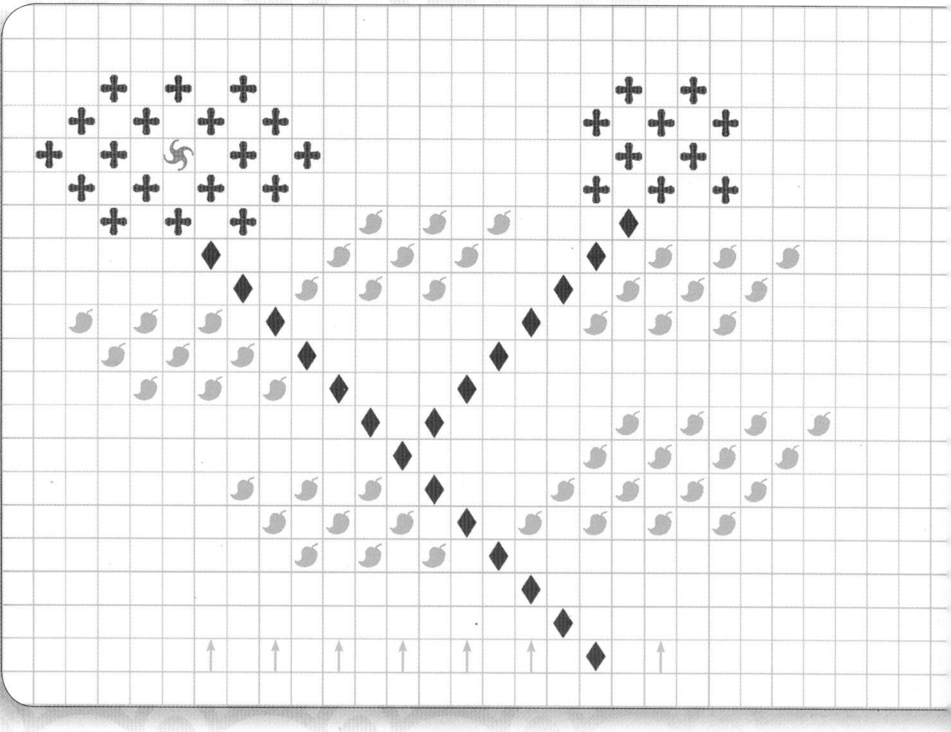

起针建议：八针起花

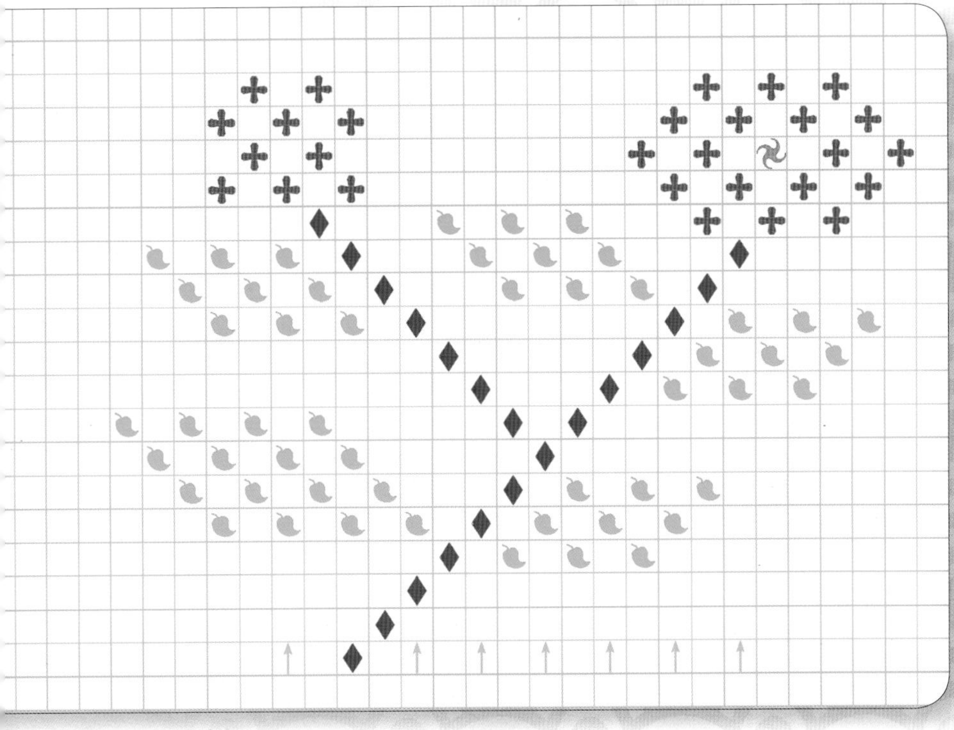

竞相开放

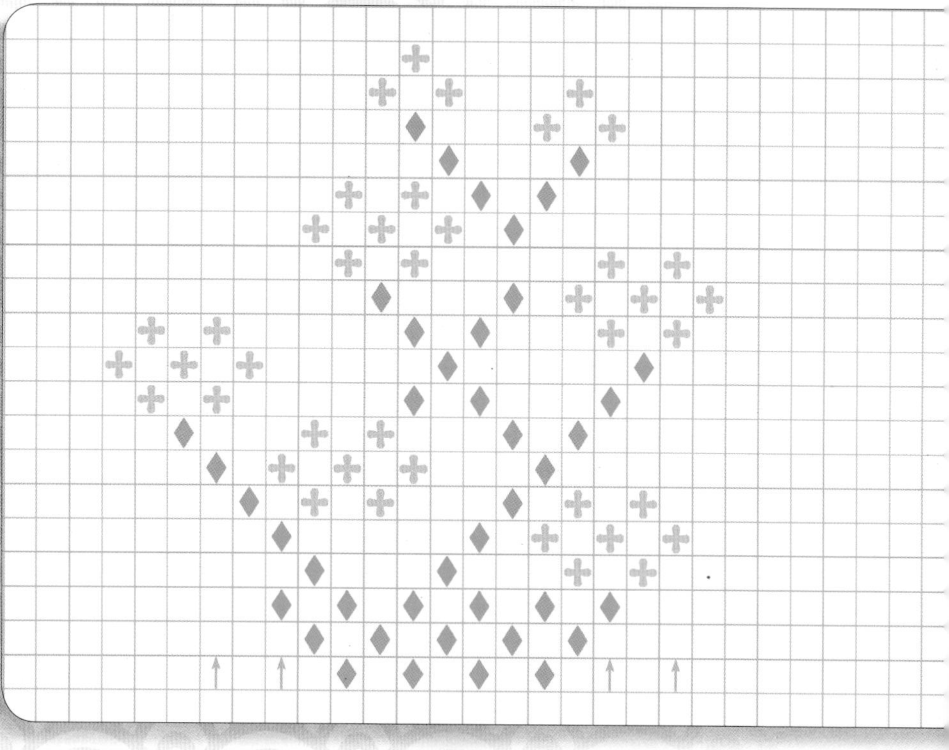

起针建议：八针起花

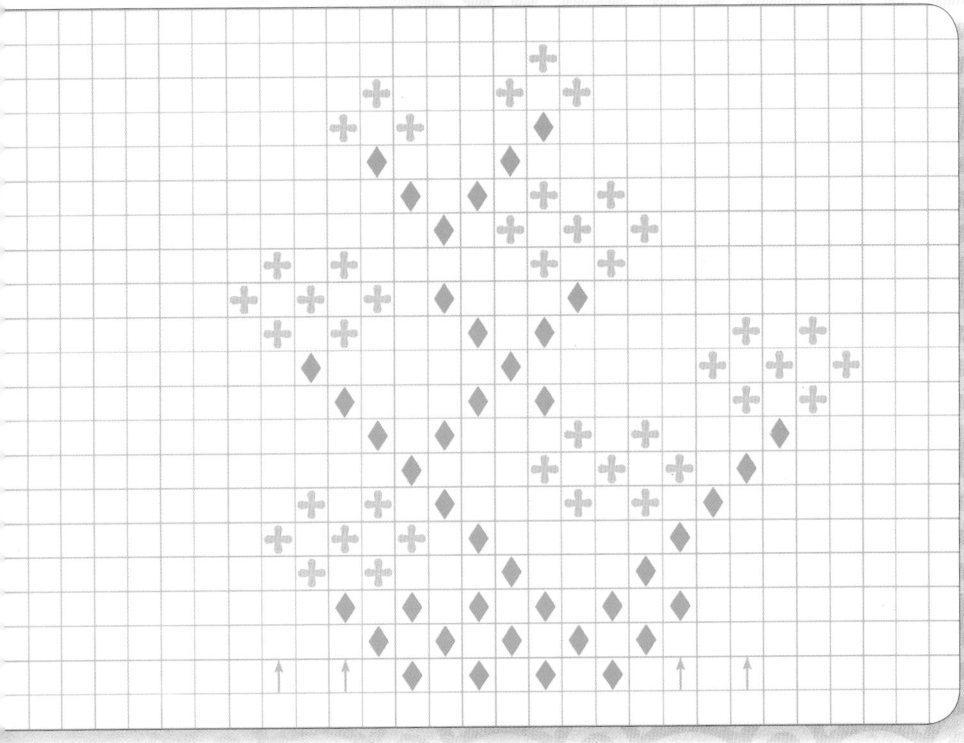

桃子熟了

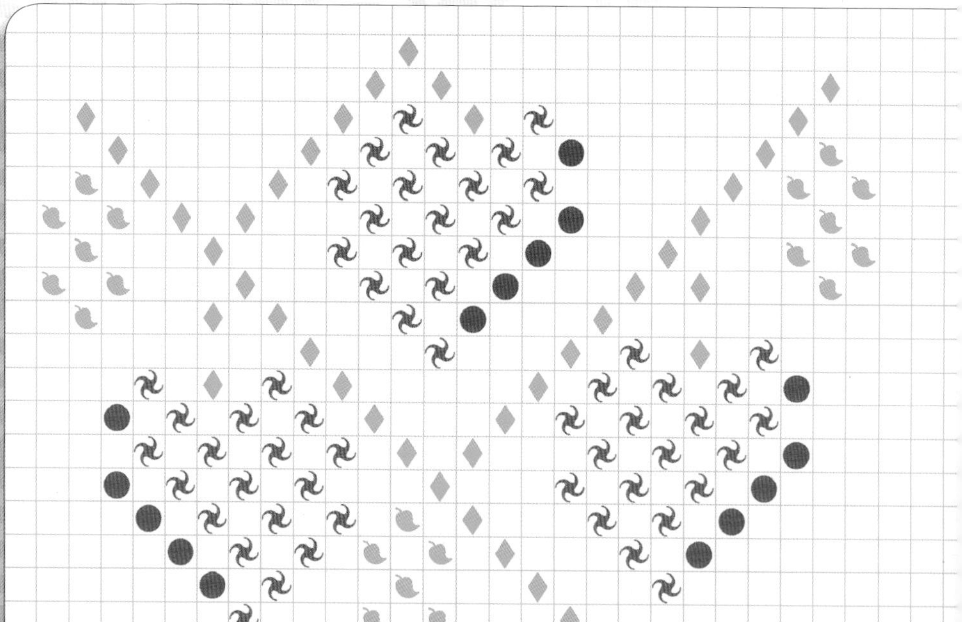

起针建议：十针起花

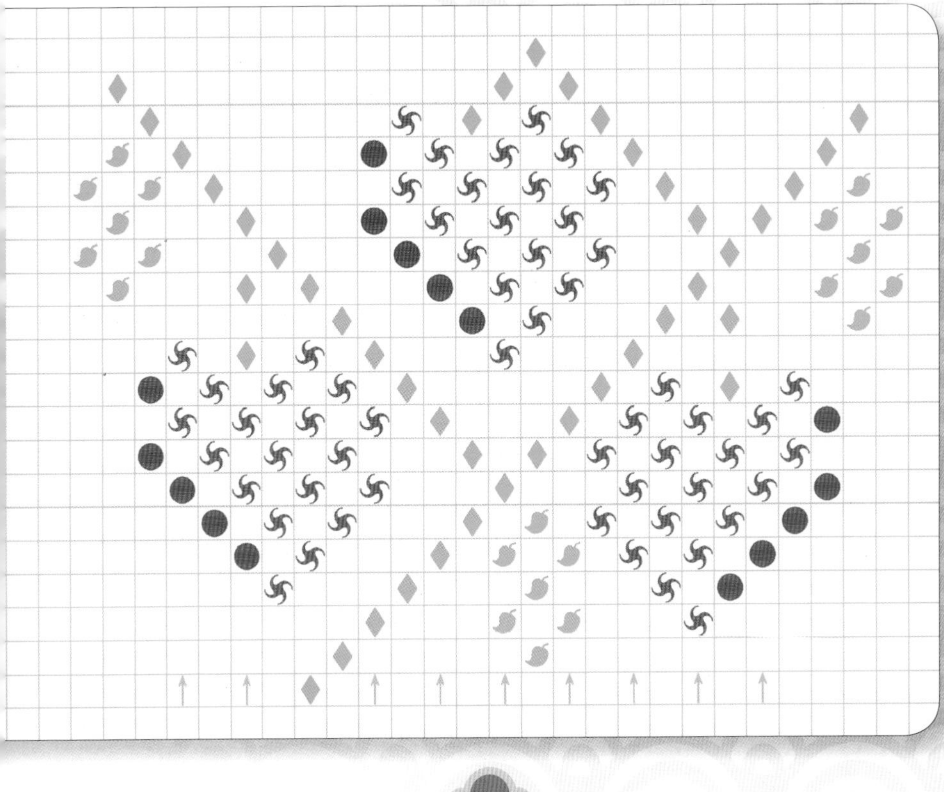

蜀葵花开

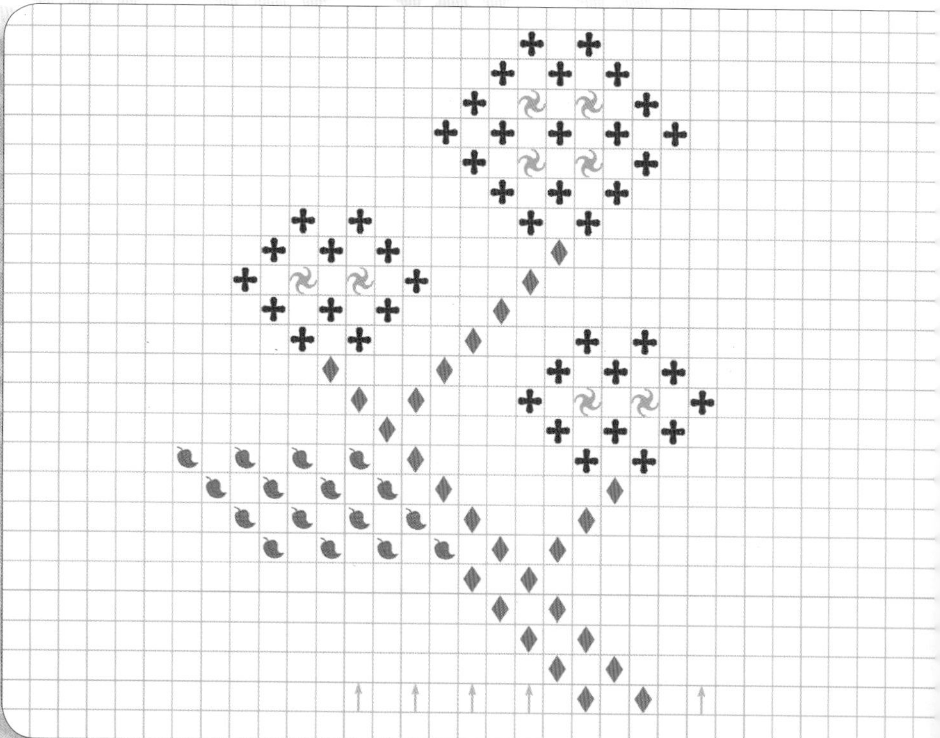

起针建议：七针起花

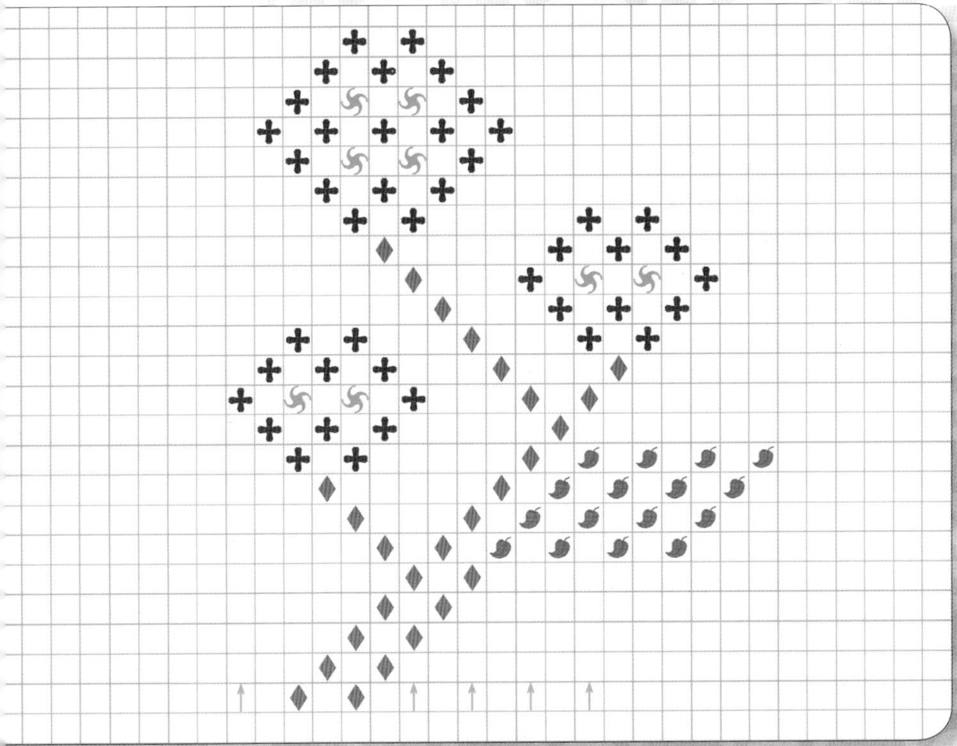

梨子熟了

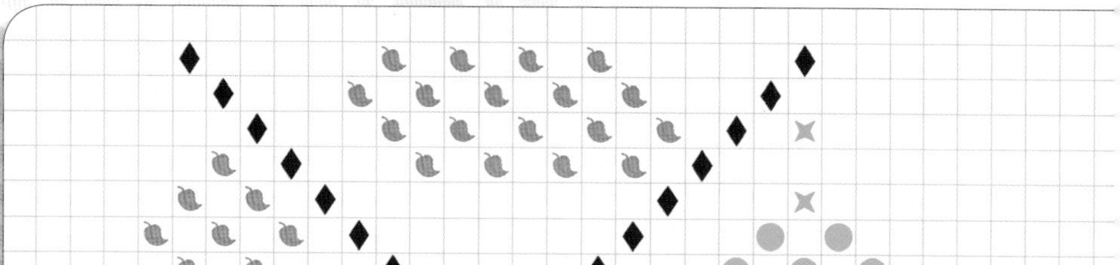

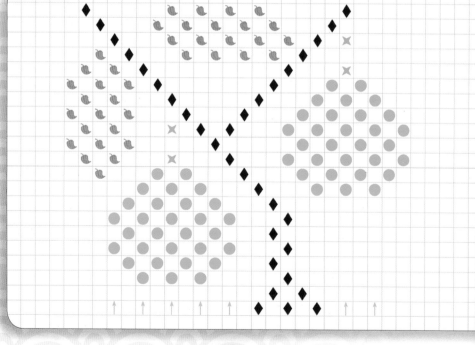

起针建议：十针起花

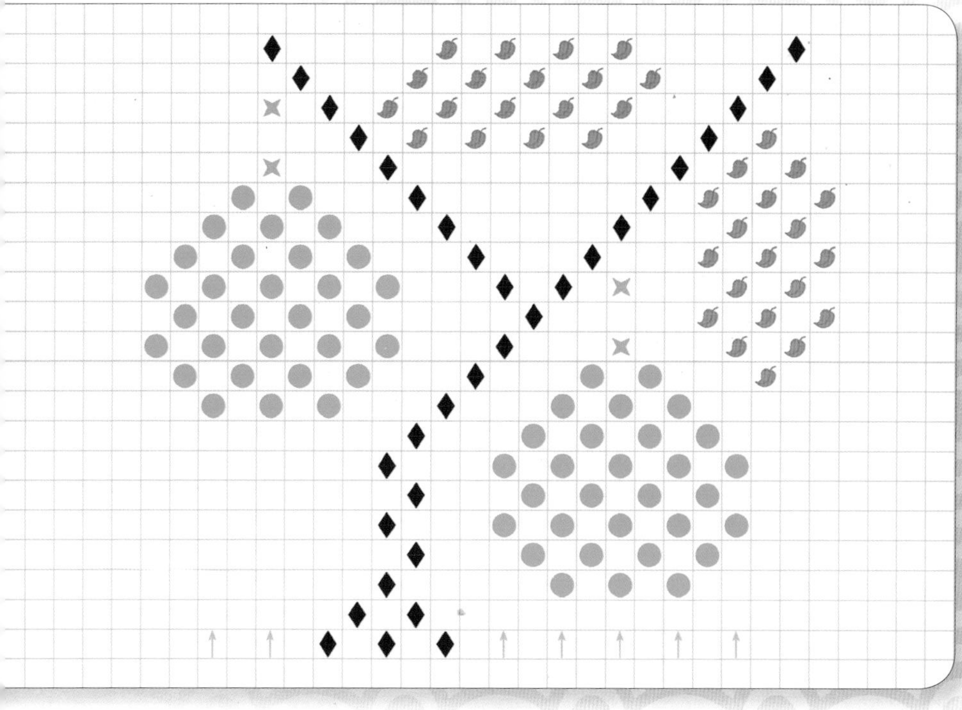

紫茄子

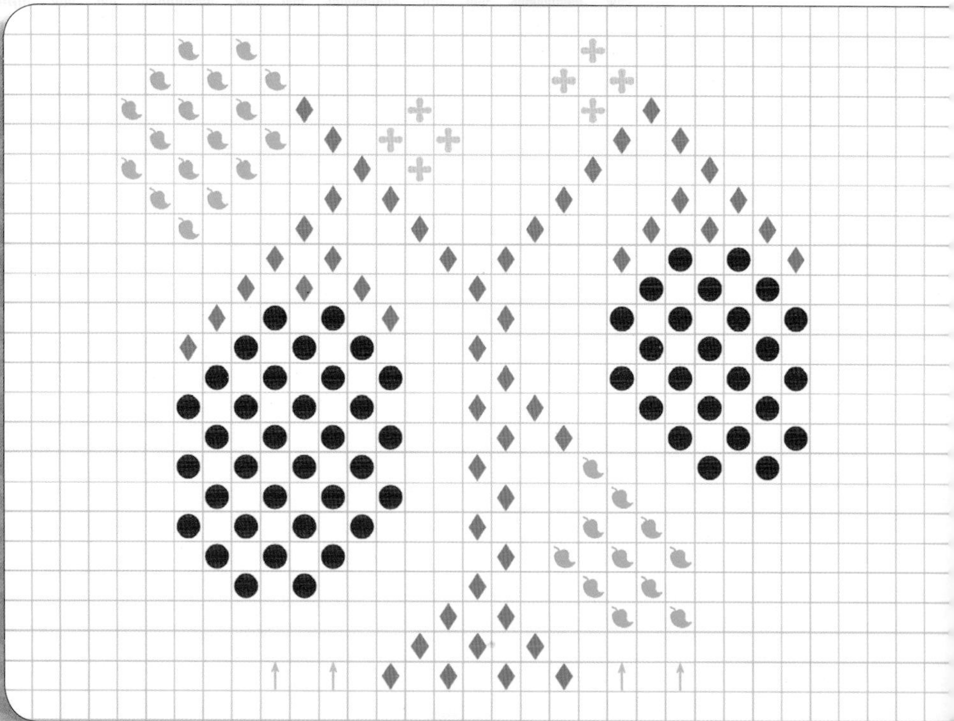

起针建议：八针起花

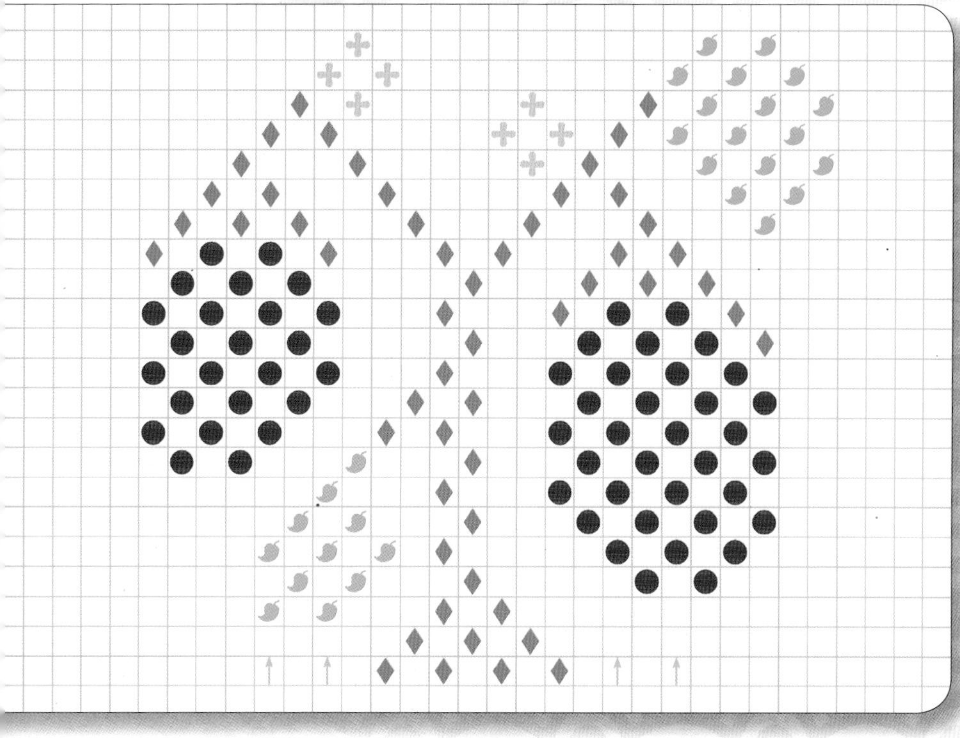

丰收时节

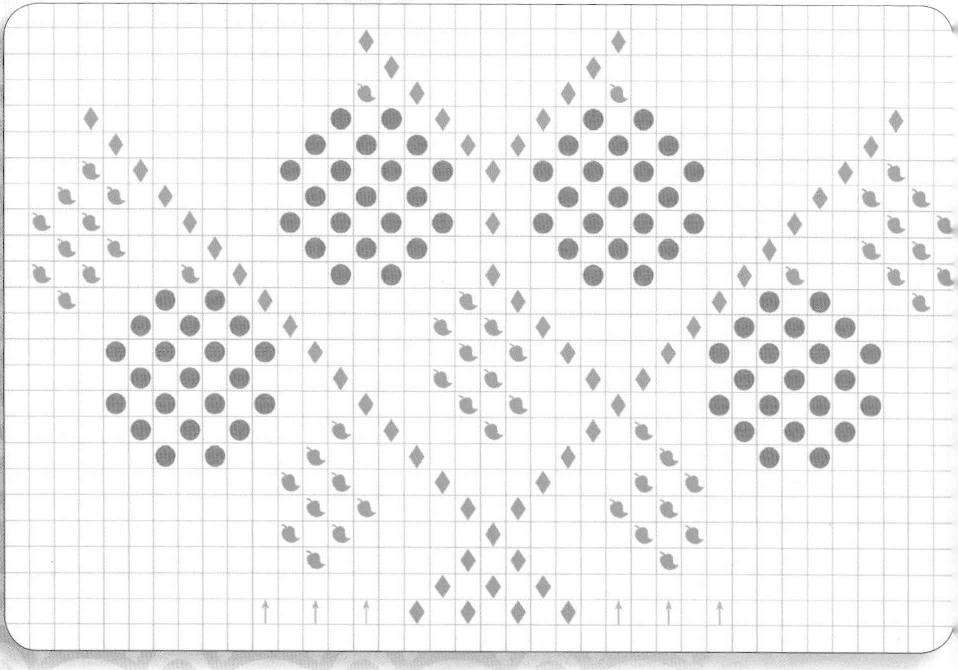

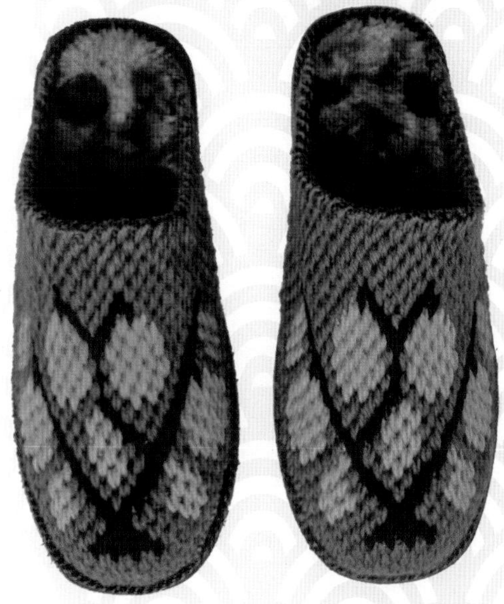

起针建议：十针起花

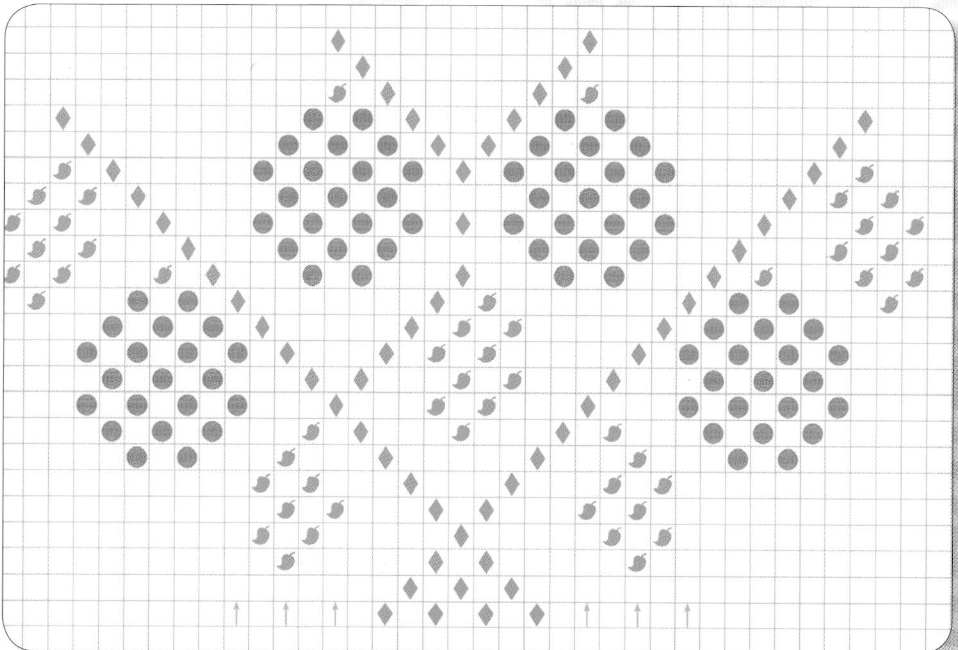

苹果熟了

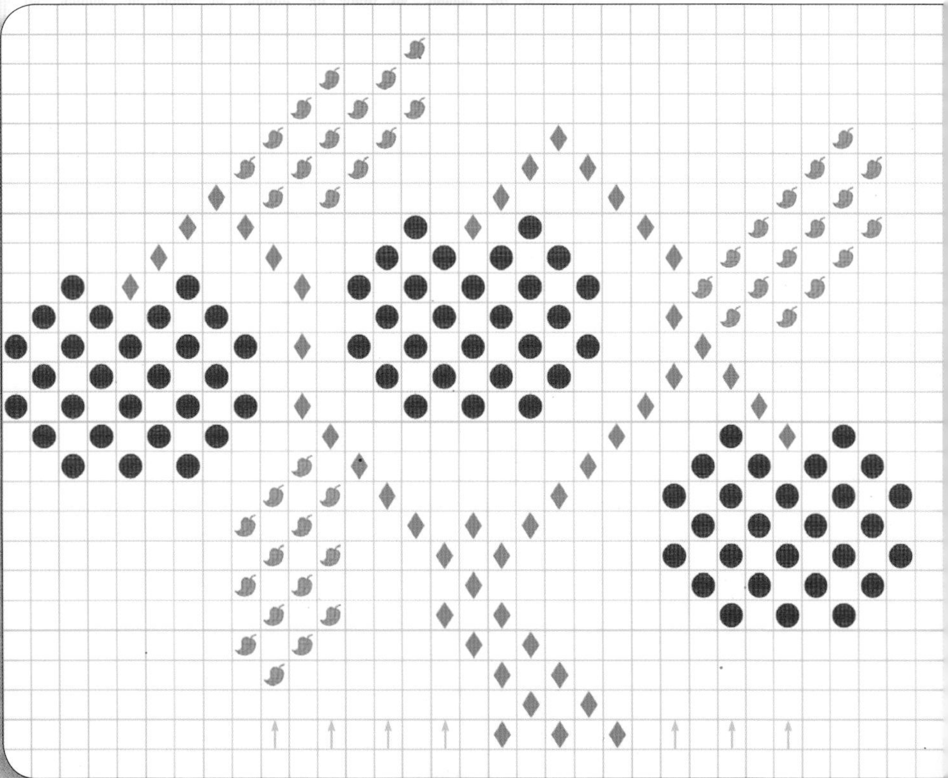

起针建议：十针起花

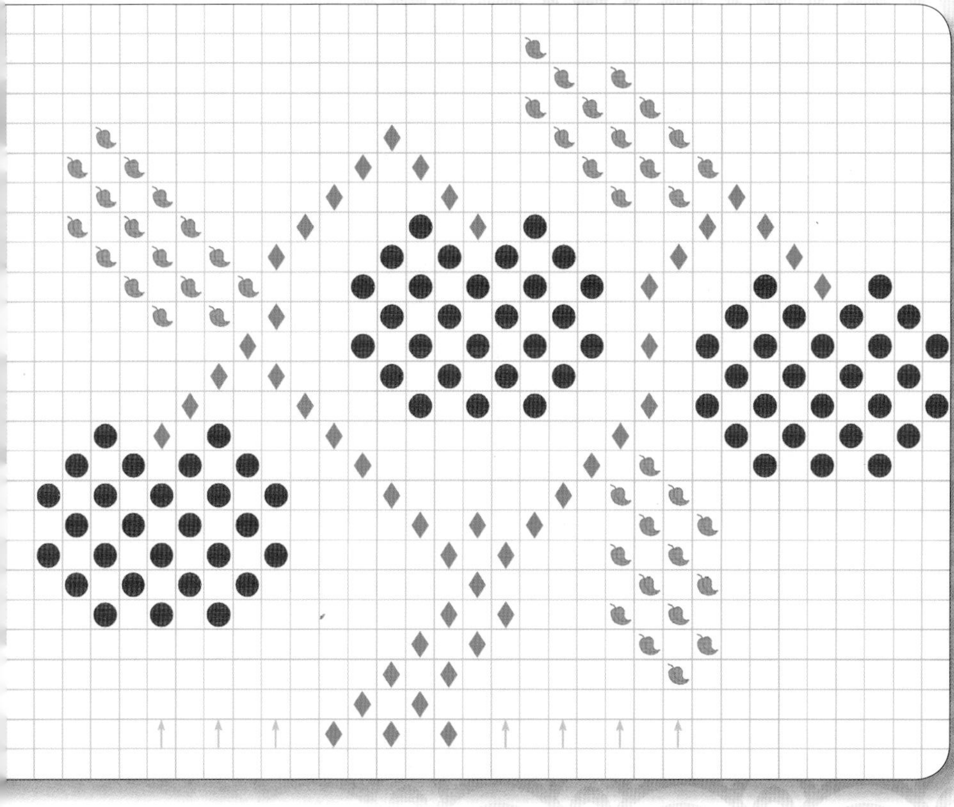

木棉花开

起针建议：九针起花

花开时节

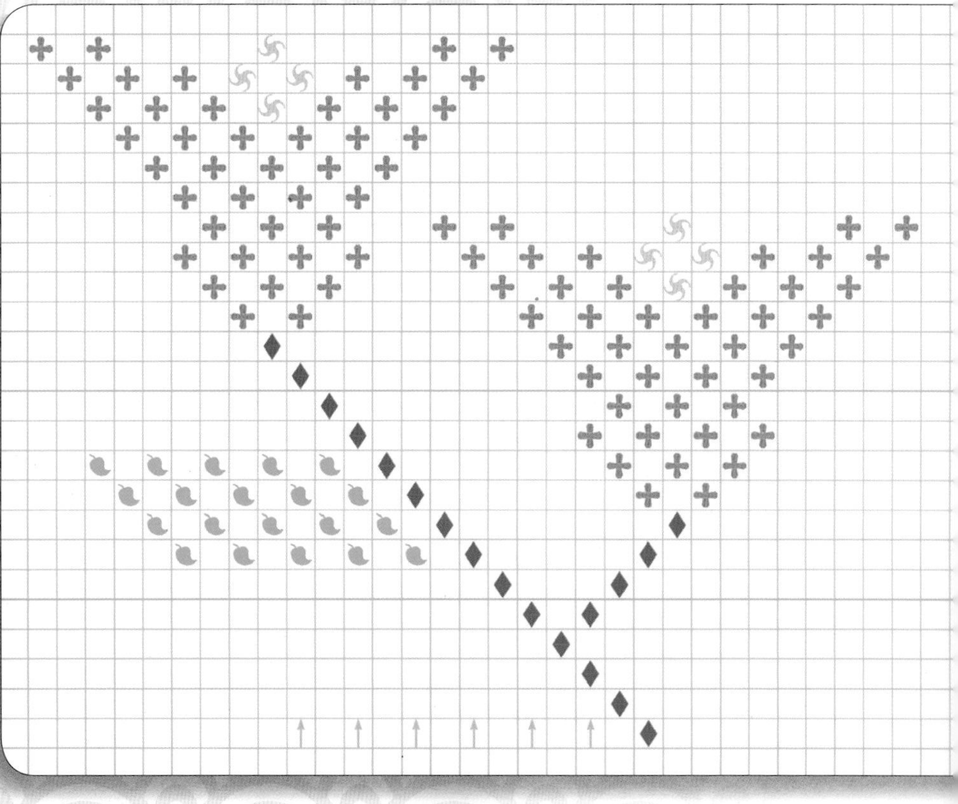

起针建议：七针起花

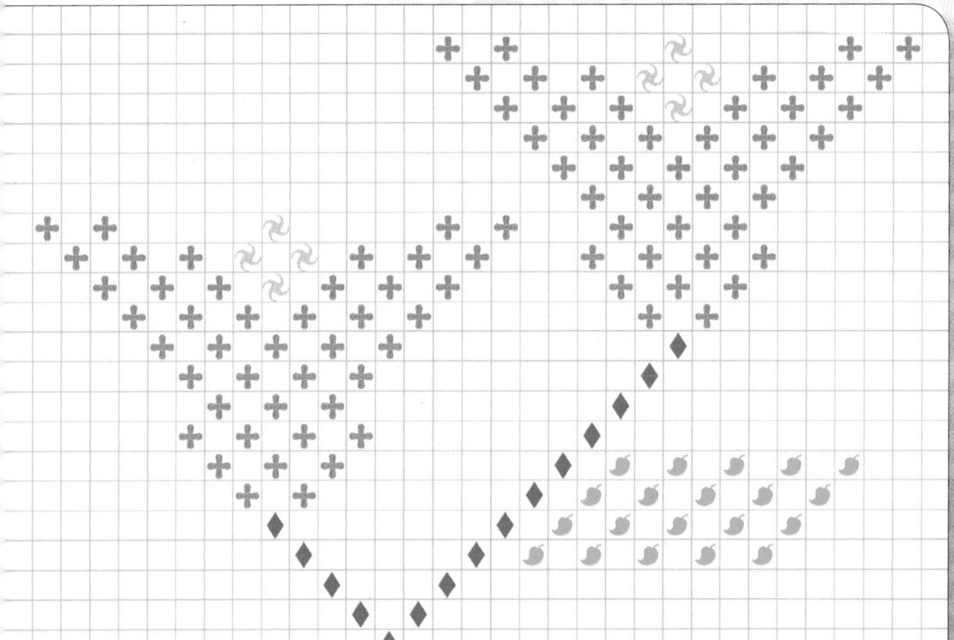

果实累累

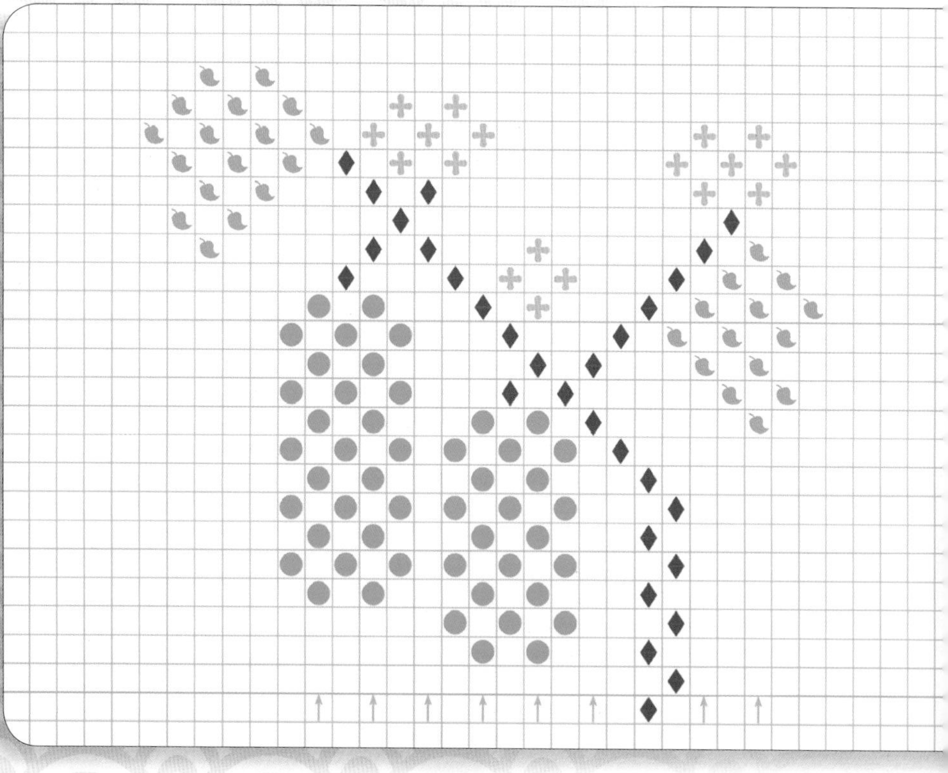

起针建议：九针起花

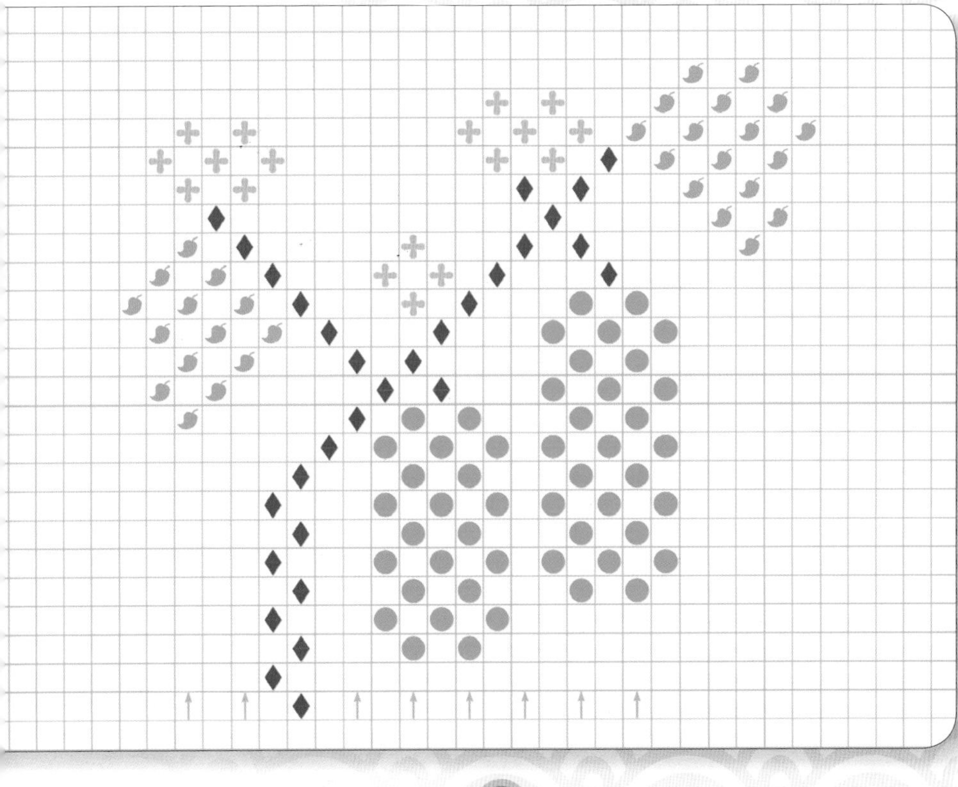

丝瓜熟了

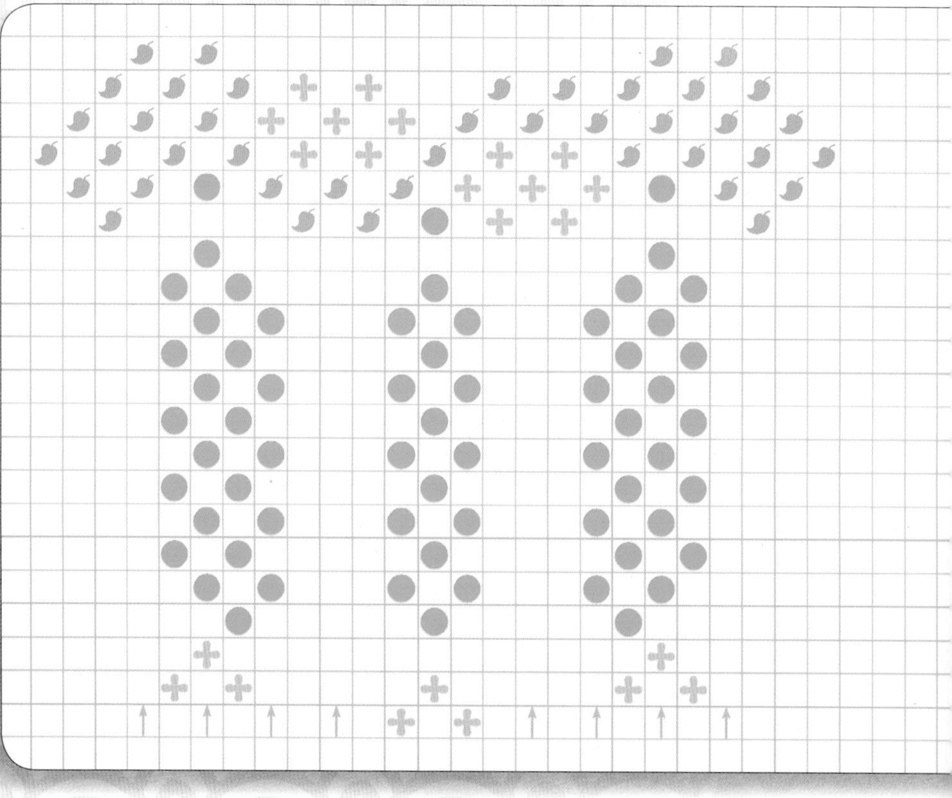

起针建议：十针起花

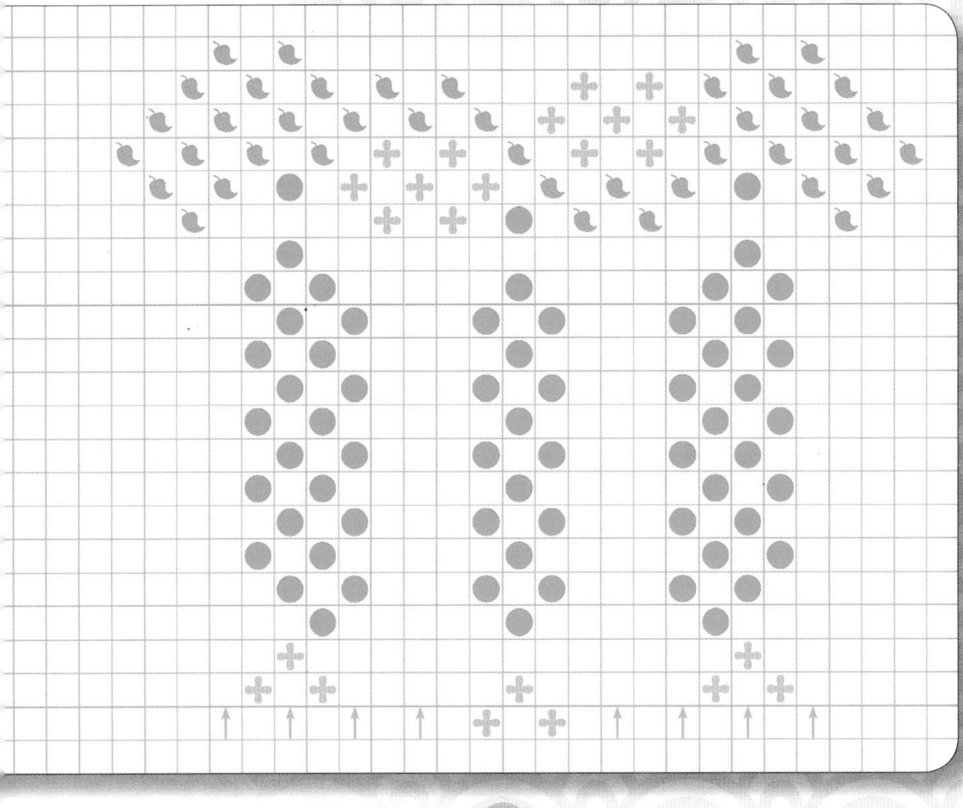

丰收景象

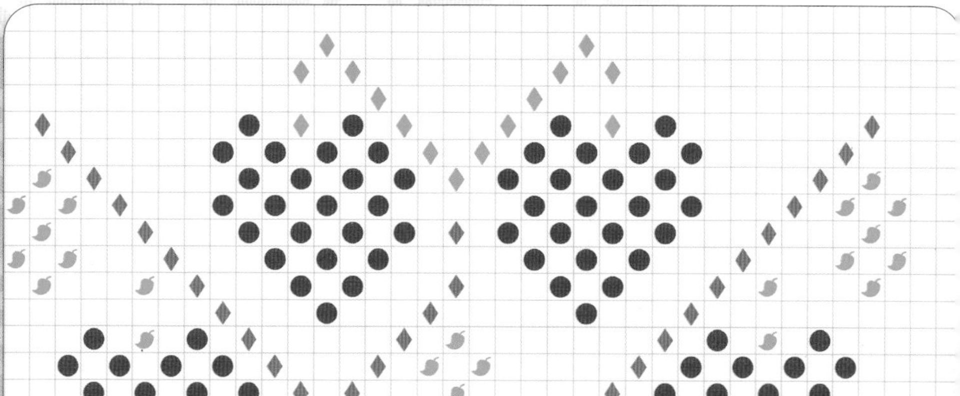

起针建议：十针起花

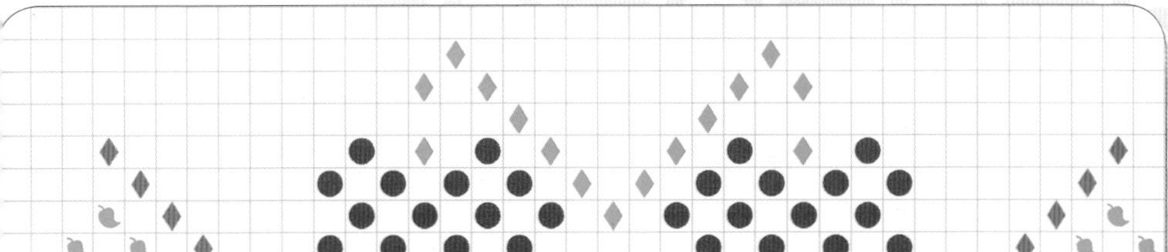

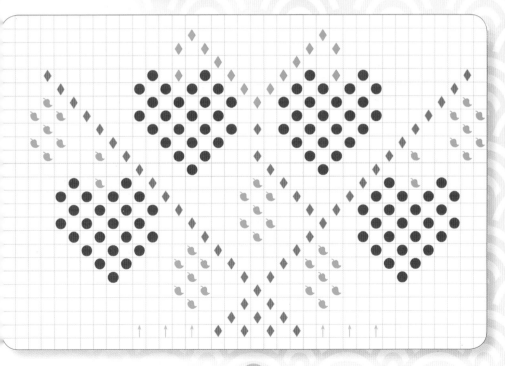

乌柏树

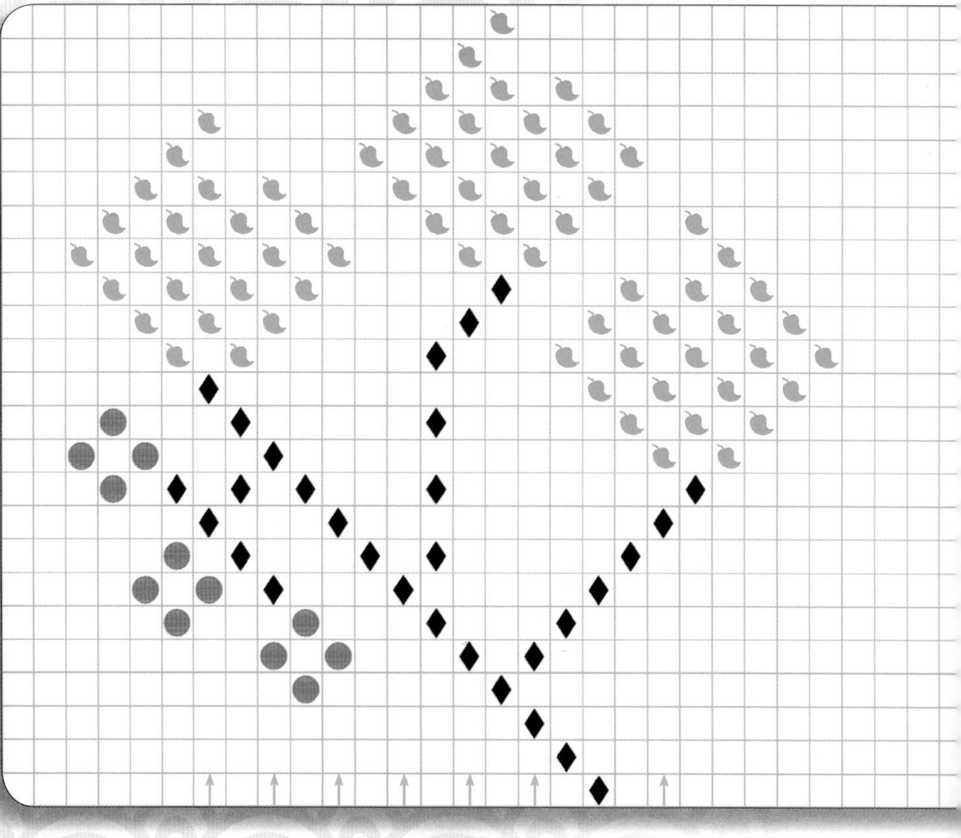

起针建议：八针起花

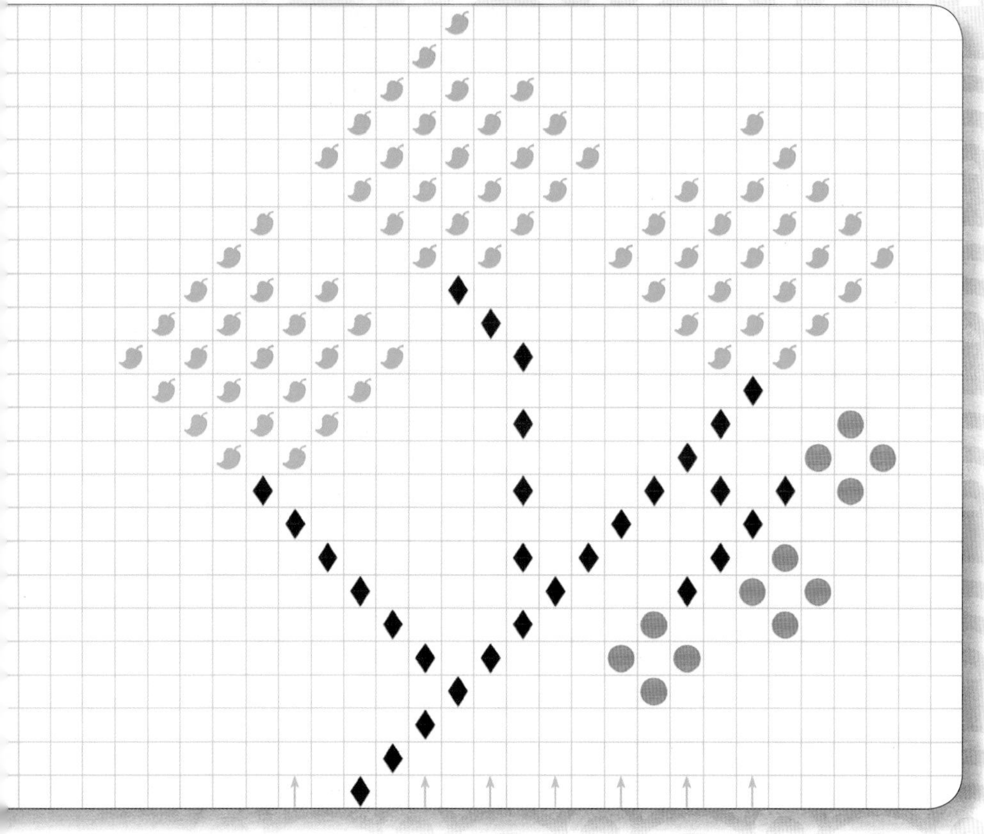

花儿朵朵

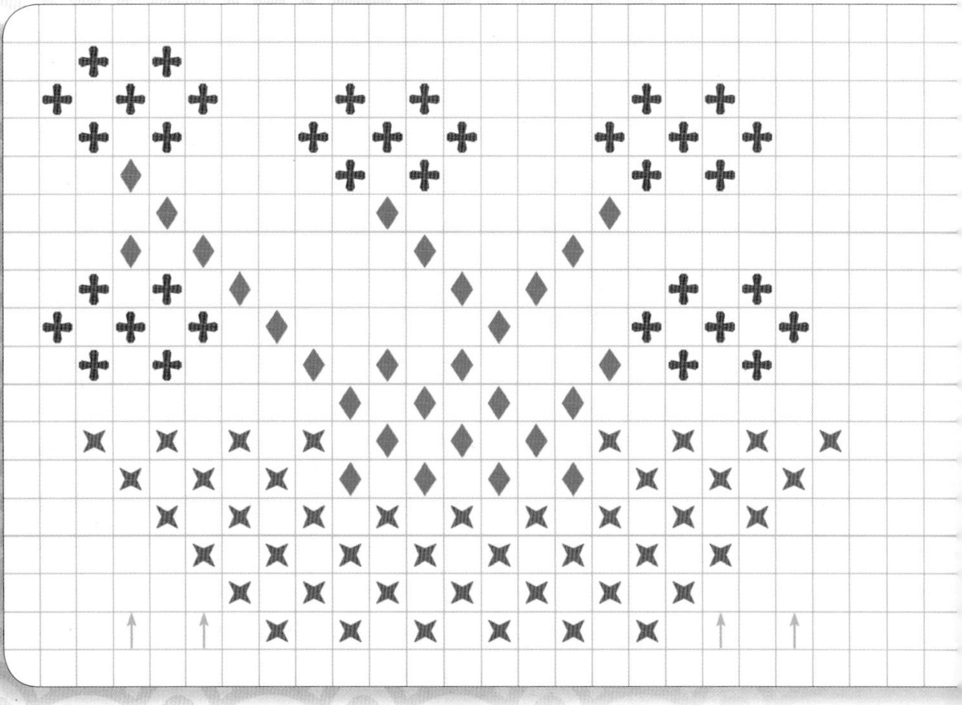

起针建议：十针起花

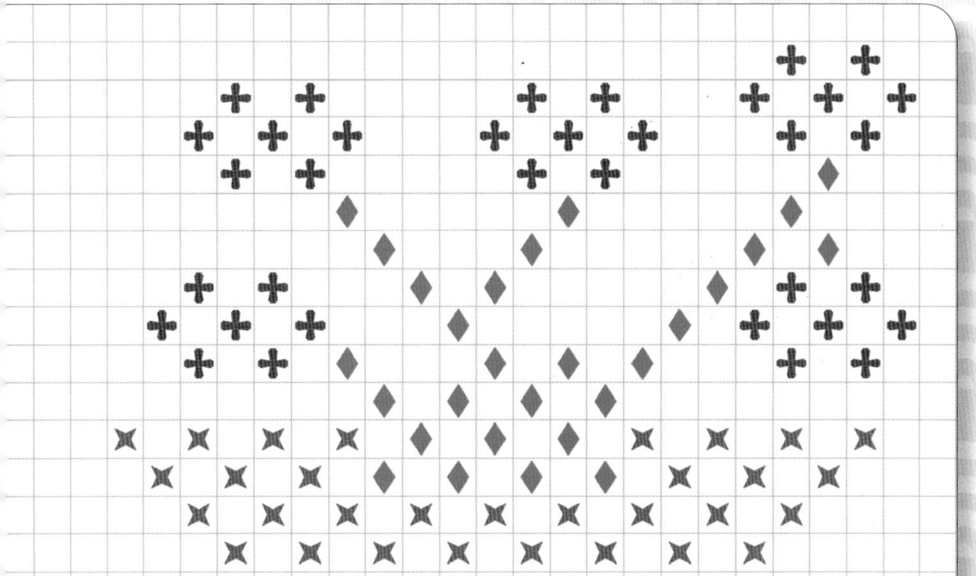

香蕉熟了

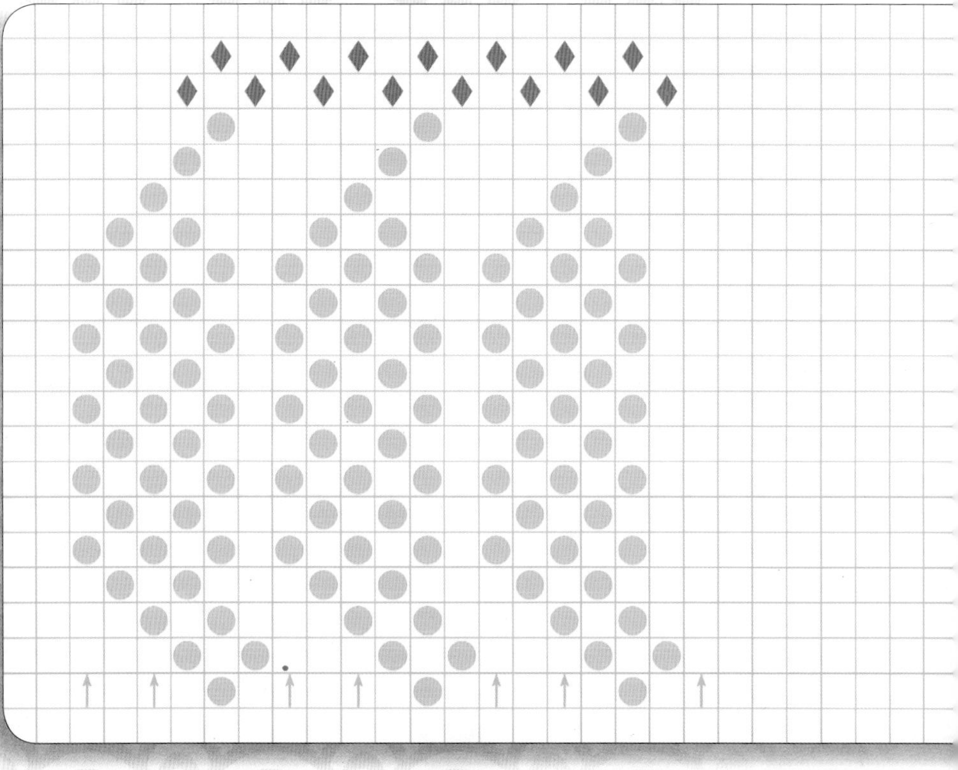

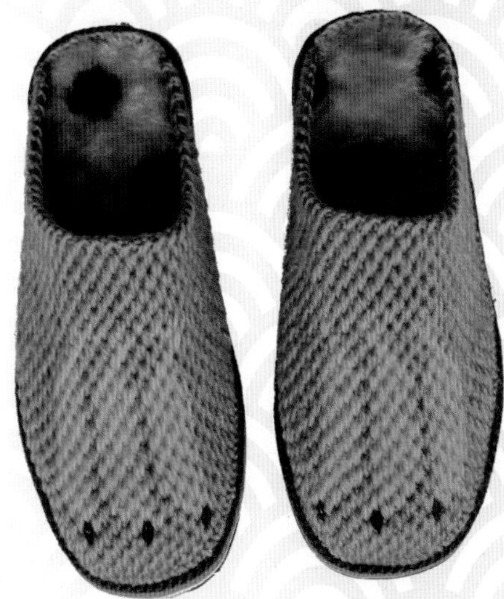

起针建议：十针起花

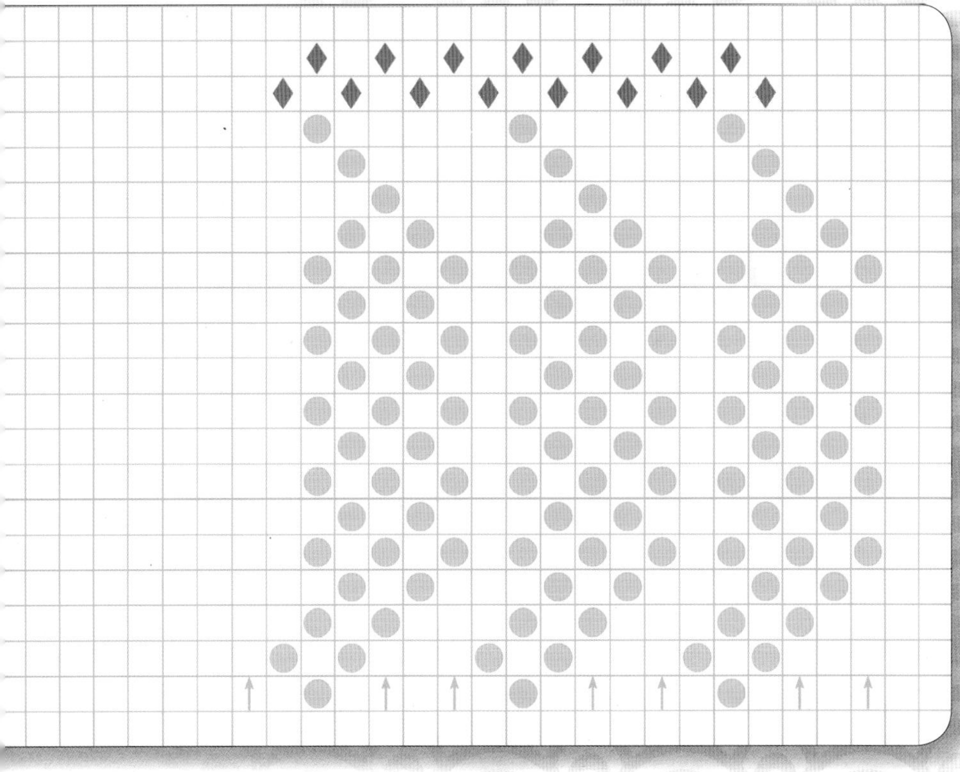

两只橘子

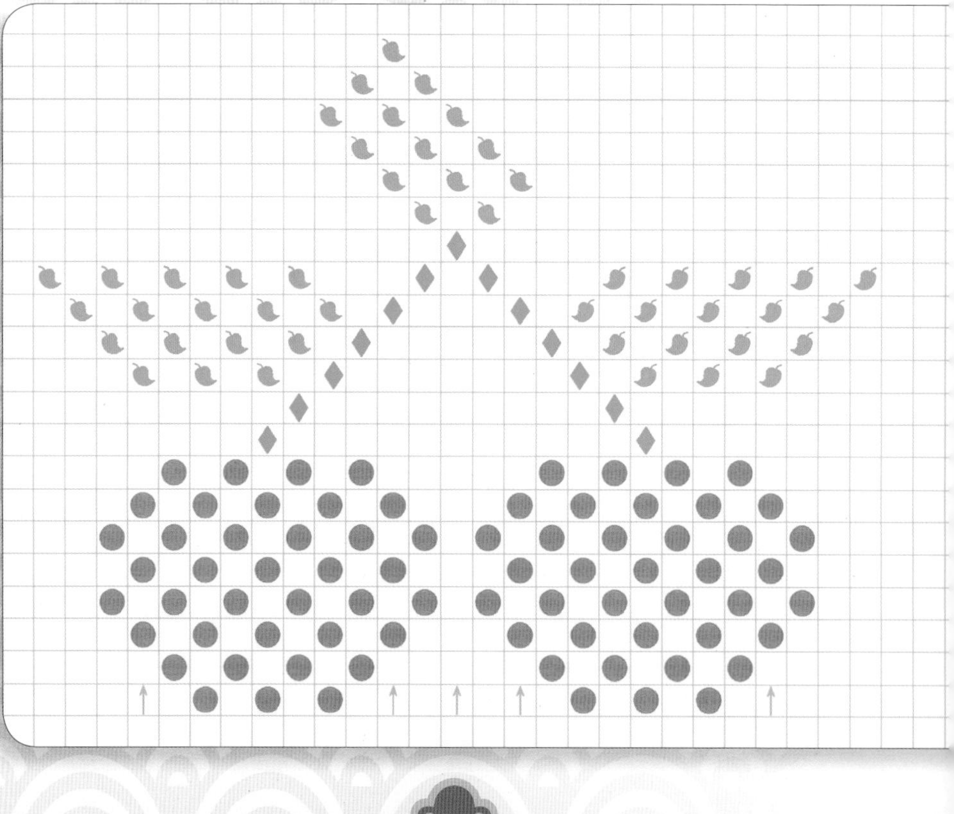

起针建议：十一针起花

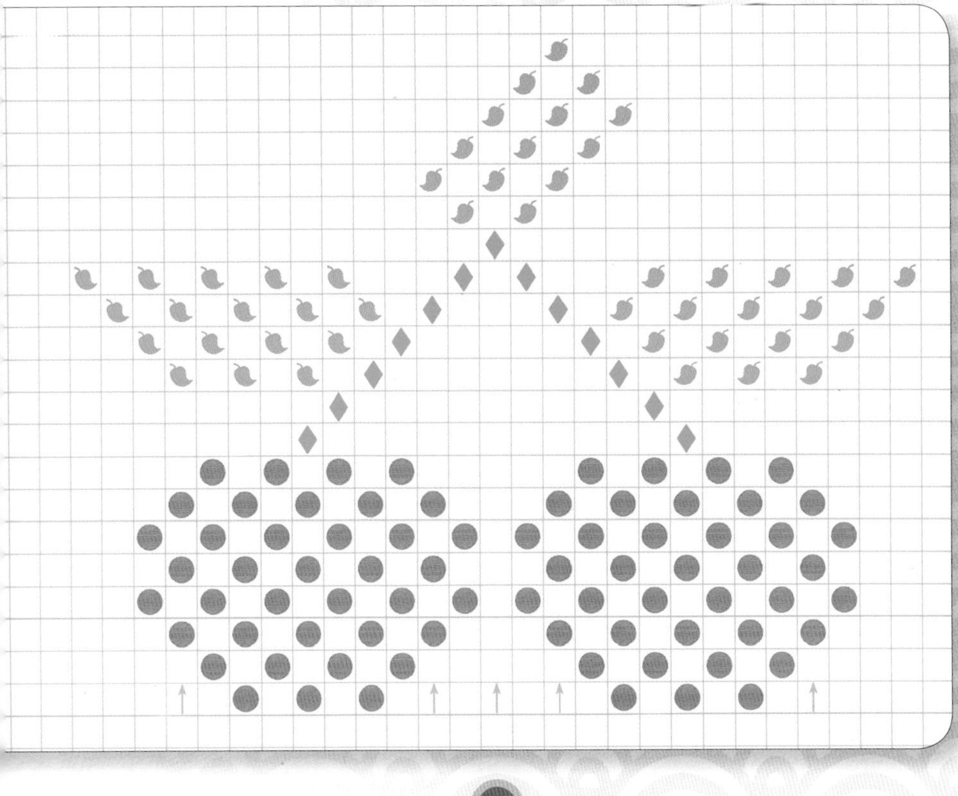

牡丹花开

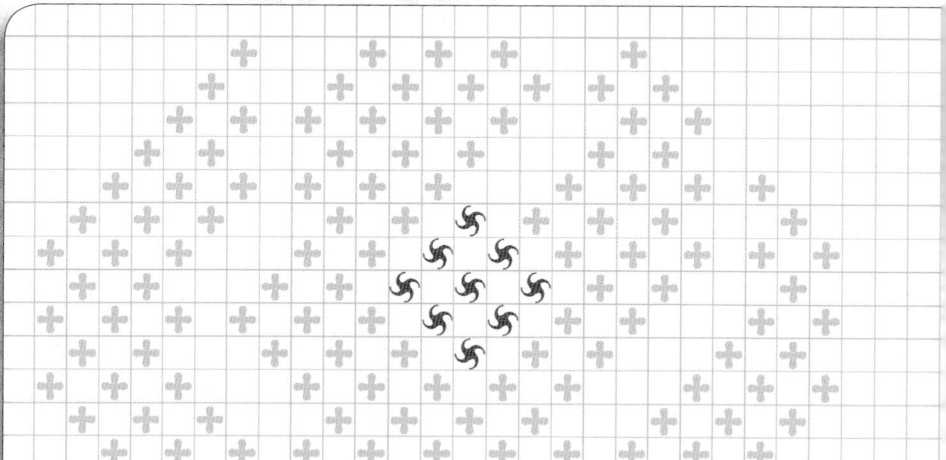

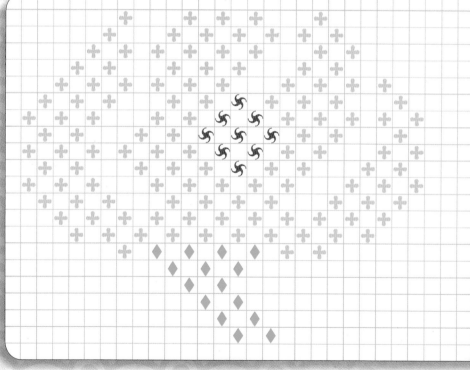

起针建议：无

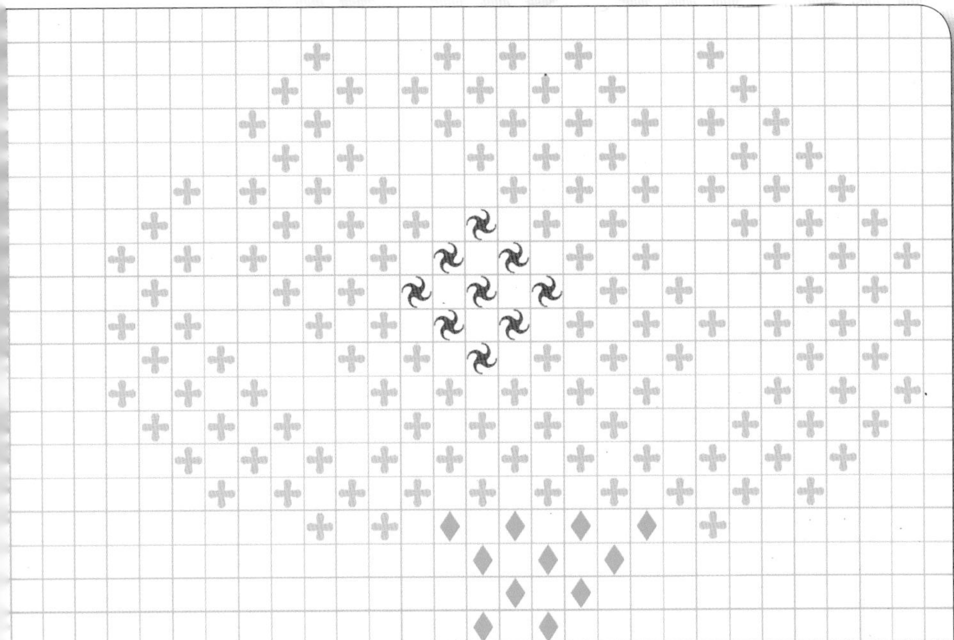

双喜临门

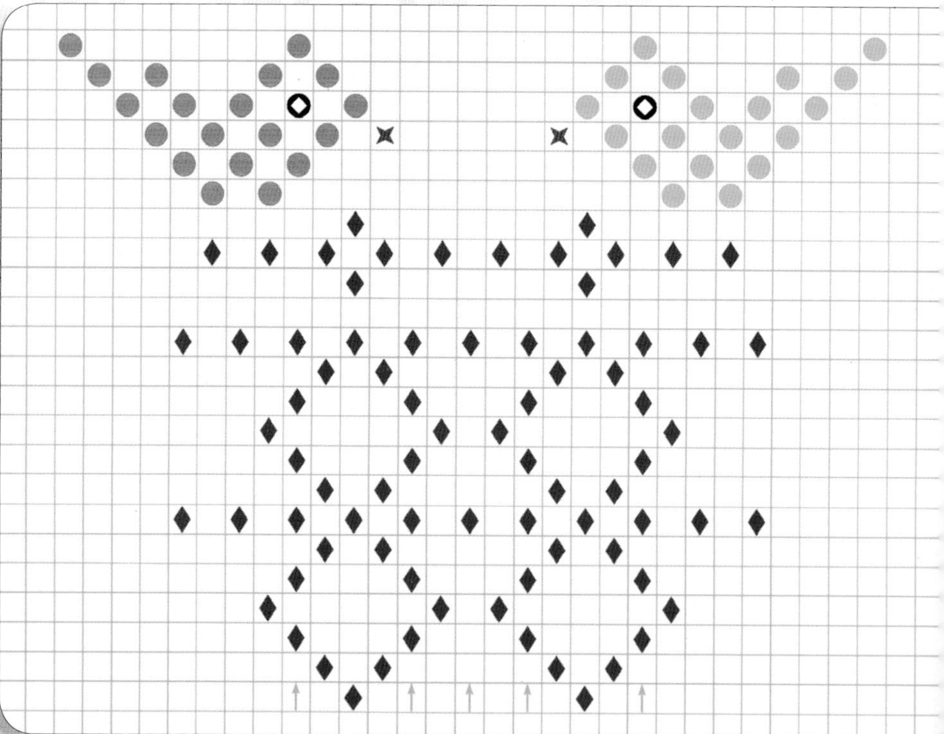

起针建议：七针起花

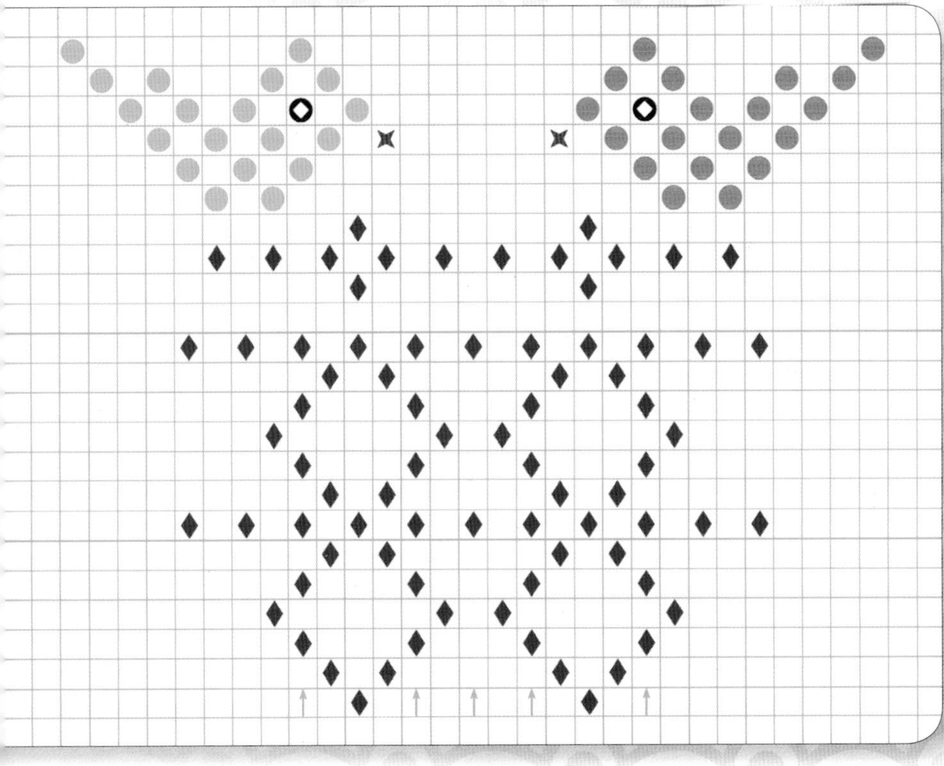

起针建议：十针起花

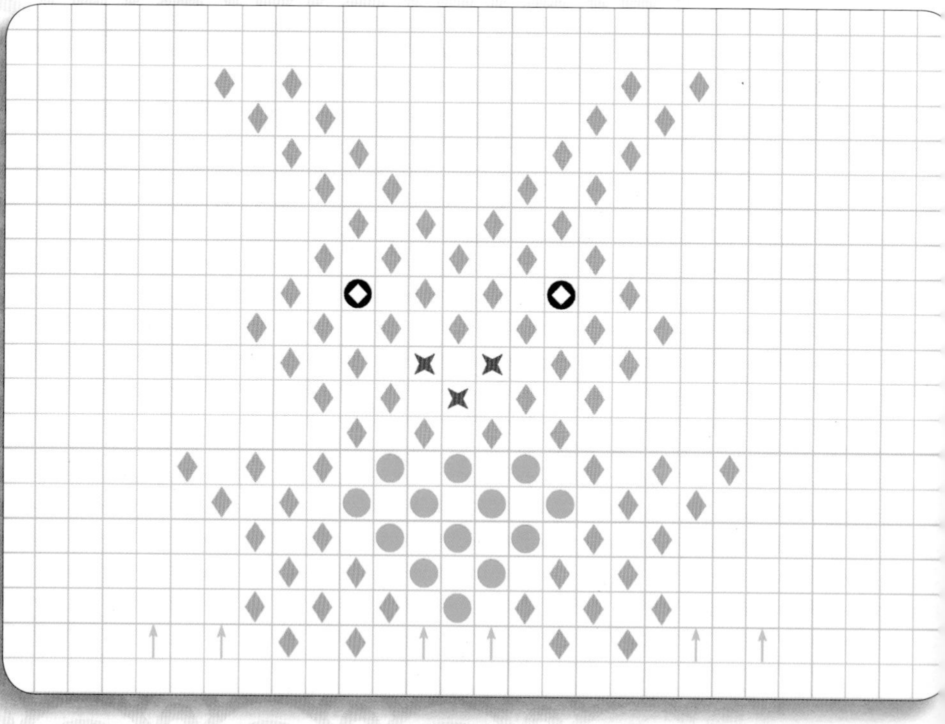

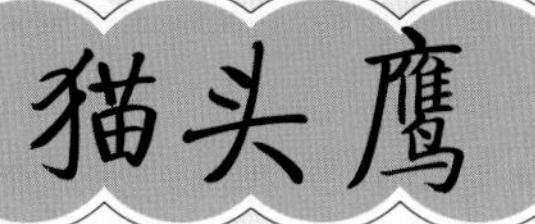

猫头鹰

起针建议：十针起花

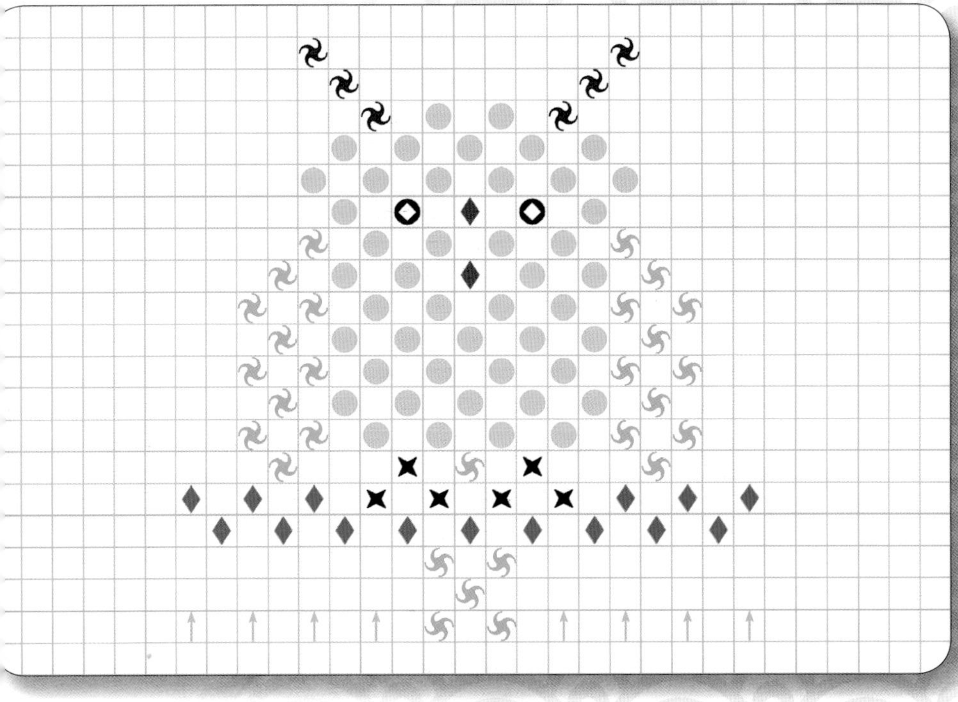

起针建议：十一针起花

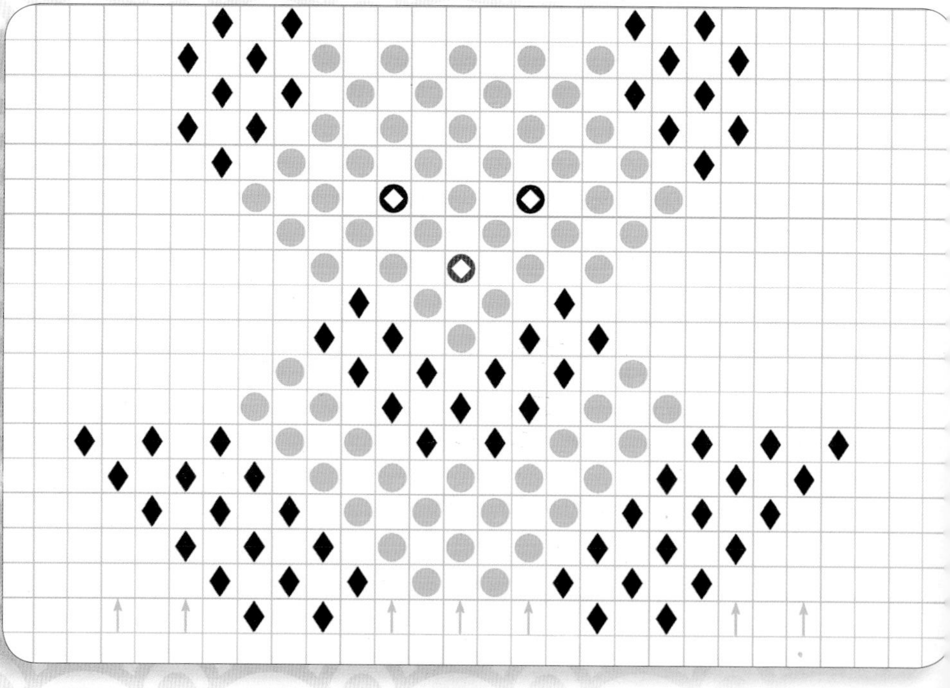

小蝙蝠

起针建议：十针起花

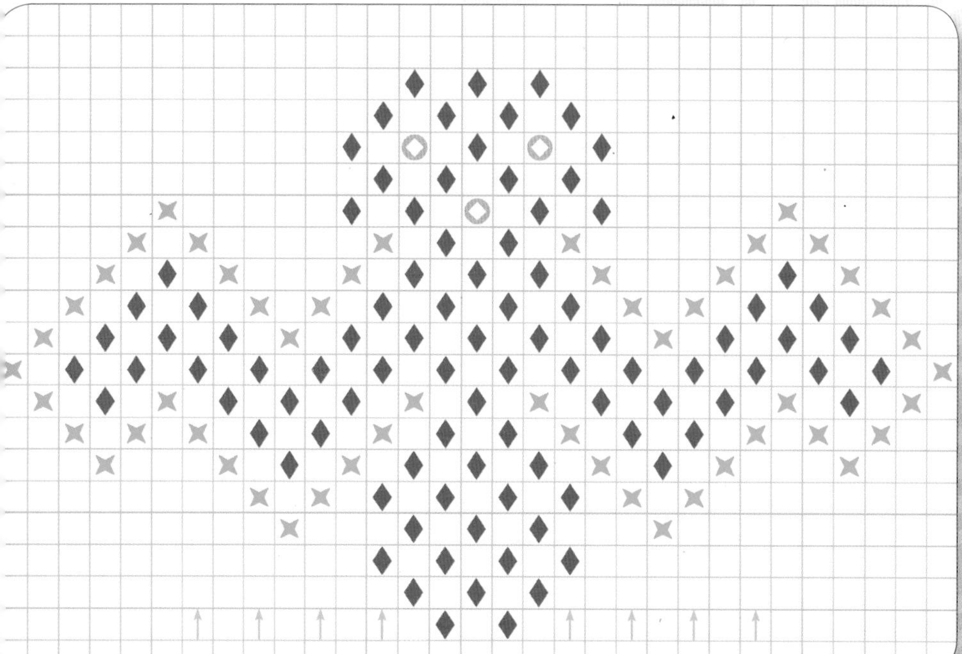

小金鱼

起针建议：七针起花

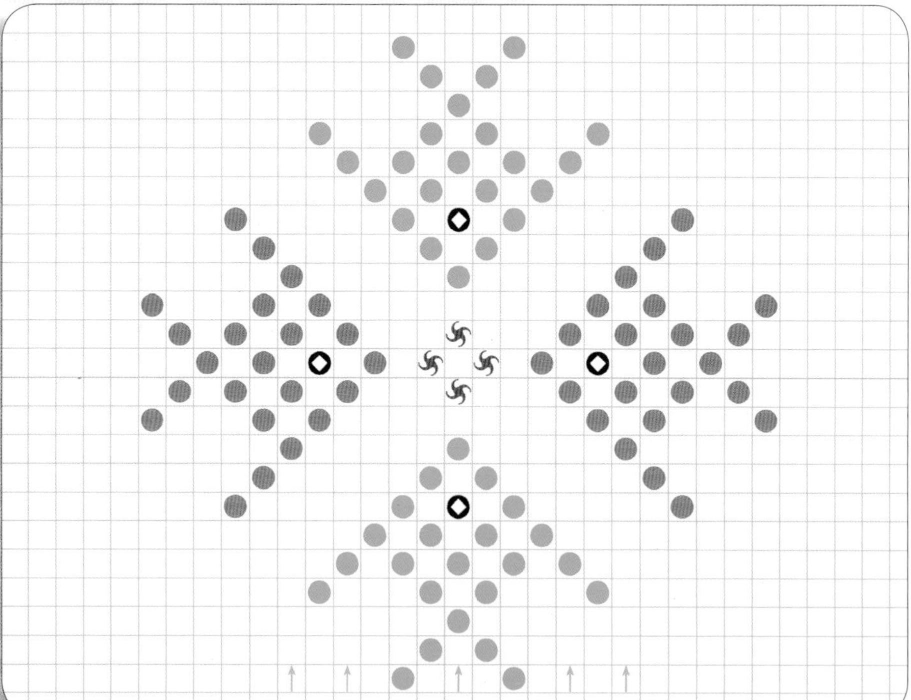

起针建议：八针起花

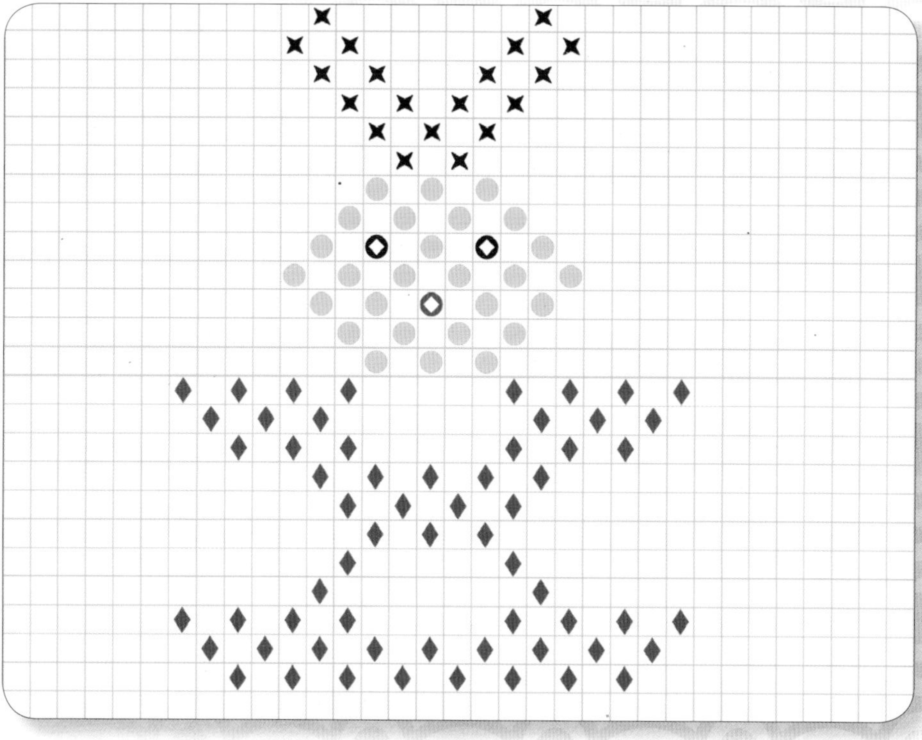

福气满满

起针建议：九针起花

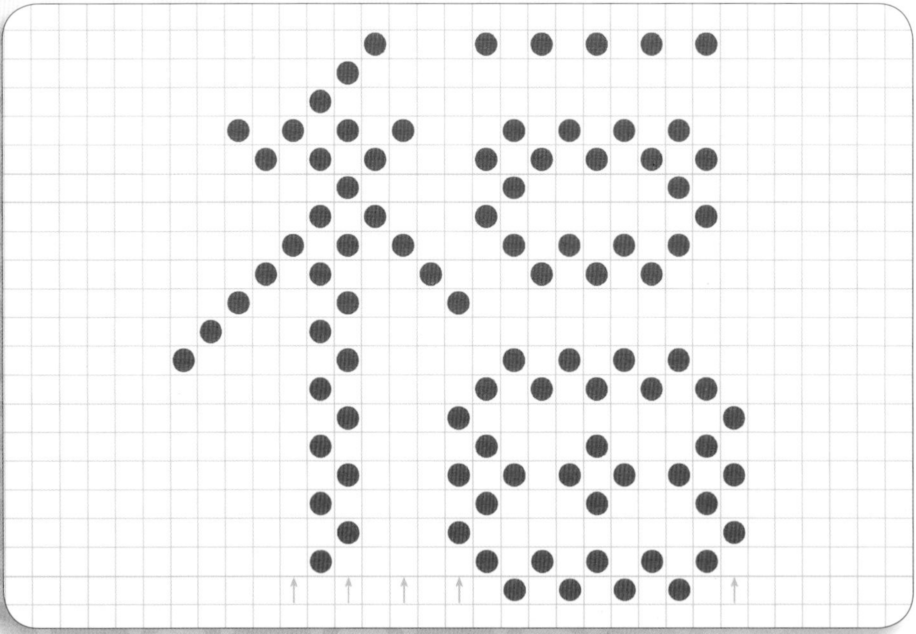

起针建议：无

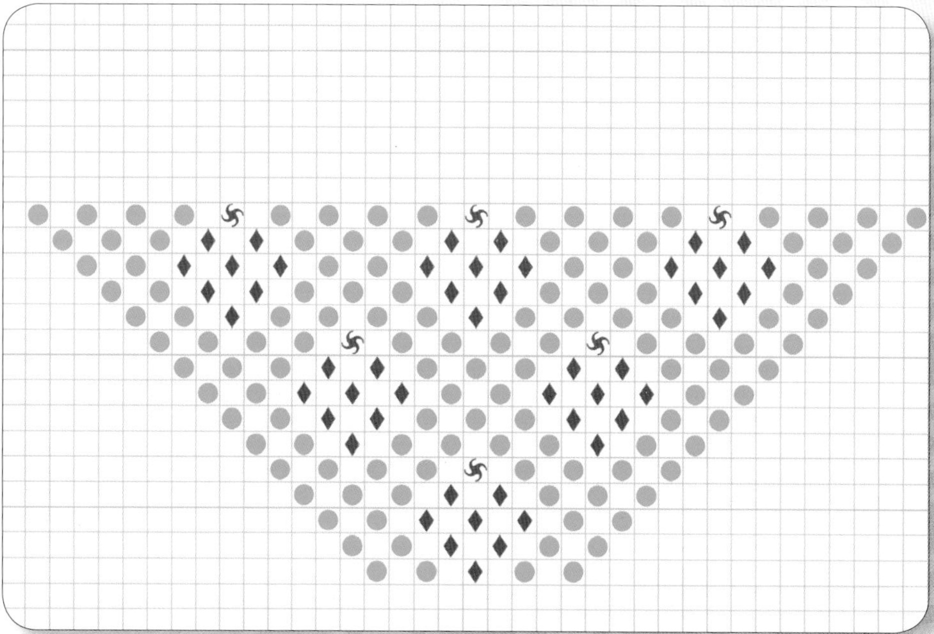

心心相印

起针建议：七针起花

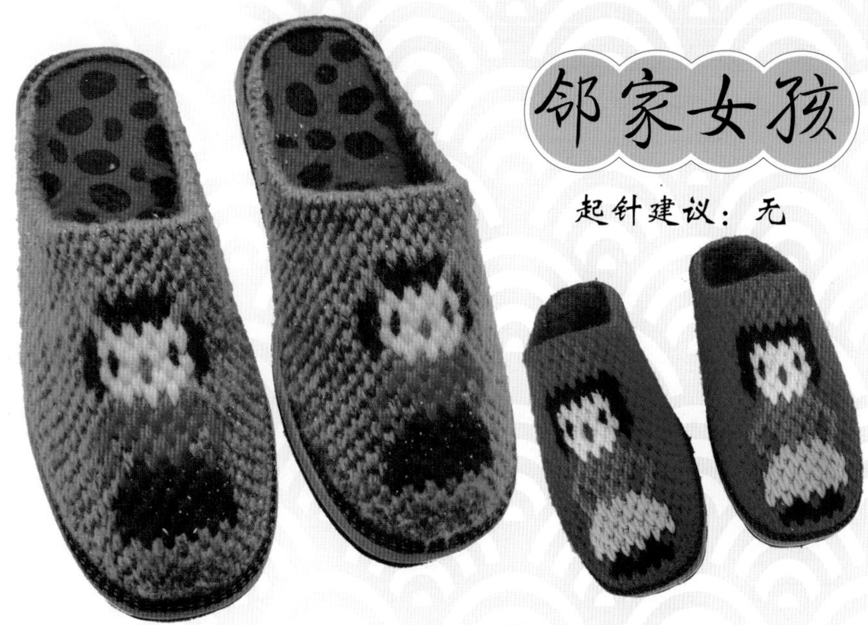

邻家女孩

起针建议：无

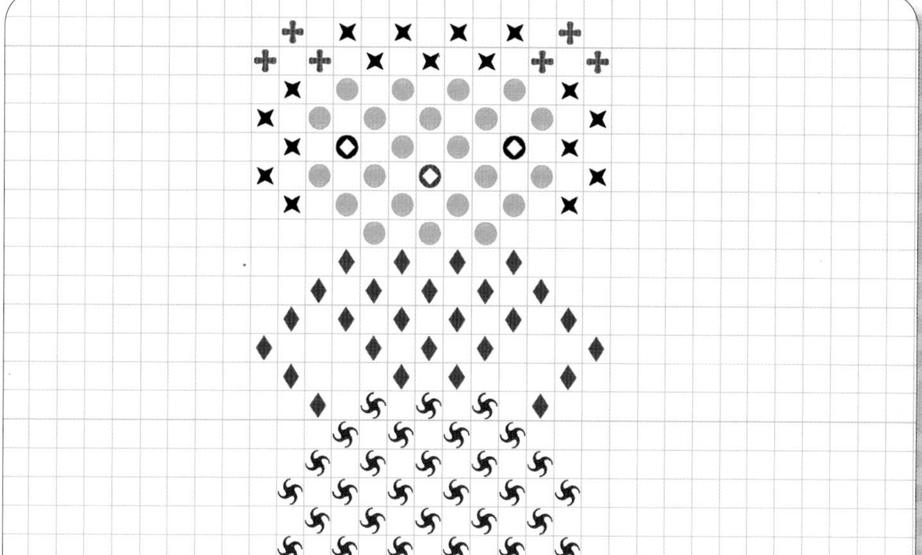

小妹妹

起针建议：无

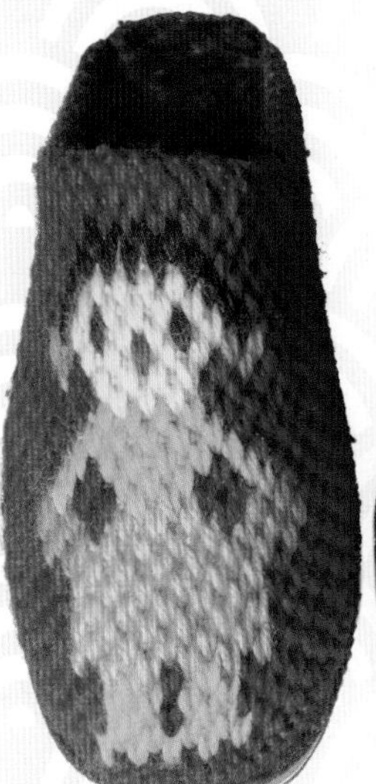

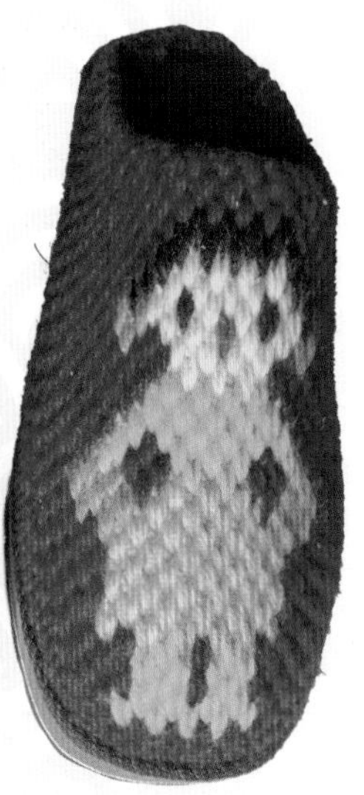

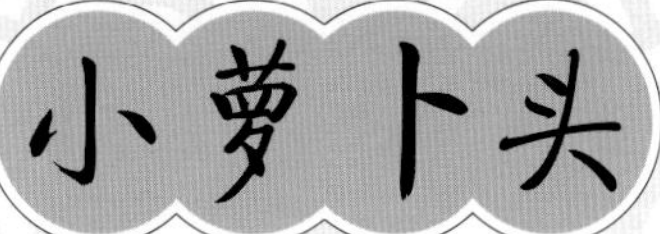

起针建议：七针起花

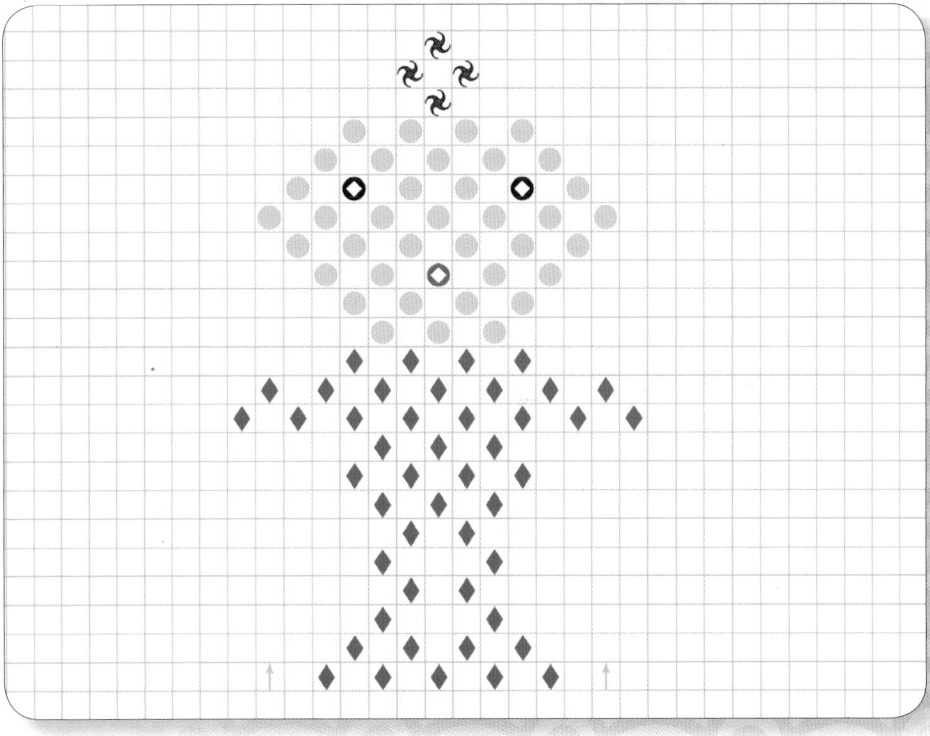

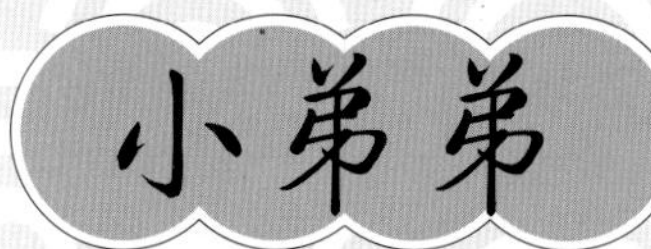

起针建议：无

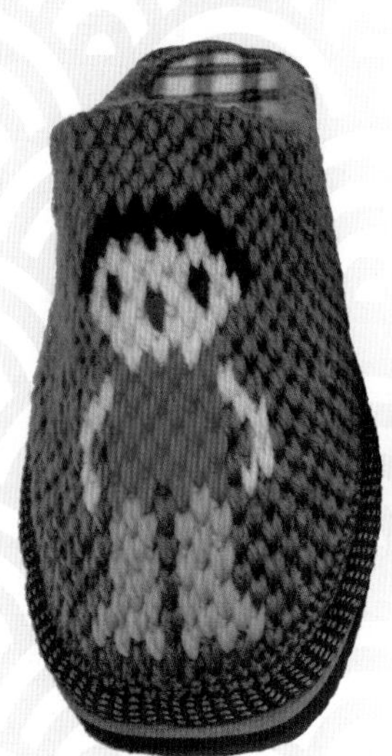

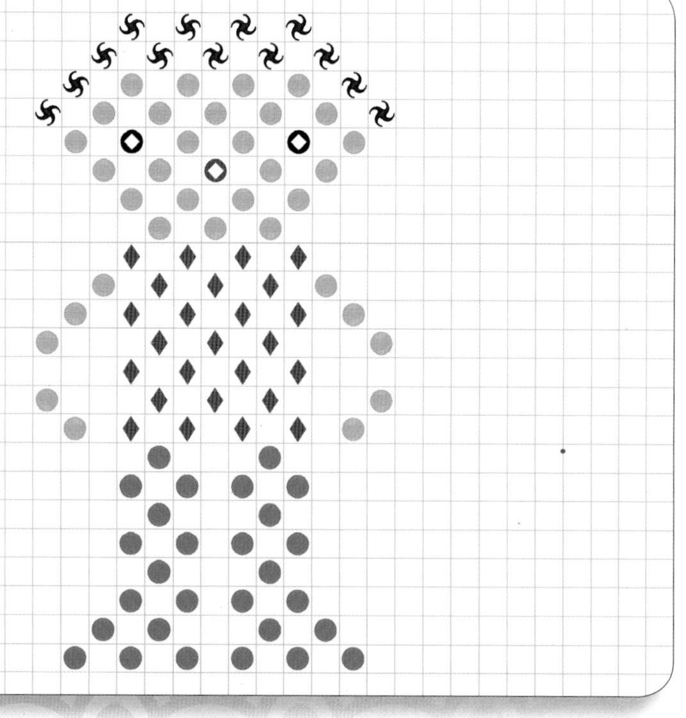

起针建议：七针起花

我爱足球

起针建议：无

小花蝶

起针建议：八针起花

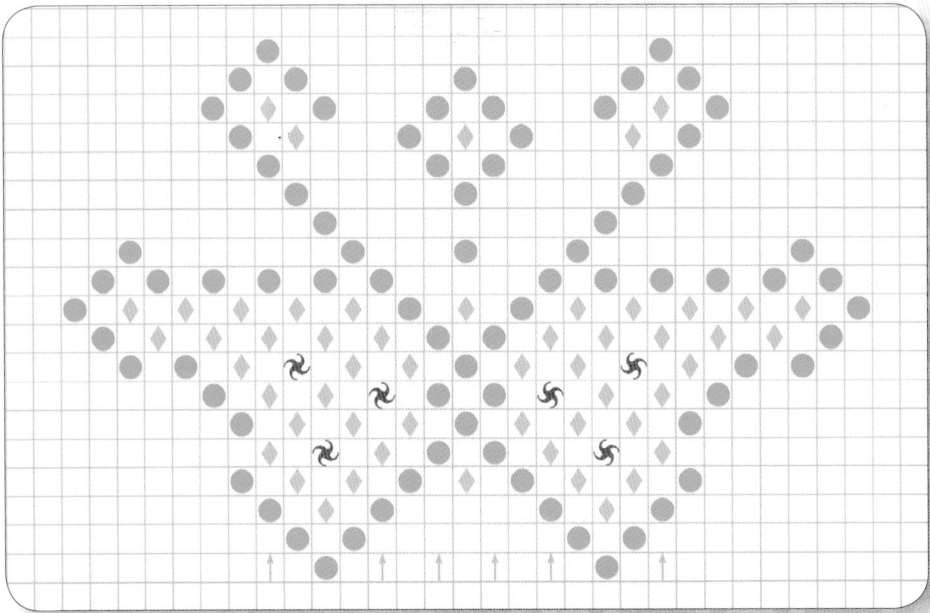

花蝴蝶

起针建议：九针起花

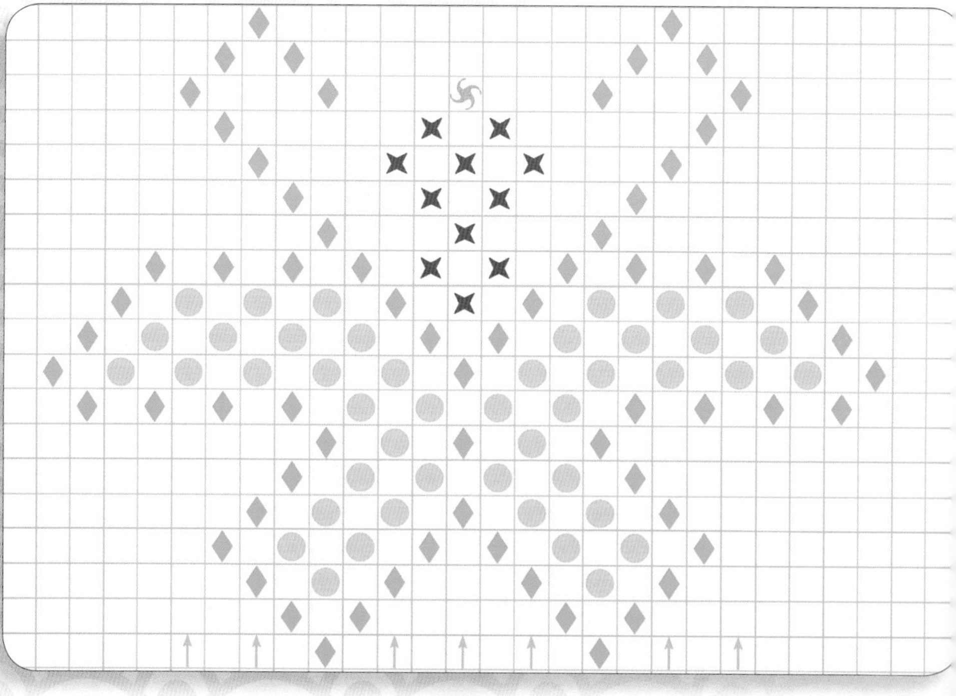

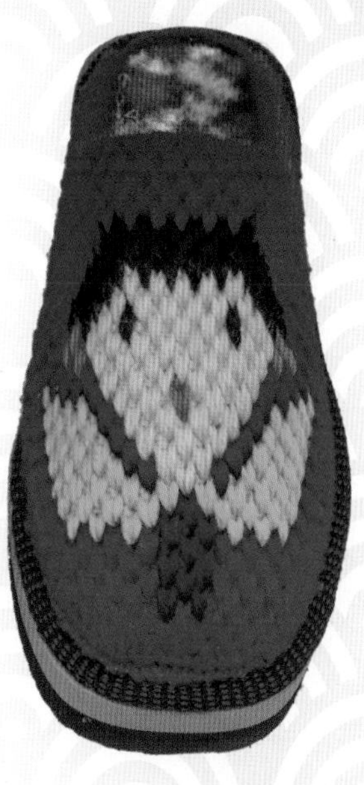

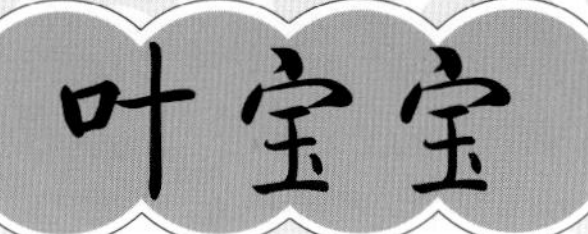

起针建议：八针起花

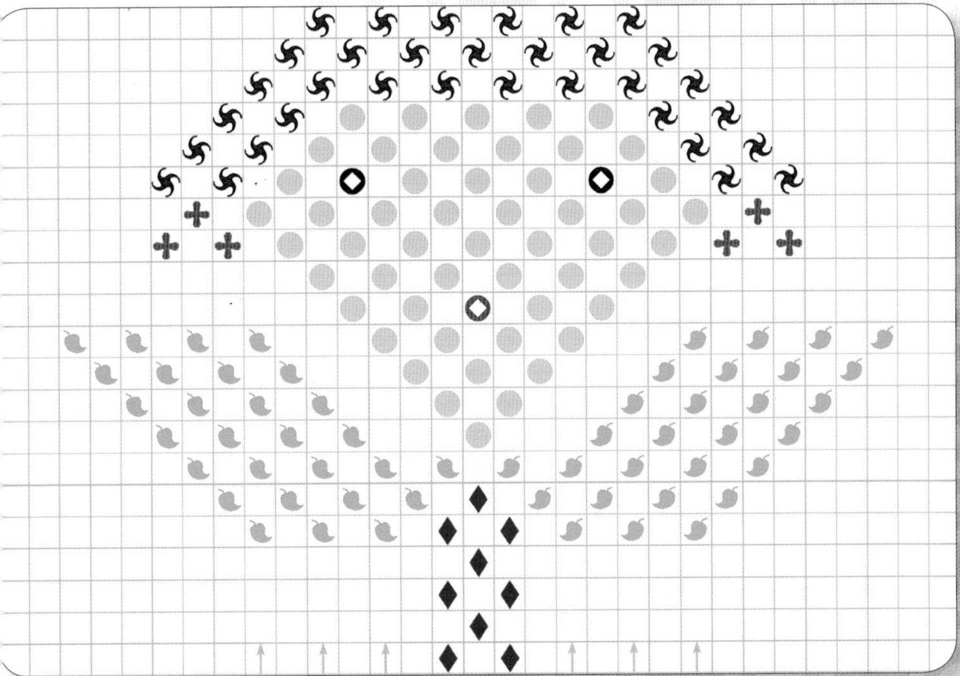

燕子风筝

起针建议：十针起花

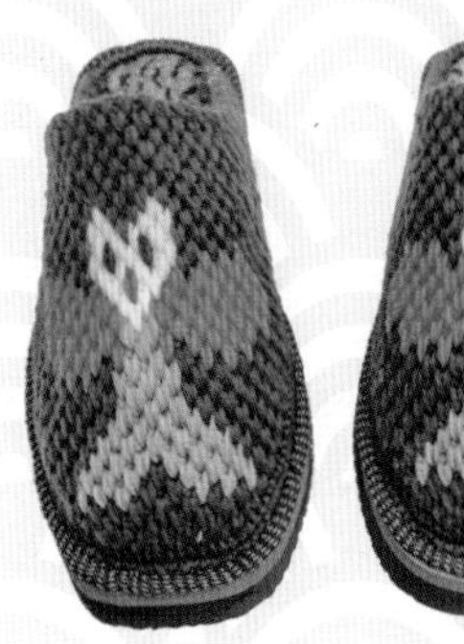

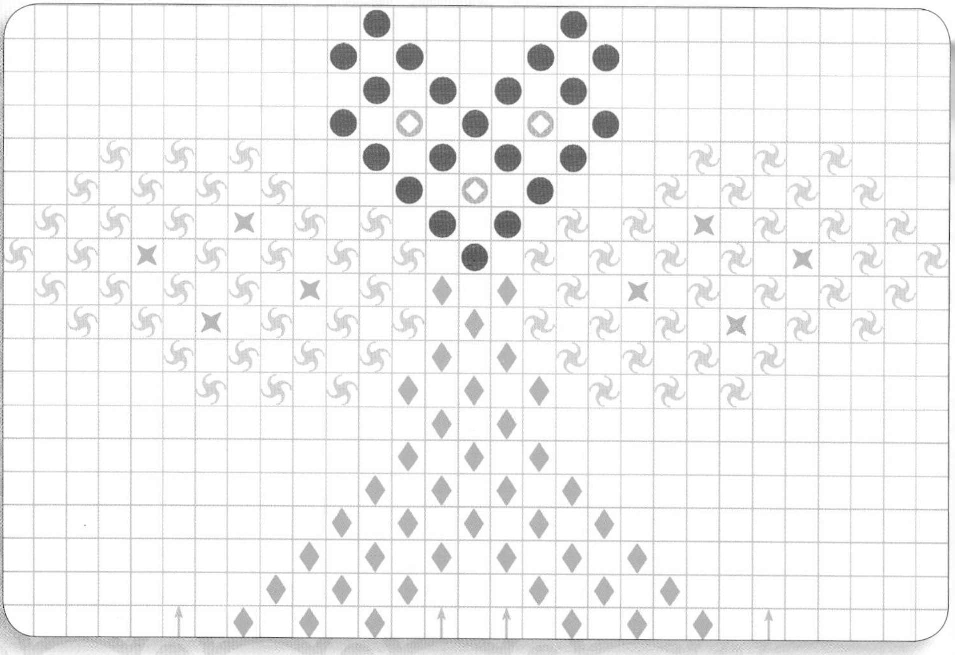

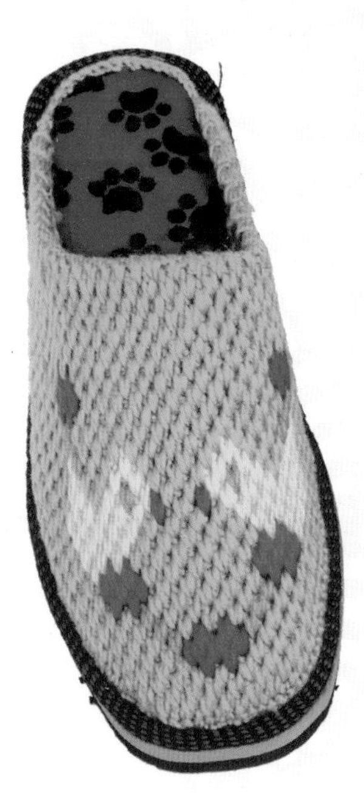

小黄雀

起针建议：无

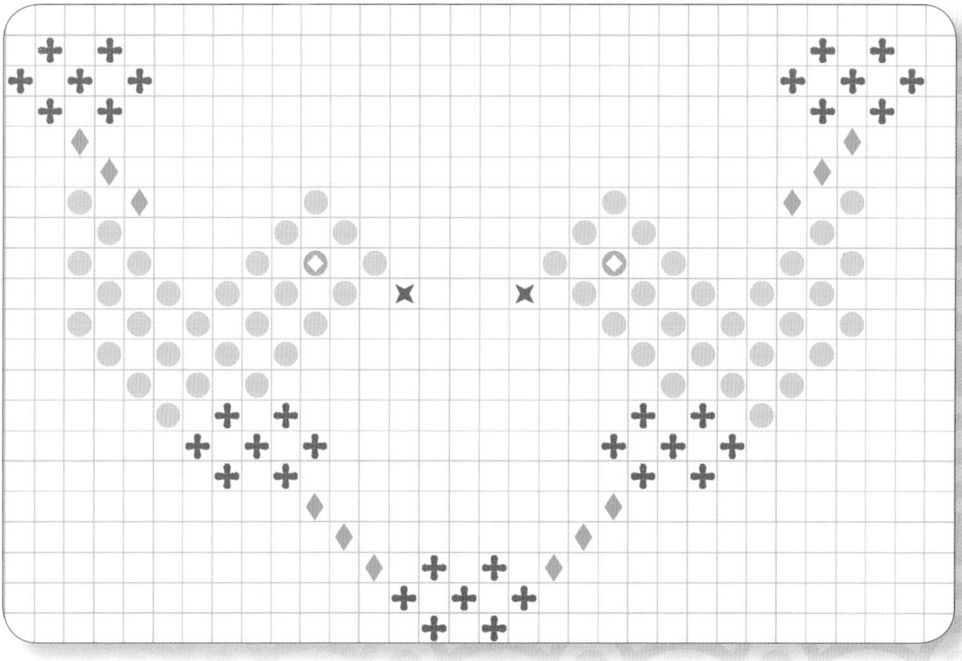

花丛中

起针建议：七针起花

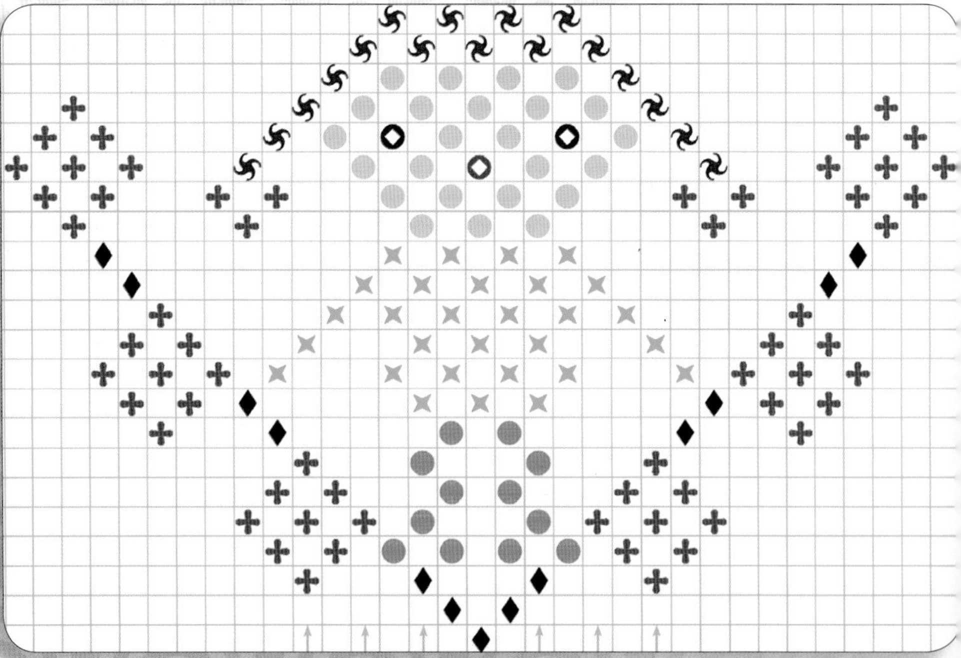

小萌妹

起针建议：无

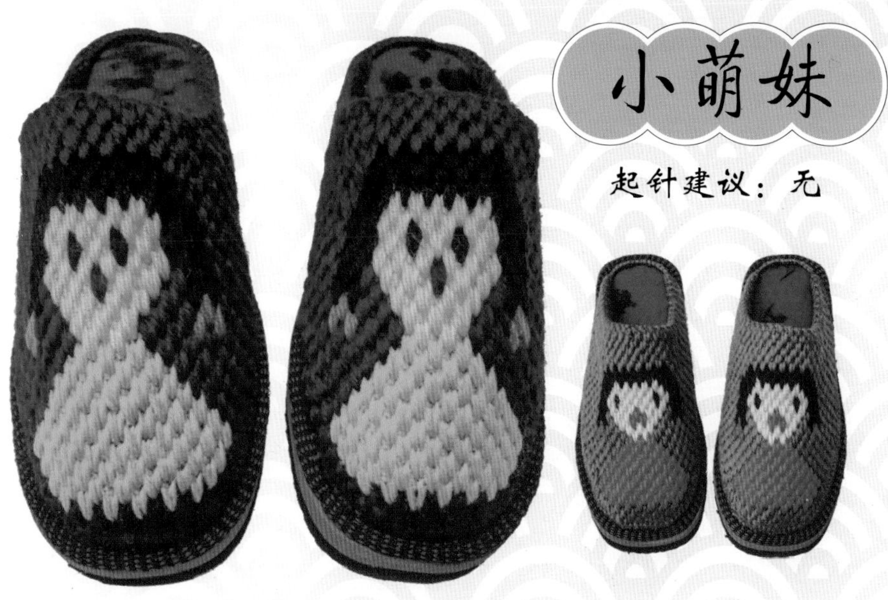

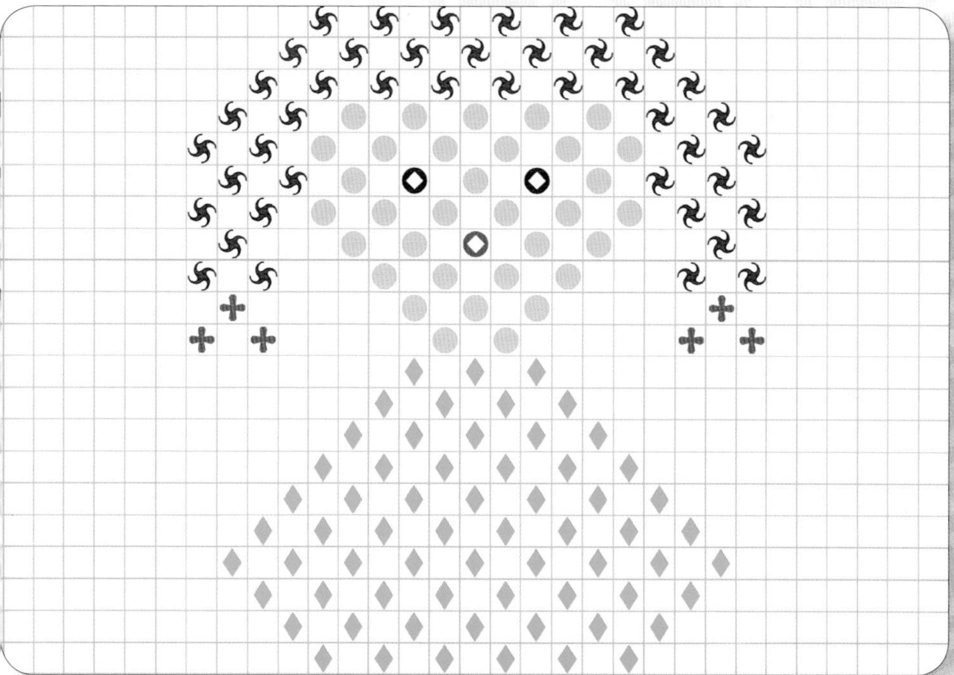

一枝独秀

起针建议：九针起花

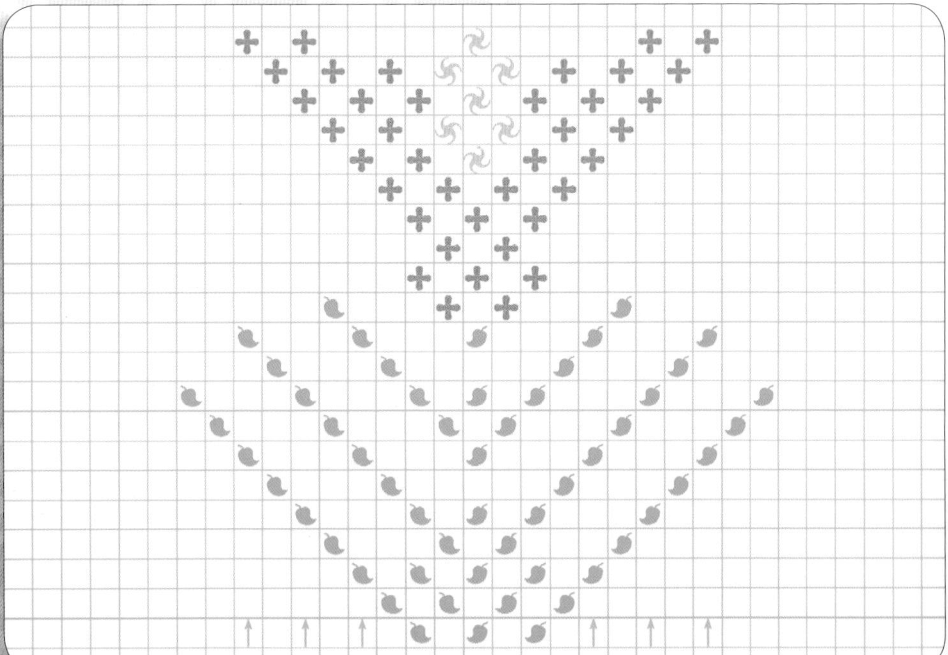

起针建议：九针起花

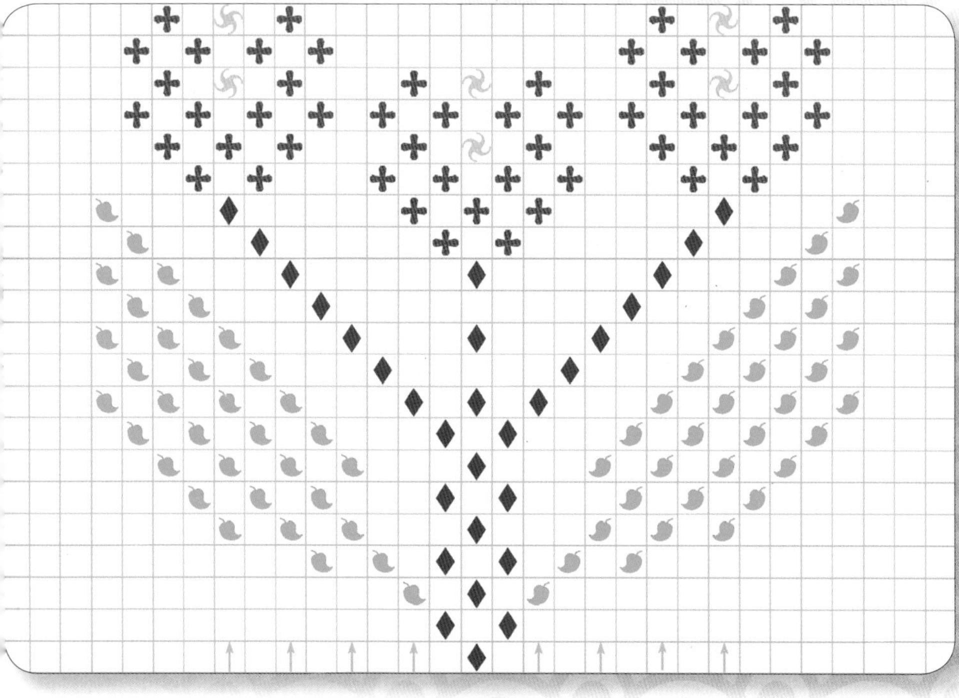

宝葫芦

起针建议：十针起花

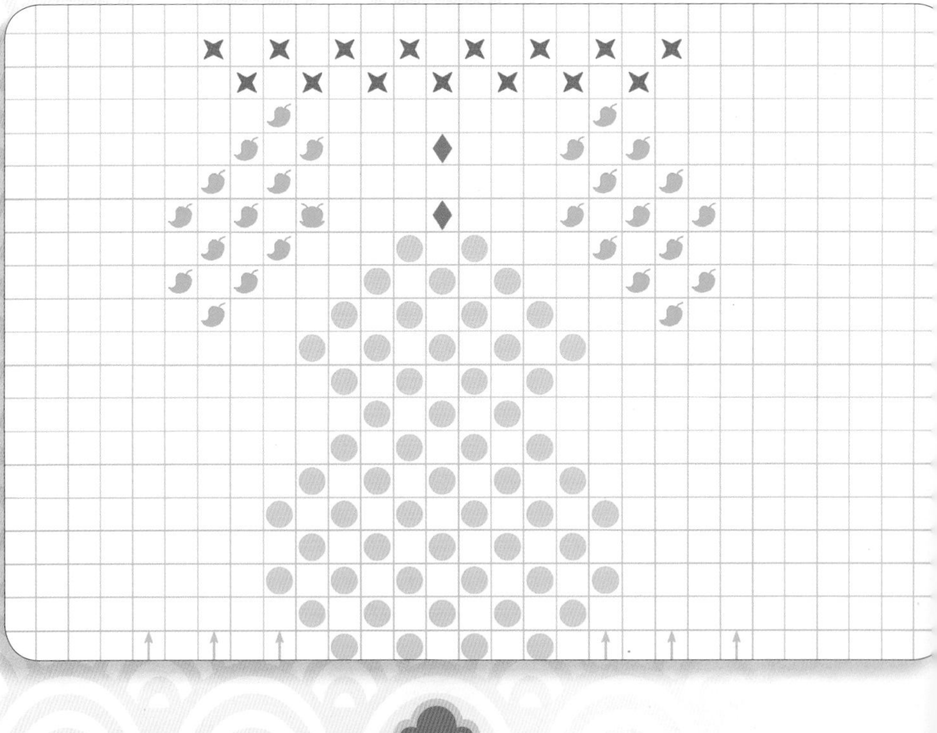

枇杷熟了

起针建议：八针起花

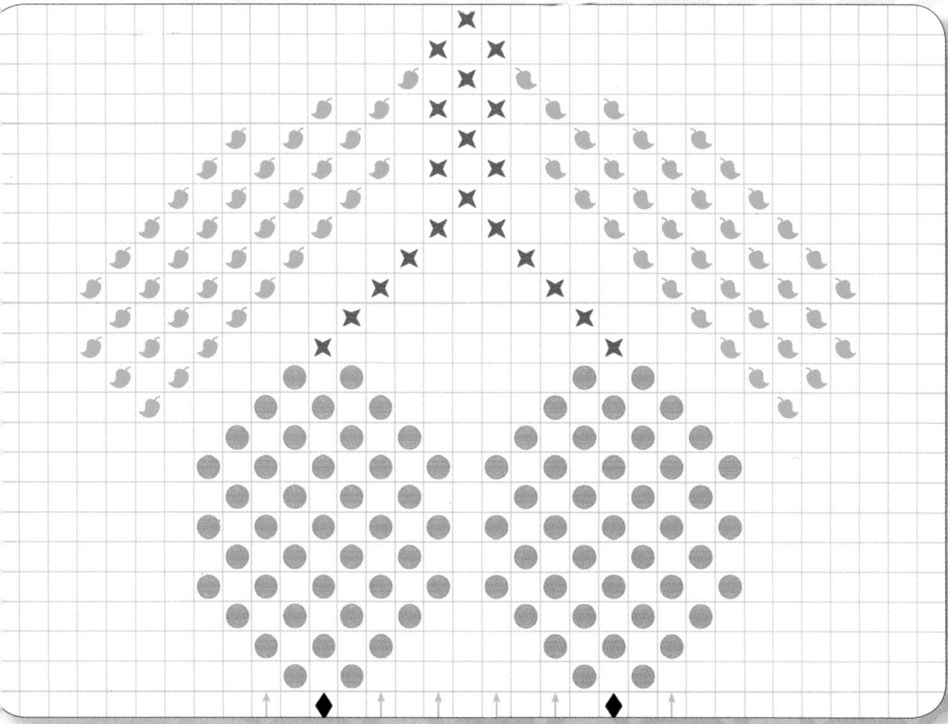

起针建议：无

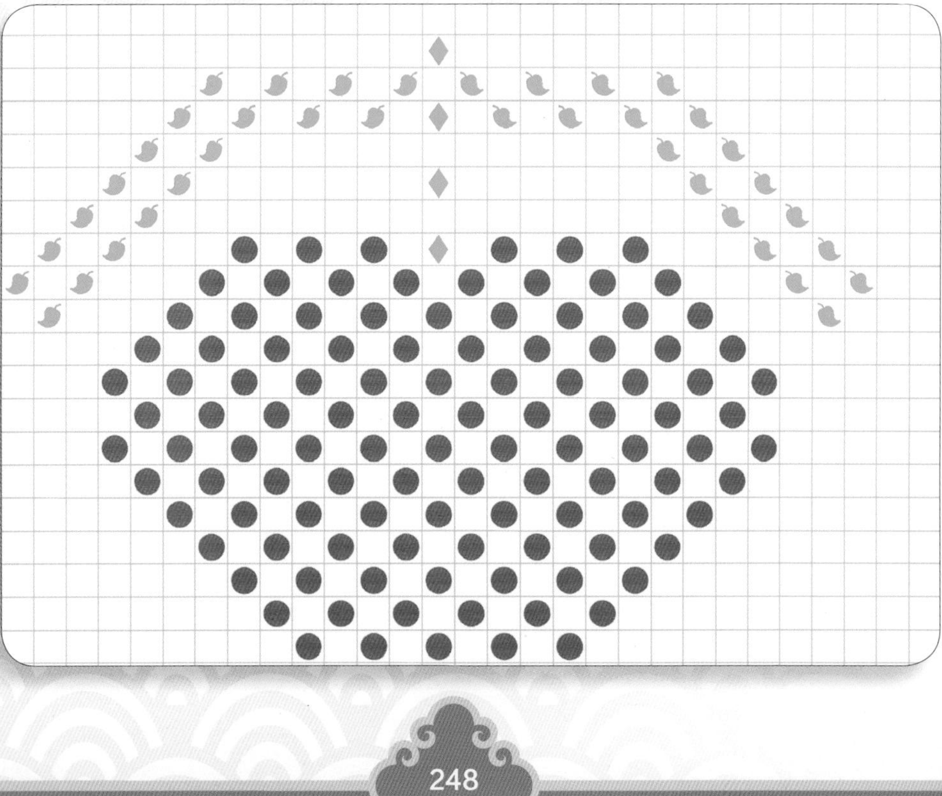

果子红了

起针建议：十一针起花

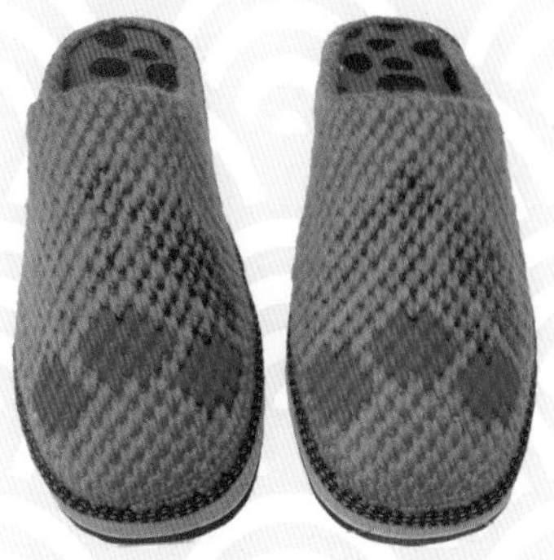

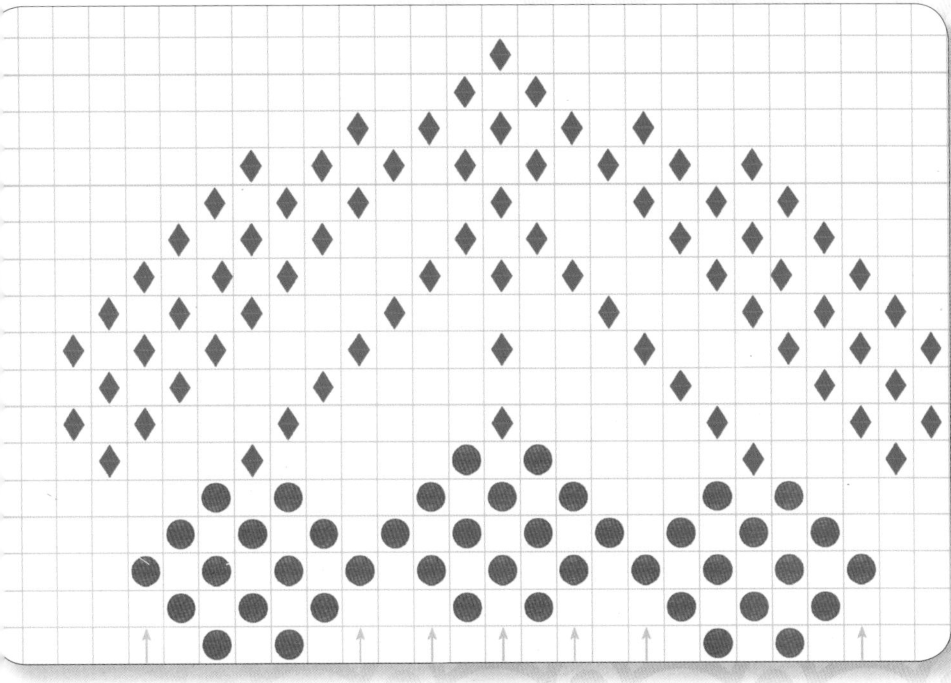

莲花朵朵

起针建议：无

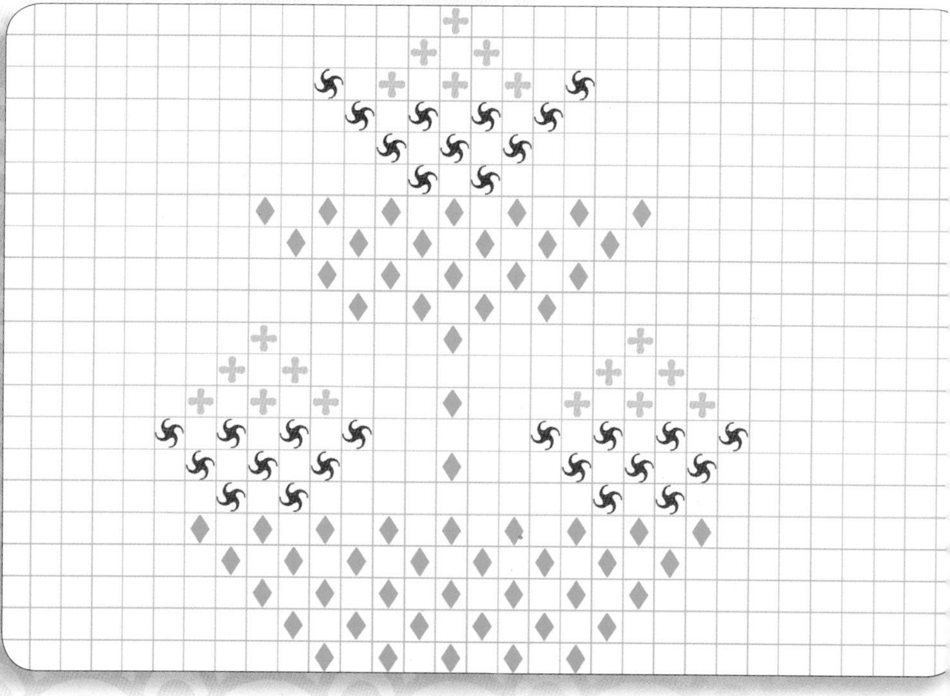

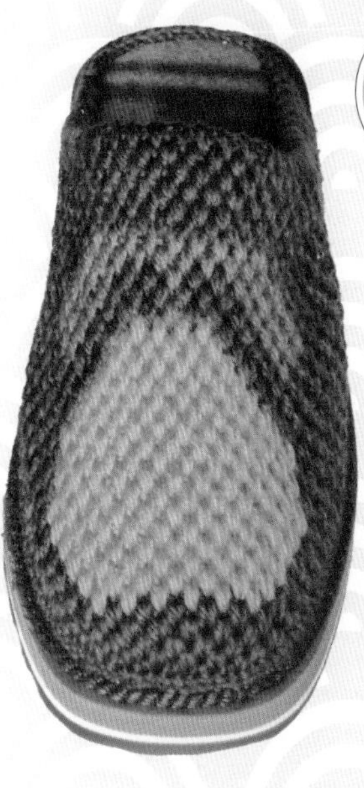

大柚子

起针建议：无

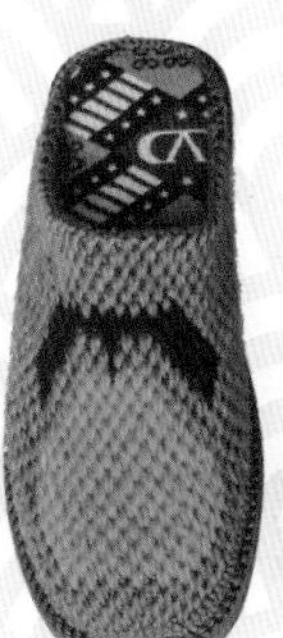

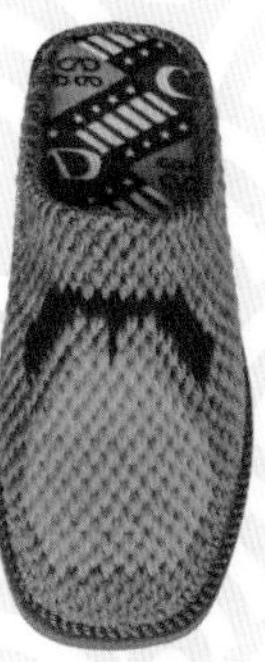

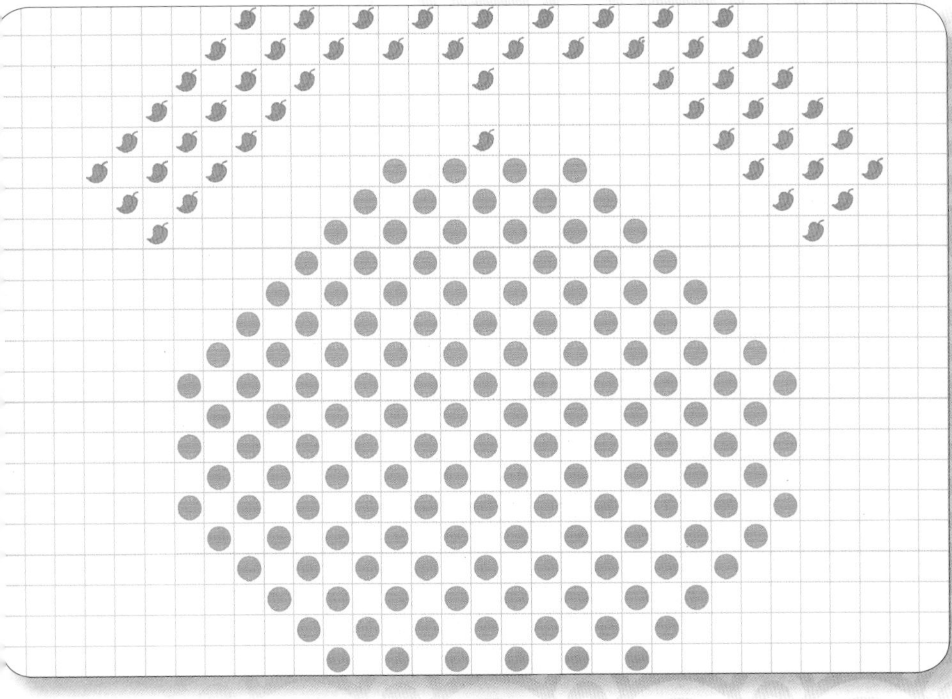

起针建议：六针起花

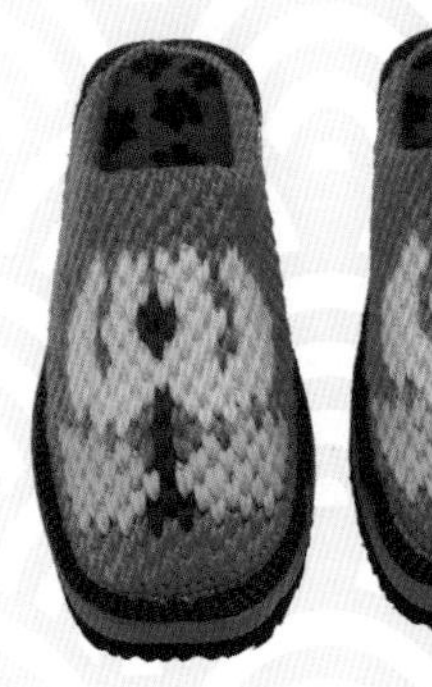

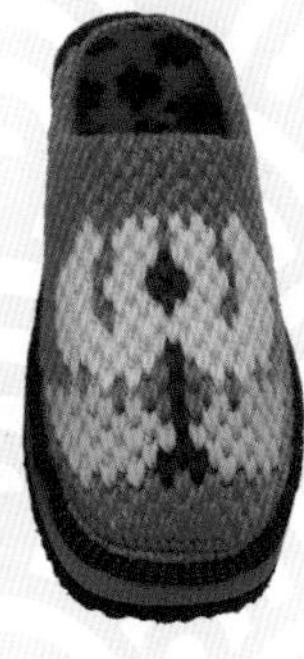

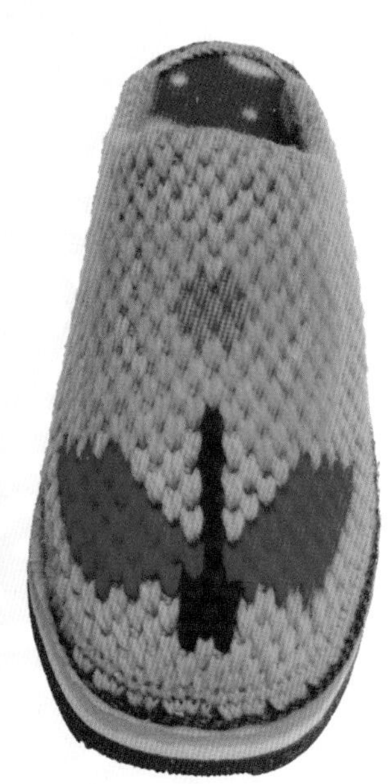

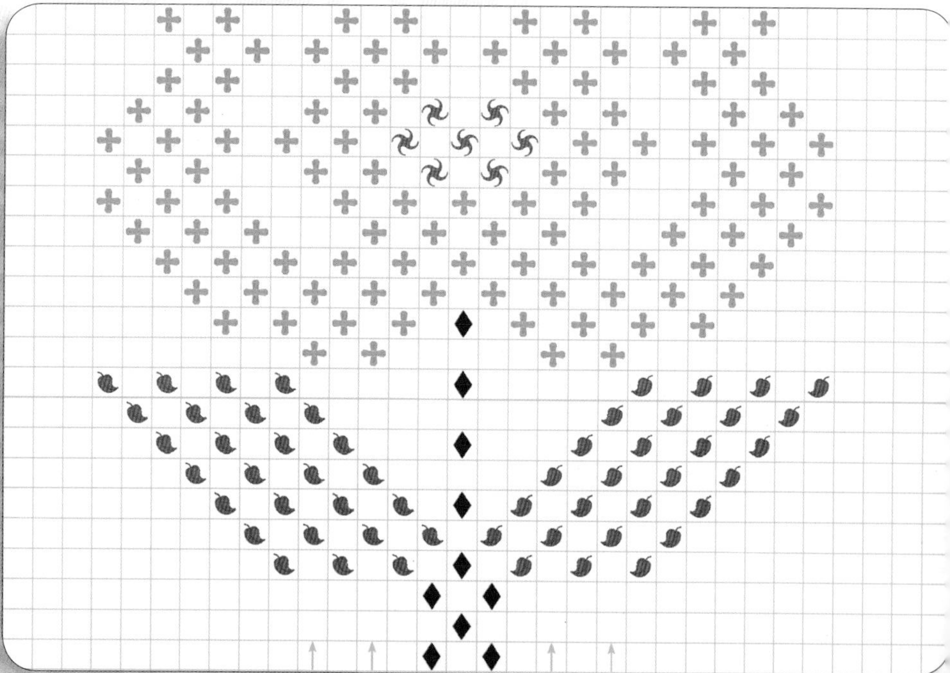

独自绽放

起针建议：九针起花

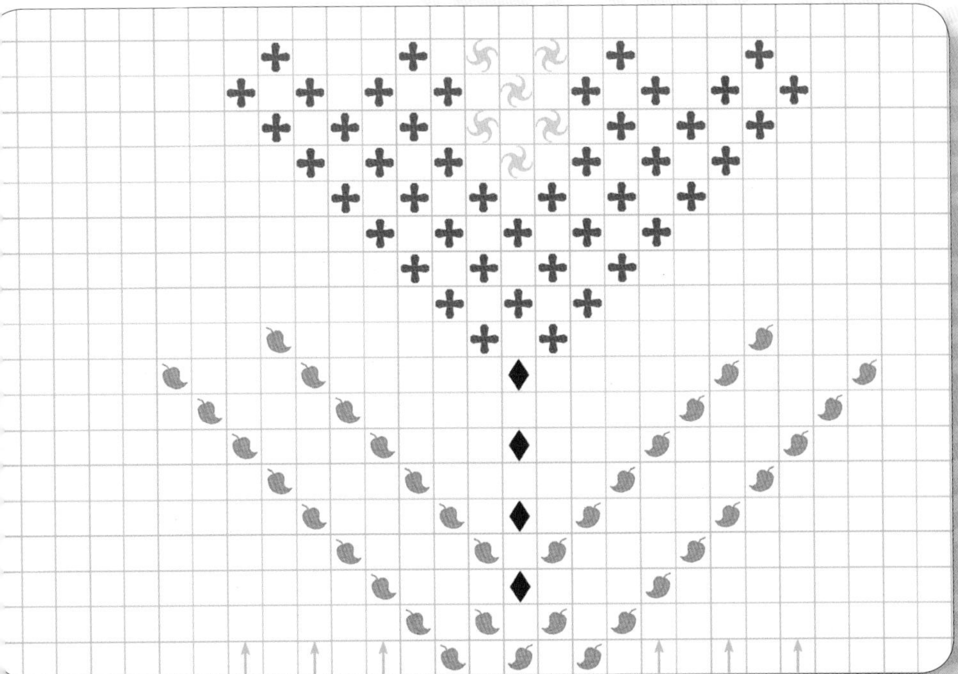

大树叶

起针建议：七针起花

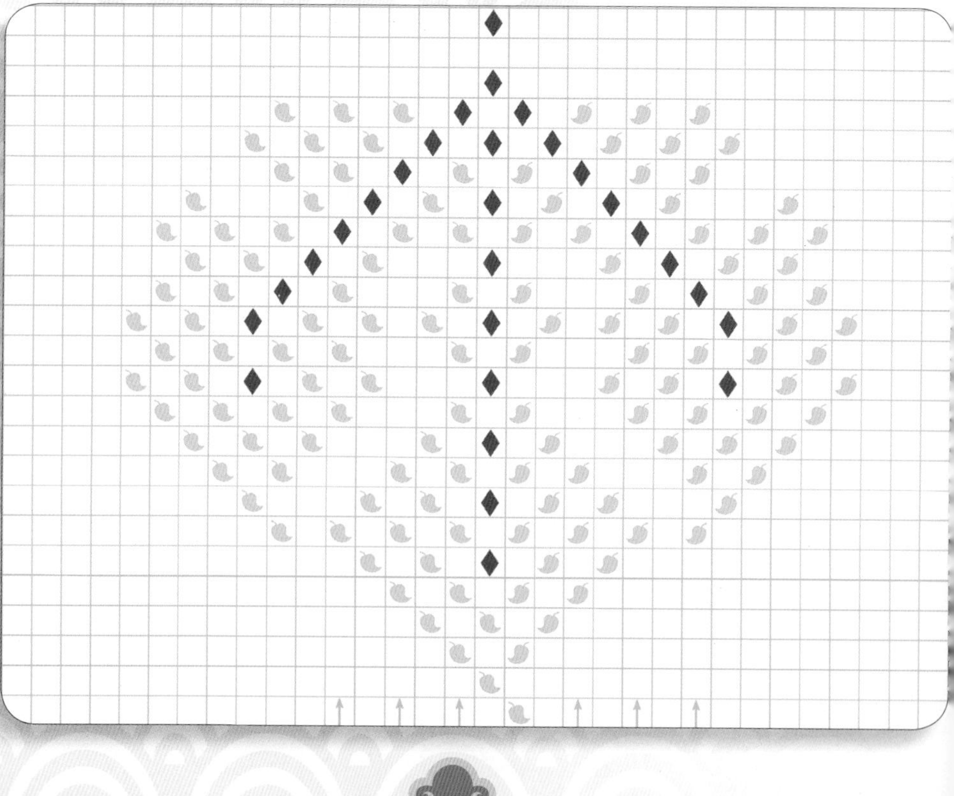

灯笼椒

起针建议：十针起花

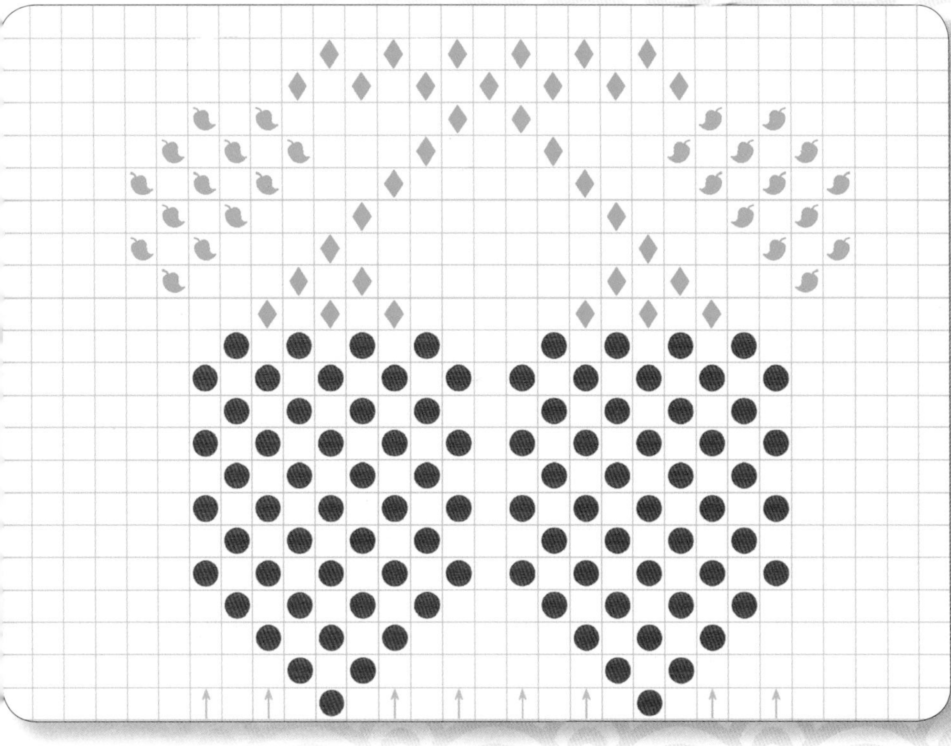

百日红

起针建议：无

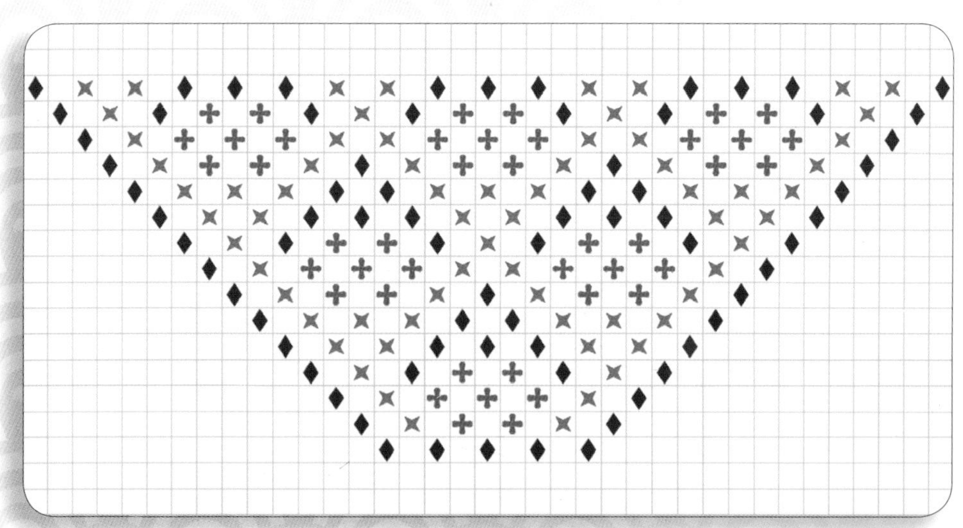

花格子

起针建议：无

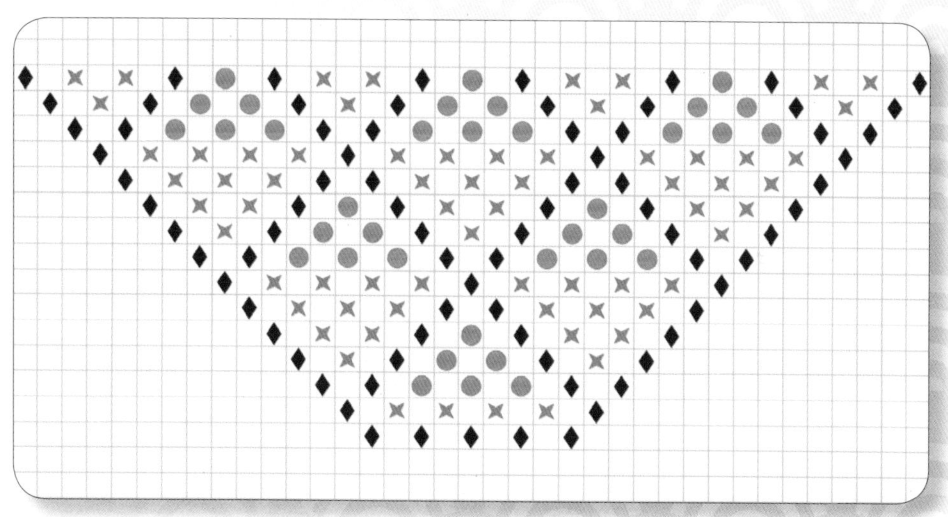

星星点点

起针建议：无

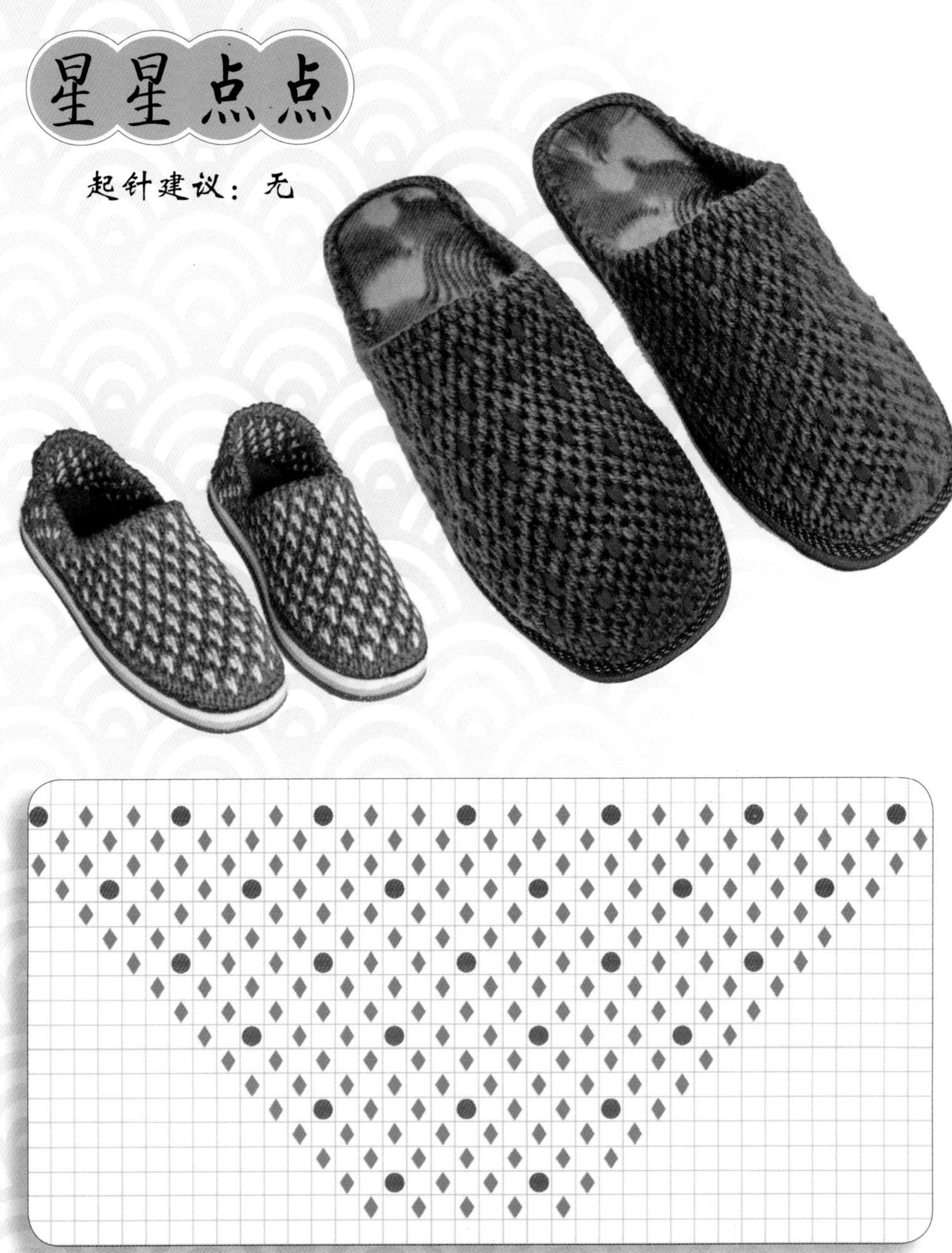

野菊花

起针建议：无

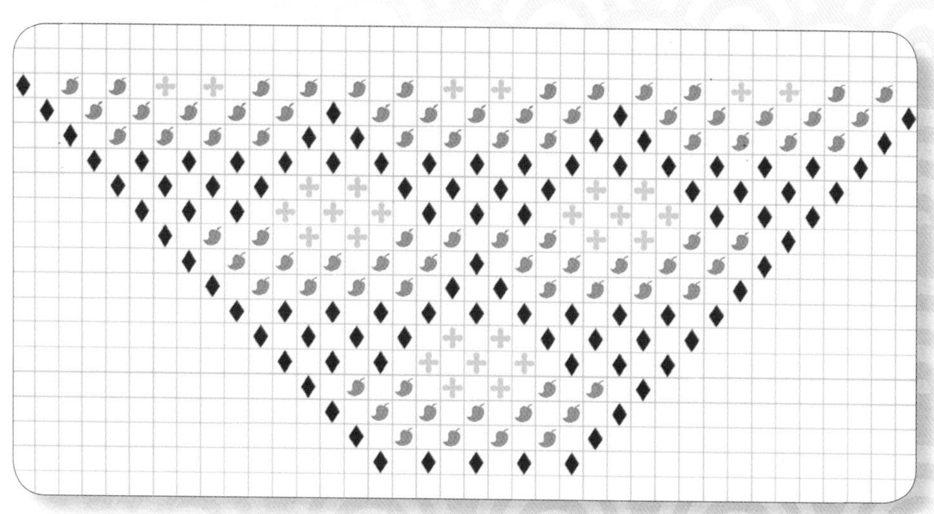

红红火火

起针建议：无

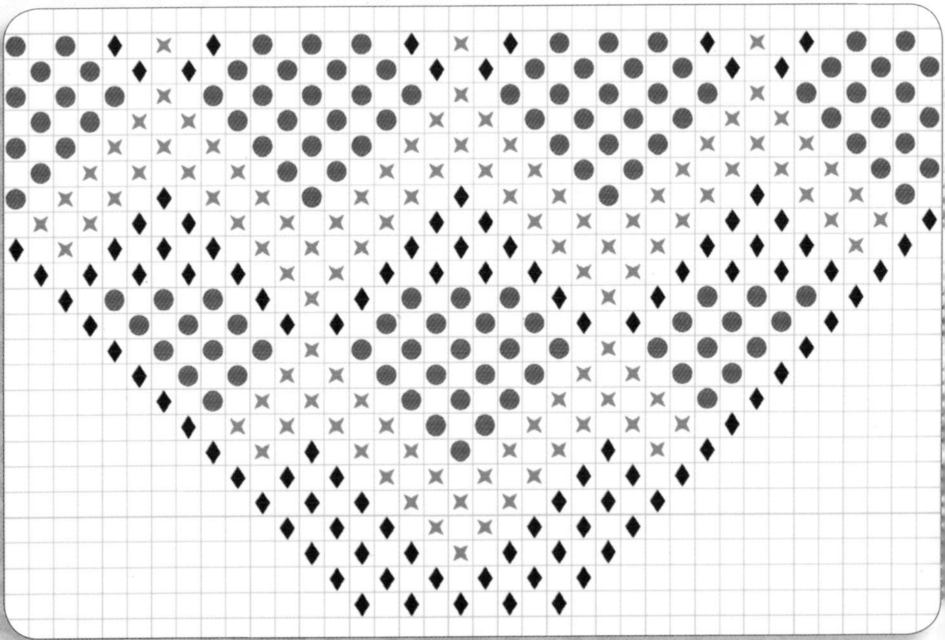

起针建议：十针起花

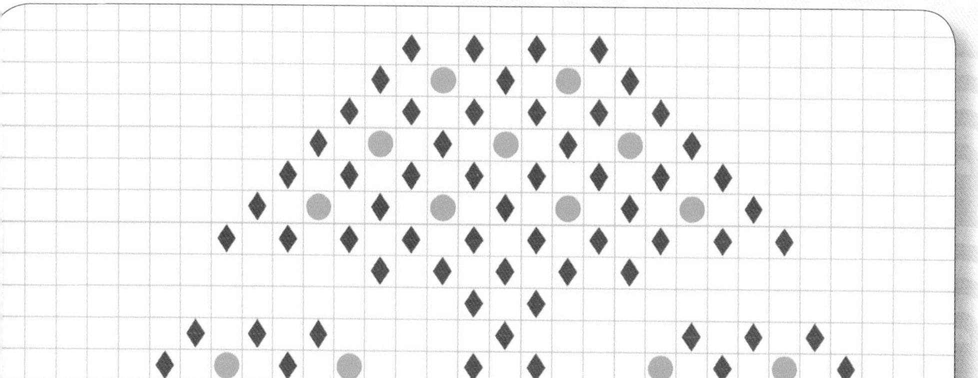

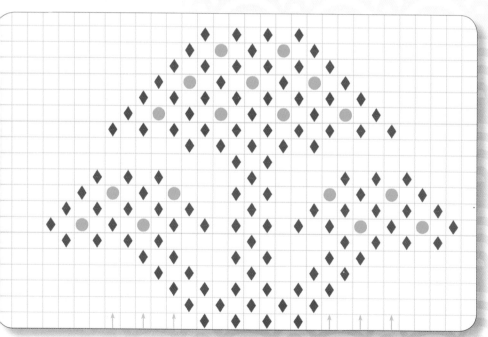

起针建议：九针起花

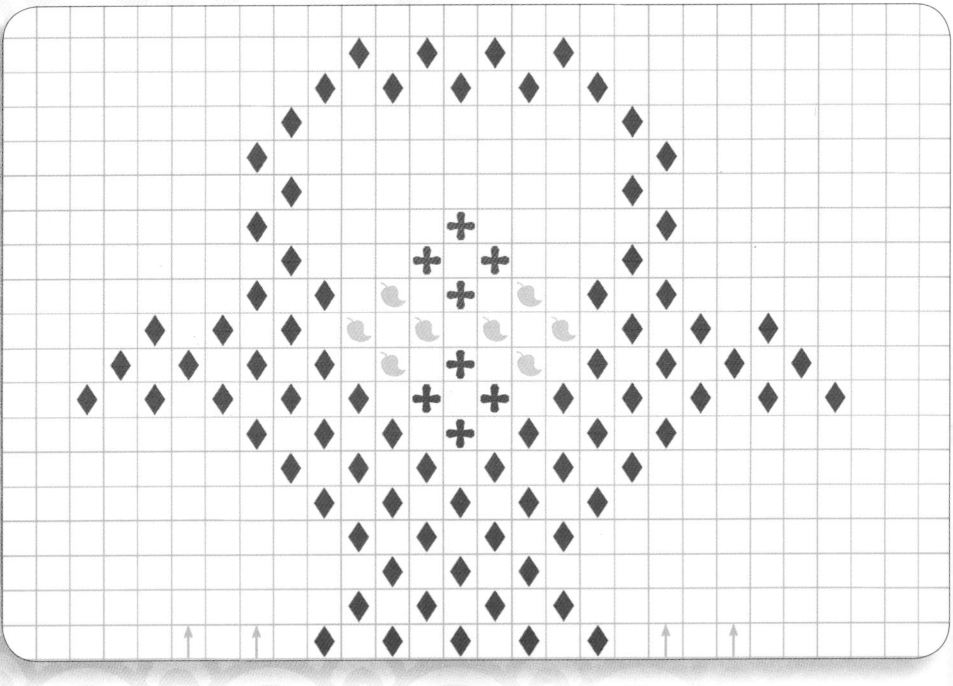

大南瓜

起针建议：无

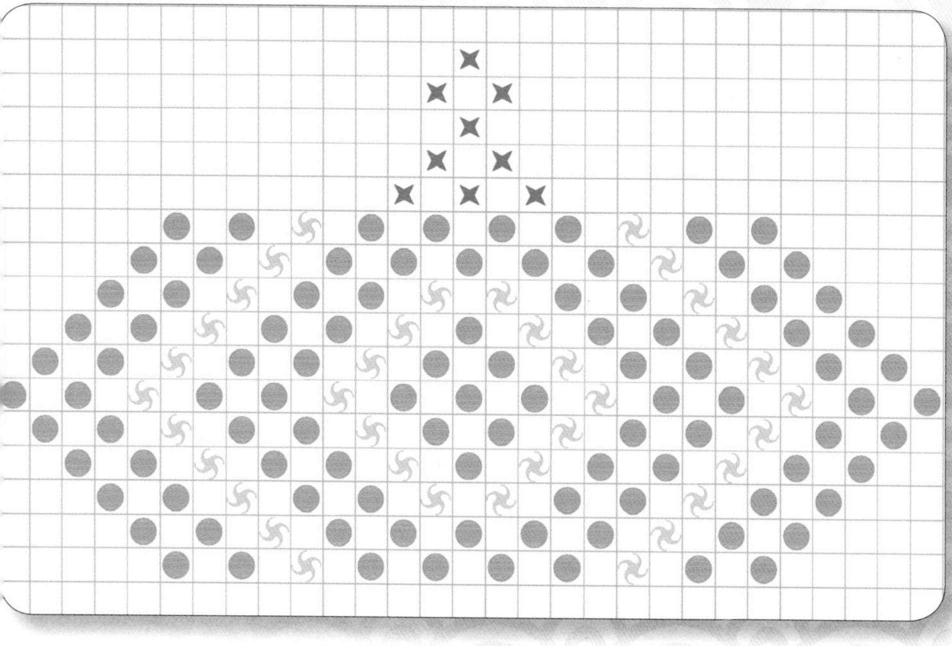

附录

钩鞋工具和材料

钩鞋所需的工具和材料很简单，钩针、毛线、鞋底，有这三样就行了。当然，手头还需备一把剪刀，剪断毛线时用。

钩针

如果不知道去哪里买钩针，直接上网找吧。

在淘宝上搜索“钩针”，各种标号、材质的钩针应有尽有。

钩针标号的大小是指钩针头的大小，一般根据线的粗细来选择。

同样粗细的线，用大号钩针钩出的鞋较稀松，用小号钩针钩出的鞋较密实。

初学者选择稍大号的钩针比较容易上手。

毛线

毛线有粗细之分。

粗线钩出的鞋较稀松，细线钩出的鞋较密实。粗线钩起来所需针数少，速度较快；细线钩起来所需针数多，速度较慢。

毛线按材质可分为腈纶毛线、纯羊毛毛线、混纺毛线等，各有不同的特点，都可用来钩鞋。

腈纶毛线的优点是便宜，每斤（500 克）只需十几元钱，耐磨，耐菌虫腐蚀；缺点是容易起小球，舒适性、保暖性较差。

纯羊毛毛线的优点是舒适性、保暖性好；缺点是价格较贵，每斤（500 克）需几十至上百元，耐磨性差，不耐菌虫腐蚀。

混纺毛线的价格、舒适性、保暖性、耐磨性、耐菌虫腐蚀性等都介于上面的两种毛线之间。

鞋上的图案是用不同颜色的线来表现的。所以要备好自己喜欢的颜色，线的粗细要一致。

本书所选的毛线是腈纶的，中粗的，粗细为 2 ~ 3mm。

38 码的鞋每双大约需用线 4 两（200 克）。

鞋底

网上各种鞋底应有尽有，可根据自己的需要和喜好选购。

最省事的是用现成的鞋底，上面附有一层绒毛布，包边和打底线都已做好，大约每双需五六元。

鞋底的大小根据需要选择。本书所选的鞋底是 38 码的。

钩鞋方法和步骤

钩鞋时首先要弄清楚什么是打底线。打底线是指缝在鞋底边缘的一圈线。打底线是分节的，如图所示，钩鞋时钩针要从一节打底线下穿入。

顺便说一句，过去买的鞋底上不带打底线，要自己制作，比较麻烦。

地基

钩鞋时首先要沿着打底线钩几圈线，就像盖房子的地基一样，我们这里也称为地基。然后在地基上一排一排地钩出鞋面即可。

第 1 层地基 · 起针

钩鞋的起始点在鞋跟的一侧。把钩针穿过打底线，钩住毛线。

把线从打底线下钩出来，形成线圈。

把线绕在钩针上。

钩住线，从线圈中拉出，适当拉紧。到这里，起针就完成了。

短针

起好针后，接下来就要钩短针了。钩地基采用的针法是短针，下面的 5 幅图详细介绍了短针针法。

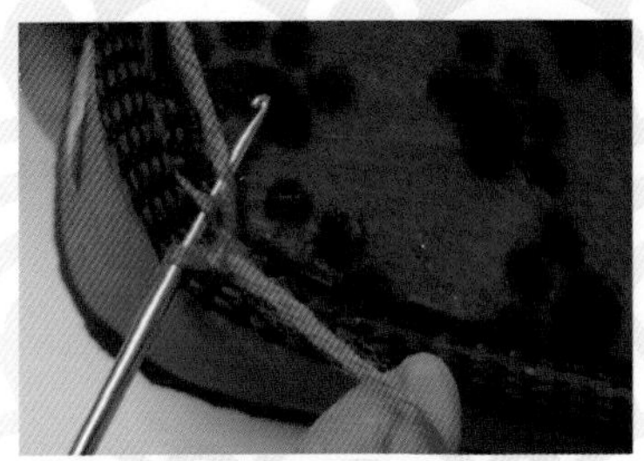

钩针插入打底线，线头搁在钩针上。

把线绕在钩针上，钩针钩住绕线从打底线下钩带出来。注意不要钩住线头，钩针从打底线下只钩带出绕线即可。

此时钩针上形成 2 个线圈。

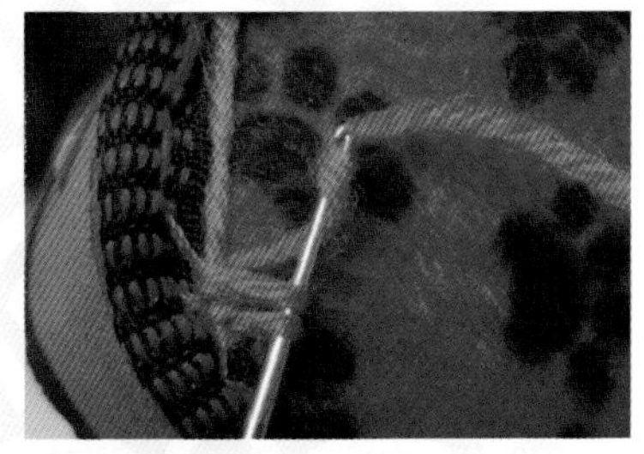

把线绕在钩针上。

钩针钩住绕线从 2 个线圈中拉出来，适当拉紧，形成 1 个线圈。至此，完成了 1 个短针。

钩鞋的针法很简单，钩地基主要用短针针法，钩鞋面主要用长针针法。

第 1 层地基 · 继续

在同一节打底线内继续钩短针。一般来说，同一节打底线内钩 3 个短针。钩完之后，我们再在相邻的打底线中钩 3 个短针，就这样一直钩下去。

需要注意的是，我们每次钩短针时都将线头搁在钩针上，且每次都不钩它，渐渐地，线头就会随着打底线一起被压入短针里面。当线头全都被压入短针里面不见的时候，就没有了将线头搁在钩针上的那个小步骤了。沿着打底线，以短针一路钩下去，就到了首尾相接处。钩 1 个短针收尾即可。

第 1 层地基 · 首尾相接

把钩针穿入起针位置的孔隙中。

把线绕在钩针上，钩住线从孔隙中拉出。

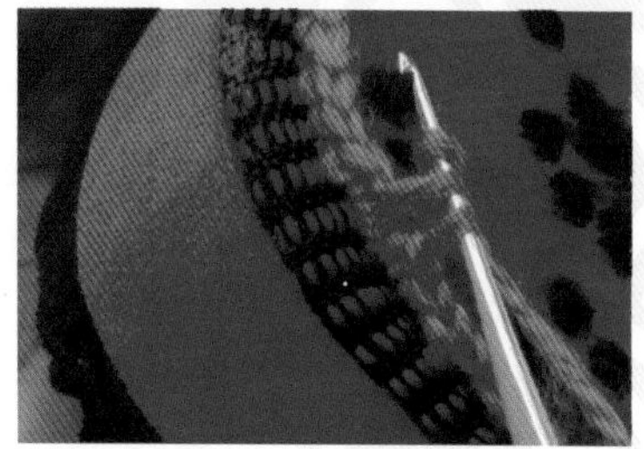

把线绕在钩针上。

把线从 2 个线圈中拉出来。

到这里，第 1 层地基就钩好了，形状微竖。

从内侧看，各针间都有清晰的孔隙，这些孔隙就是钩第 2 层地基要穿入的地方。

第 2 层地基

第 1 层地基我们是按顺时针方向钩的，第 2 层地基则相反，按逆时针方向钩。如下图所示，还是钩短针。

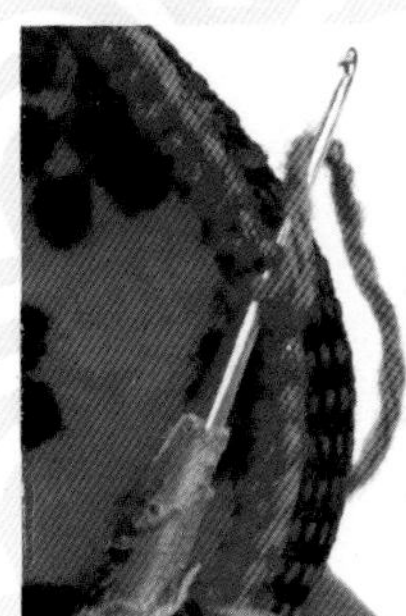

沿着第 1 层地基的孔隙，每个孔隙内钩 1 个短针，一路钩下去。

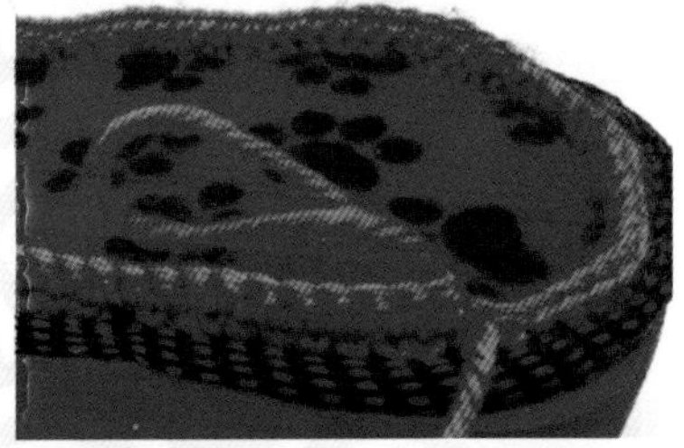

钩到鞋跟处与起点相对的位置即可。将线圈拉长，抽出钩针。

把线剪断。

至此第 2 层地基也完工了，可以看出，第 2 层不是整圈，鞋跟处的一段没钩。

鞋面

地基钩好后，就要开始钩鞋面了。

第 1 排 · 起针

钩针从鞋头一侧第 2 层地基线的孔隙中穿入。线头留的长度要比鞋长略长。

把线从孔隙中拉出，形成 1 个线圈。

把线绕在钩针上。

钩住绕线，从线圈中拉出，并适当拉紧。鞋面第 1 排的起针就完成了。

长针

接下来钩长针，下面的 8 幅图详细介绍了长针针法。

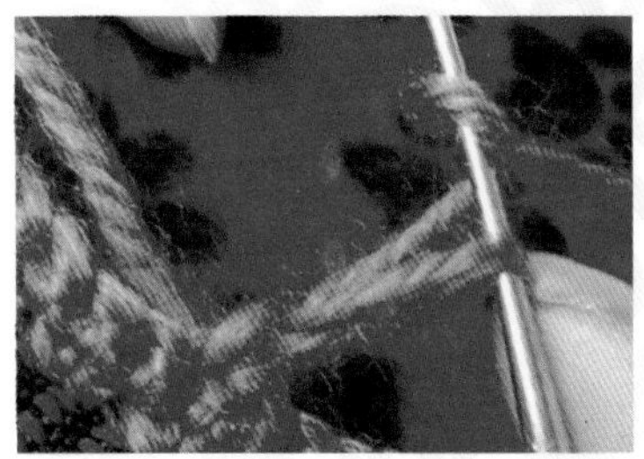

把线绕在钩针上。

把钩针穿入相隔的孔隙中（即中间空 1 个孔隙）。如果把起针处算作第 1 个孔隙，钩针穿入的就是第 3 个孔隙。

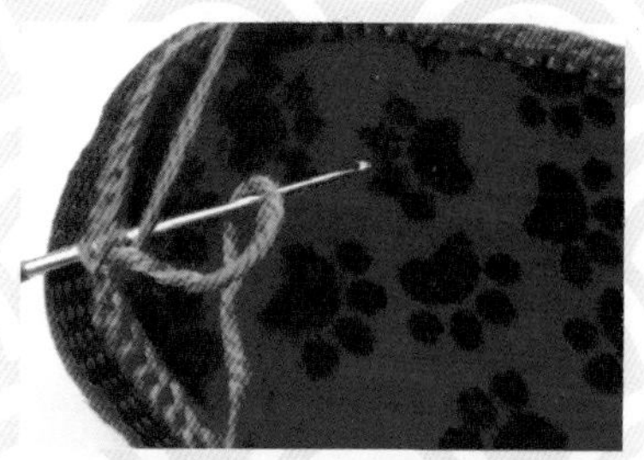

钩针穿过去，把线头放在钩针之上，再把线绕在钩针上。

用钩针把绕线从孔隙中钩出，注意不要钩住线头，只需钩住绕线，从线头下拉出即可。线头自然地被压在鞋内侧。

这时钩针上已有 3 个线圈，再把线绕在钩针上。

钩住线往回带，穿过 2 个线圈拉出（最后 1 个线圈不穿），适当拉紧。这时钩针上有 2 个线圈。

把线绕在钩针上。

钩住线往回带，穿过 2 个线圈拉出，适当拉紧。至此，完成了 1 个长针。

第 1 排 · 继续

继续用长针针法钩。

注意下一针还穿入同一孔隙中，即与起针处相隔的第 3 个孔隙。

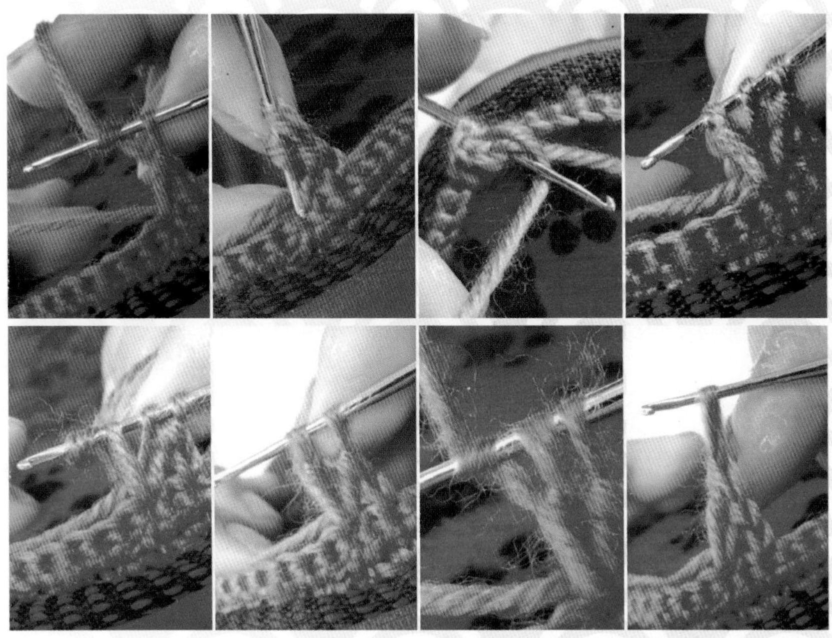

同样的方法，在第 5、第 7、第 9、第 11 个孔隙中各钩 2 个长针，就到了鞋头另一侧与起针对称的位置，该收针了。

第 1 排 · 收针

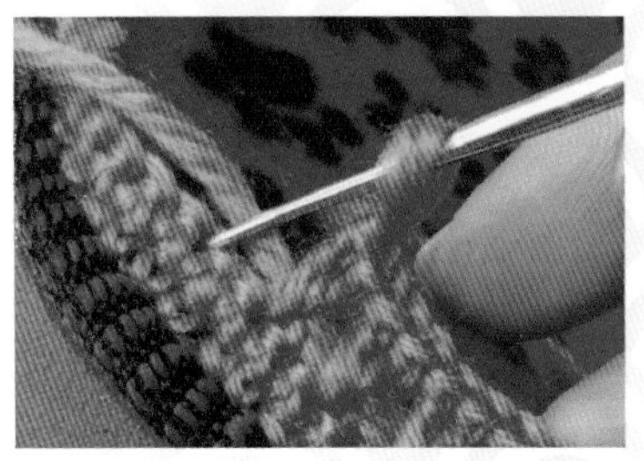

此时钩针上处于 1 个线圈的状态，直接将钩针穿入相隔的孔隙中。

把线头搭在钩针上，再把线绕在钩针上。

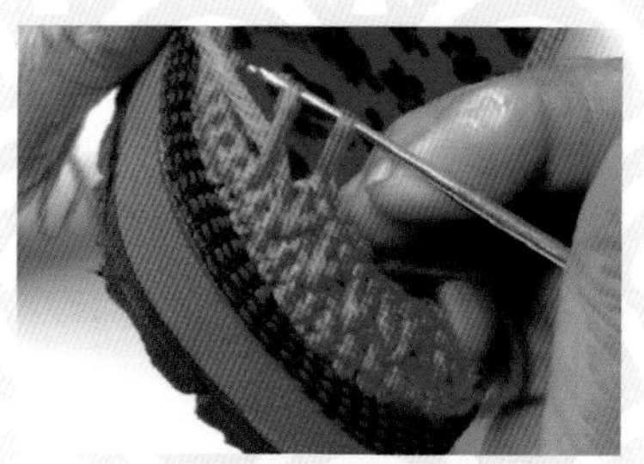

将钩针钩住绕线，从线头下拉出，形成2个线圈。

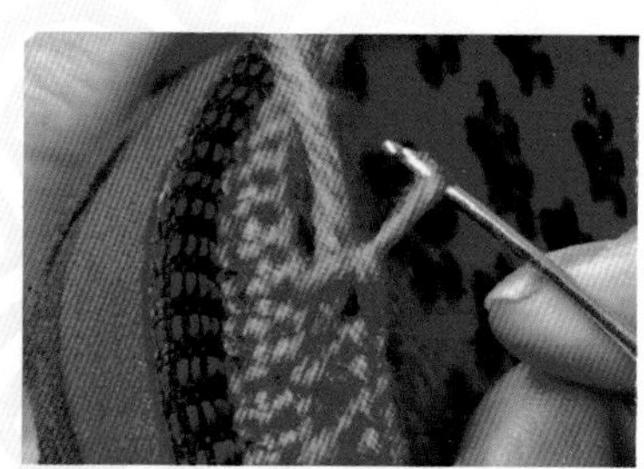

钩住前一个线圈，穿过后一个线圈，最终形成1个线圈。

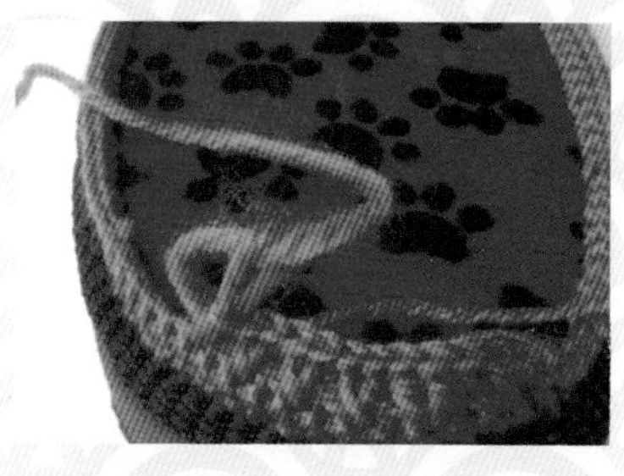

将钩针钩住线头，穿过线圈拉长，取下钩针。

将线拉紧，不要剪断。

第1排·总结

钩第1排时，钩针穿过的是第2层地基的孔隙，在这里我们一共穿过了7个孔隙：其中第1针起针和最后1针收针各占1个孔隙，钩针在其中各穿了1次；在其余的5个孔隙中，钩针各穿了2次。

穿过了7个孔隙，我们称为钩了7针，起针是第1针，收针是第7针。
第1针和第7针各钩1针，其余5针各钩2个长针。

第1排的针数不一定局限于7针，可多可少。
针数少显得鞋头尖，针数多显得鞋头宽。可根据实际需要确定。

第 2 排・起针

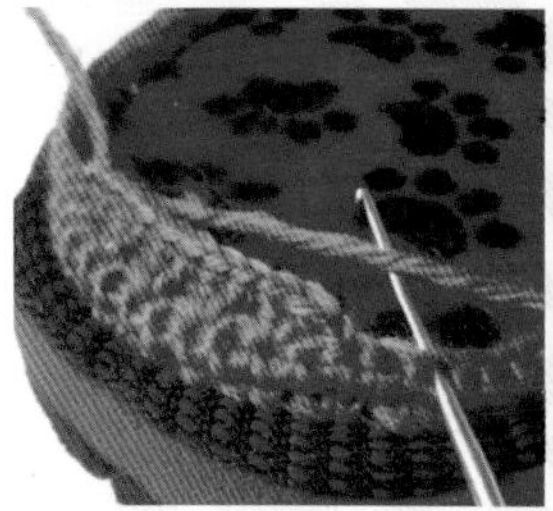

把线拉回到右侧。与第 1 排一样，钩针也是从第 2 层地基的孔隙中穿入，穿针的位置在第 1 排起针孔隙的右侧，相隔 1 个孔隙。

把线从孔隙内拉出，形成 1 个线圈。

把线绕在钩针上，从线圈中拉出，适当拉紧，第 2 排的起针就完成了。

第 2 排・继续

接下来钩长针。把线绕在钩针上。将钩针隔 2 个孔隙穿入第 2 层地基的孔隙中，这个孔隙与第 1 排起针的孔隙相邻，位于其左侧。先在这个孔隙中钩 1 个长针。

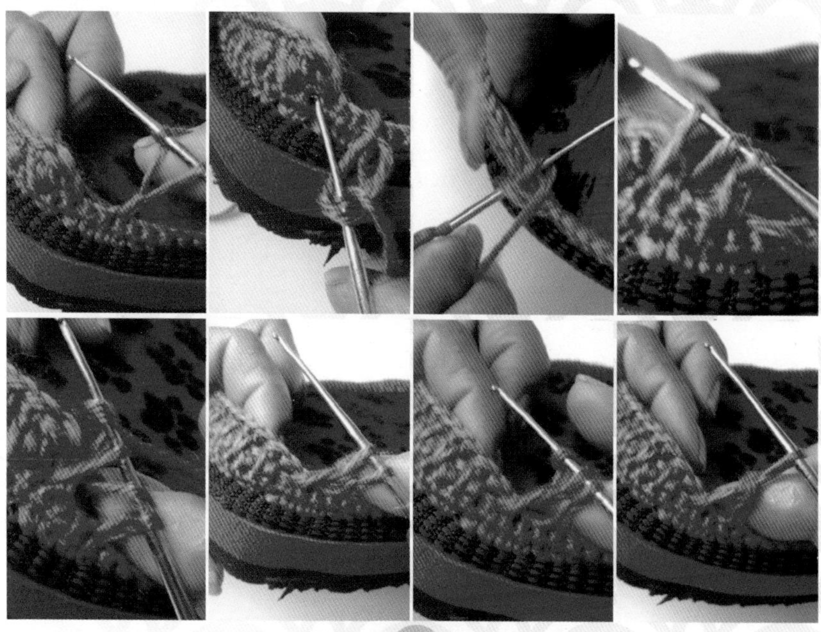

同第 1 排一样，在这个孔隙中再钩 1 个长针后，转入相隔的孔隙中，在其中钩 2 个长针，再转入下一个相隔的孔隙中。如此这般直到在第 1 排收针孔隙右侧相邻的孔隙中钩完，就该收针了。注意拉回右侧的那段线要压在内侧。

第 2 排 · 收针

收针时把钩针穿入左侧隔 2 个的孔隙中，钩法与第 1 排一样。

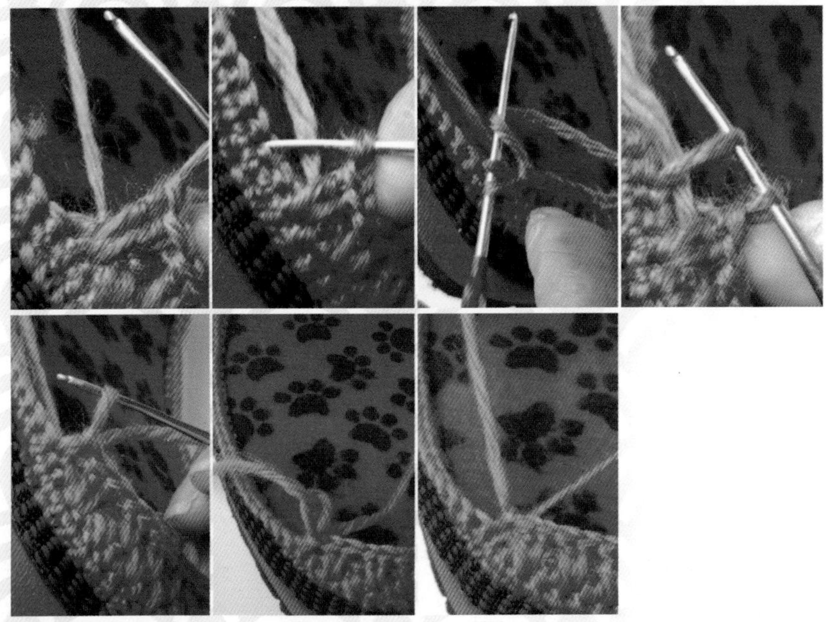

第 3 排 · 起针

把线拉回到右侧，把钩针穿入孔隙，该孔隙位于第 2 层地基上，在第 2 排起针穿入孔隙的右侧，隔 1 个孔隙。起针的方法和前两排相同。

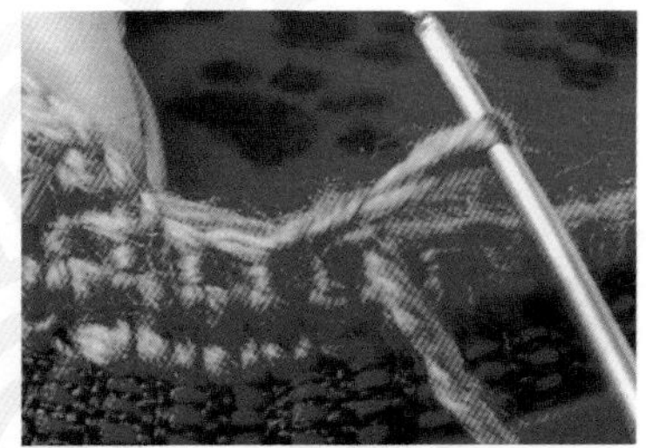

第 3 排 · 继续及收针

起针完成后，同钩第 2 排的方法一样，把钩针穿入左侧隔 2 个孔隙的孔隙中，即把钩针穿入第 2 排起针左侧相邻的孔隙中，这个孔隙也位于第 2 层地基上，在其中钩 2 个长针。

再往下，左侧的第 2 层地基的孔隙在钩第 1 排和第 2 排时已分别穿过，所以接下来穿入的孔隙不是位于第 2 层地基上，而是第 1 排形成的孔隙。把线绕在钩针上，穿入第 1 排第 2 针的 2 个长针形成的孔隙中，钩 2 个长针。

接下来再穿入第 1 排第 3 针的 2 个长针形成的孔隙中，钩 2 个长针。

这样一直钩完第 7 针。

第 8 针穿入的孔隙又回到第 2 层地基上，位于第 2 排最后 1 针穿入孔隙右侧相邻的孔隙，在其中钩 2 个长针。

第 9 针是收针，只钩 1 针。穿入的孔隙位于第 2 层地基上，在第 2 排最后 1 针穿入孔隙的左侧，相隔 1 个孔隙 。

第 4 排

第 4 排的钩法与第 3 排基本相同，前 2 针与后 2 针穿入的孔隙位于第 2 层地基上。中间 8 针穿入的孔隙是第 2 排的长针形成的。

第 4 排之后

同样，第 5 排、第 6 排的前 2 针与后 2 针穿入的孔隙位于第 2 层地基上。中间几针穿入的孔隙分别是第 3 排、第 4 排的长针形成的。

按这种方法往下钩，每一排都比前一排增加 1 针。

遇到钩图案时，换上相应颜色的线即可。

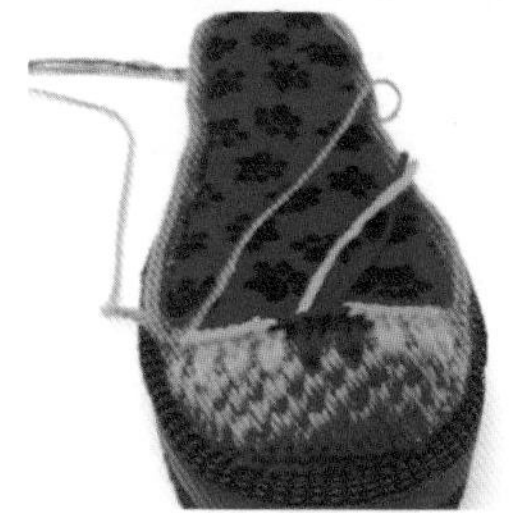

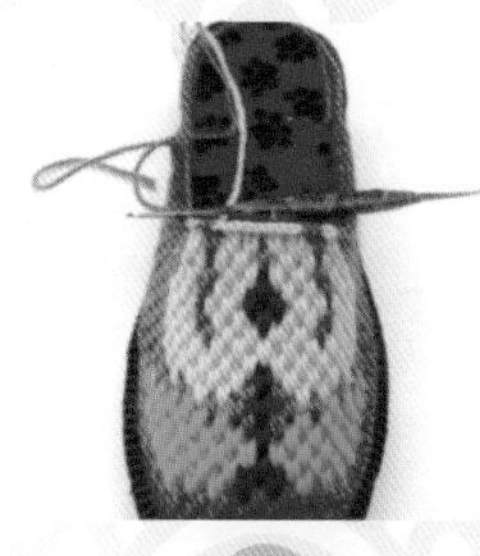

收尾

对这款 38 码的鞋来说，鞋面钩到 28 排以上就可以收尾了。若是 40 码的鞋，需钩到 30 排以上。

鞋面钩多少排不是绝对的，可根据需要来定。多则鞋面长，少则鞋面短。

收尾时先把线头埋在鞋面内侧。

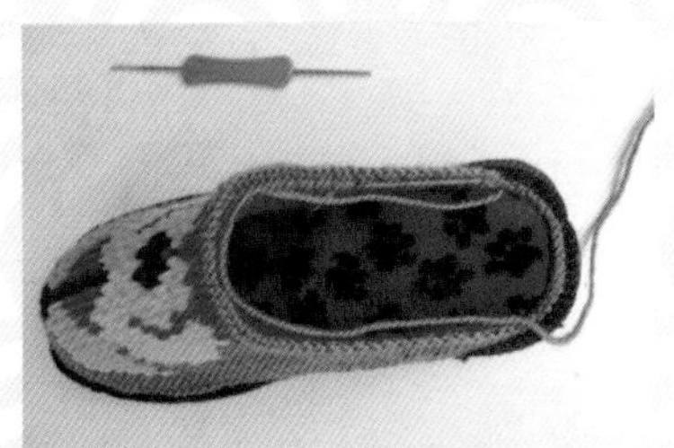

把线沿鞋口拉到鞋跟的另一端。

把钩针从外侧穿入地基孔隙中，把线从孔隙中拉出来，钩针上形成一个线圈。

钩针上绕线，从线圈中拉出来。

钩针再从外侧穿入鞋口处的孔隙中。

把从内侧拉过来的那段线放在钩针上。

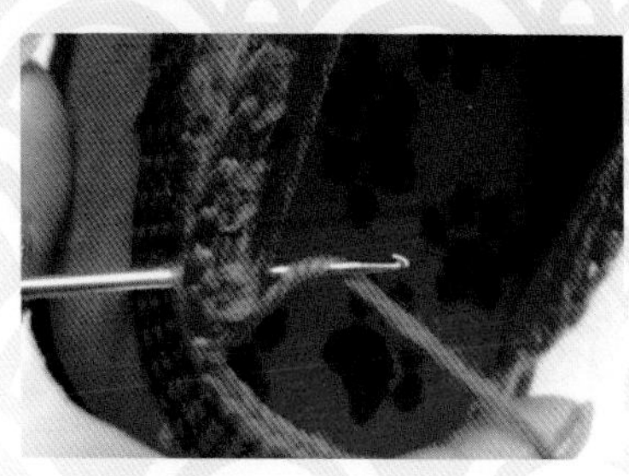

把线绕在钩针上。

把绕线从孔隙中拉出，形成 2 个线圈。

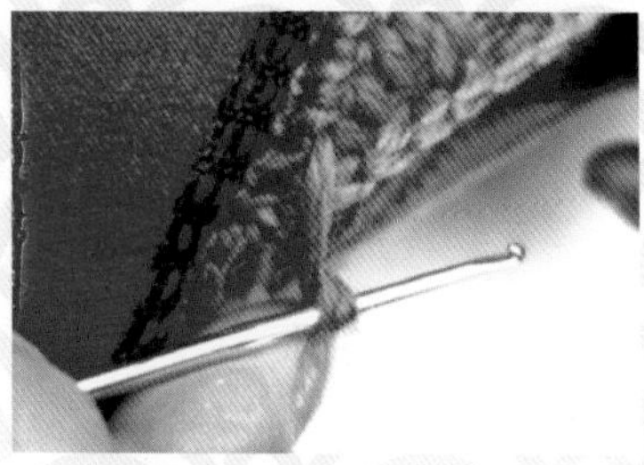

把钩针水平转 1 圈，使 2 个线圈扭在一起。

把线绕在钩针上。

从扭在一起的线圈中钩出即可。

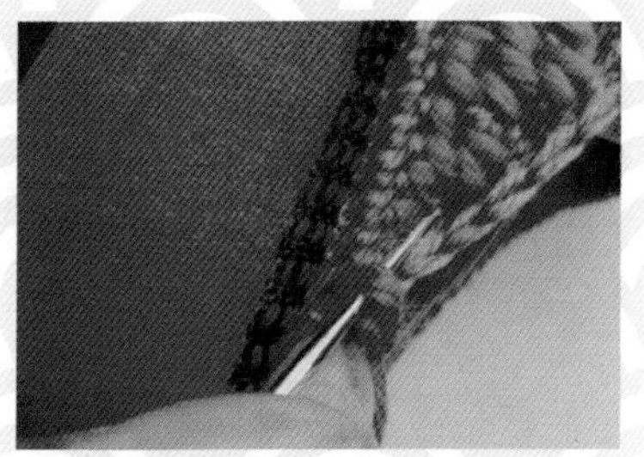

把钩针穿入相邻的孔隙中，重复前面的6个步骤。

沿着鞋口一路钩下去，直到鞋跟相应的位置。

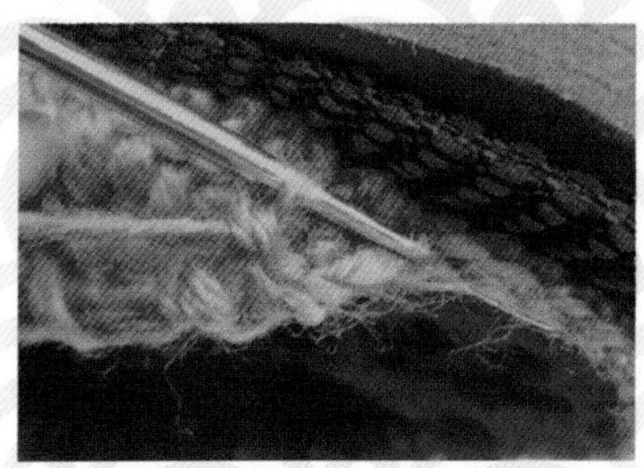

最后1针穿入的孔隙位于第2层地基上。

把线绕在钩针上。

把绕线从孔隙中钩出。

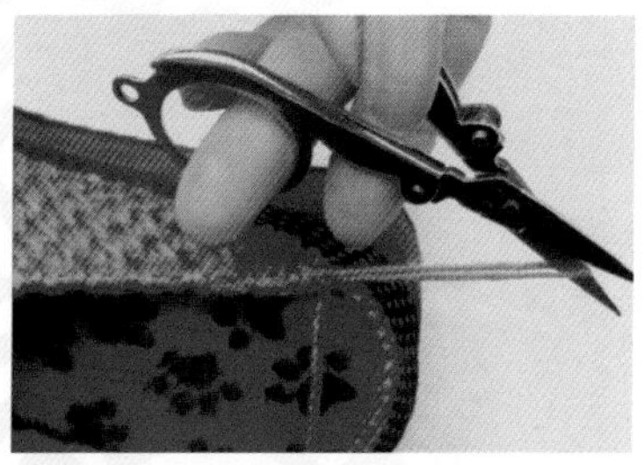

再从后1个线圈中钩出，把线留出几厘米的长度，剪断。

剪断后的线头，按下面的图示埋到鞋子内侧，至此，鞋子就钩好了。

同一个图案，不同的鞋码要从不同的排开始钩。

根据图谱中的“建议”，可以推算出从第几排开始换色、钩图案。

例如“7 针起花”，“7”表示除了起针和收针，中间穿过的孔隙数，也就是中间钩了多少对长针。

如果是 38 码的鞋，鞋面第 1 排除去起针和收针，中间钩了 5 对长针；第 2 排钩了 6 对长针；第 3 排钩了 7 对长针，那么，根据建议，我们应该从第 3 排开始换线钩图案。

有些图案图谱中的“建议”是“无”，这些图案一般比较小，对开始钩图案的位置要求不高。如果图案比较大，最好按建议来起花，以免开始晚了，图案不能完成就该收尾了。

钩鞋中常见的问题

问题1：鞋背的高低不合适

很多鞋友在钩鞋时，鞋背会出现隆起过高，过于扁平，或高低不平的问题。

最常见的原因是钩鞋面时每次拉回的那根线的松紧程度不合适。

钩鞋面时，每排钩完后，都会将线拉回到下一排开始的位置，并压在这根线上钩新的一排。如果这根线太松，鞋背就会隆起过高；如果这根线太紧，鞋背往往就会被扯得过于扁平；如果这根线时松时紧，往往会导致鞋背弧度高低不平。所以，我们拉扯这根线的松紧程度要适当，并尽量保持一致。这需要在钩鞋时不断摸索，钩多了，熟练了，手感有了，自然就能拿捏准确。

问题2：鞋口的坡度有问题

有的鞋友感到钩出的鞋口坡度有问题，或过于垂直，或过于倾斜，或左右两边不对称。鞋口过于垂直会使穿鞋时的舒适感大打折扣，且不美观；而鞋口过于倾斜，往往导致图案尚未钩完就已经钩到了后脚跟处，再无位置可钩；左右不对称最直接的感受就是别扭，不美观，且穿起来也不舒服。

出现以上这些情况，最常见的问题是出在地基上。

前面我们介绍过，在每节打底线内通常需要钩三个短针，不过，这只是参考值，并非绝对。如果打底线过长，我们就需要在每节内多钩一两个短针；过短则少钩一两个短针。打底线内短针的多少，直接影响着地基的疏密程度。地基过密，就会导致鞋口坡度过于垂直；过疏则鞋口坡度过于倾斜；一边疏一边密，则鞋口两边的坡度不对称。

所以，对于地基疏密的把握，非常重要。

在这里，我们传授给鞋友们几个钩鞋面的小技巧，可以在地基疏密不太理想时进行一些调整。

钩鞋面时，每排起针、收针时，与前后针都会有间隔的孔隙。通过调整间隔孔隙的多少，可以调整鞋口的坡度。当感觉鞋口的坡度过于垂直时，可以在起针、收针时多间隔一到两个孔隙，这样就会增加鞋口的坡度。等感觉倾斜坡度合适后，再恢复原来的间隔即可。

相反，如果感觉鞋口的坡度过大，可以在起针、收针时不再间隔孔隙，这样会使得鞋口慢慢变得更为垂直一点，只是这样往往会导致两排的起针、收针重叠插入同一孔隙。等感觉倾斜坡度合适后，再恢复原来的间隔即可。

同样，如若鞋口两边的坡度不一样，分别进行相应的调整即可。

毛线鞋垫编织教程

应读者要求，我们在这里给大家介绍一下毛线鞋垫的编织方法。
所需的材料有毛线，两根棒针，钩针。
我们是从脚后跟开始编织毛线鞋垫的。

起针

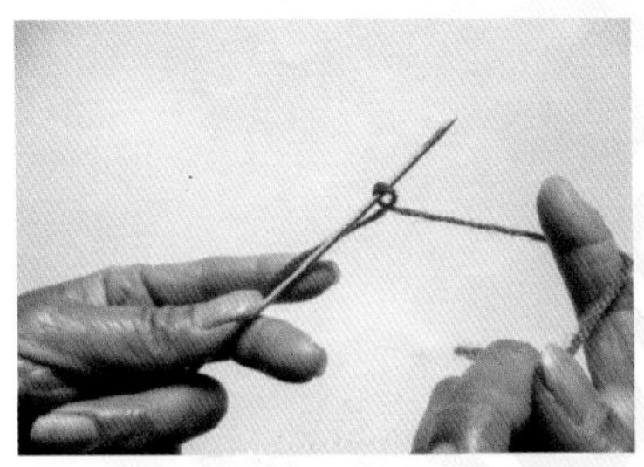

首先将毛线绕在一根棒针上，左侧为线头，右侧为主线。

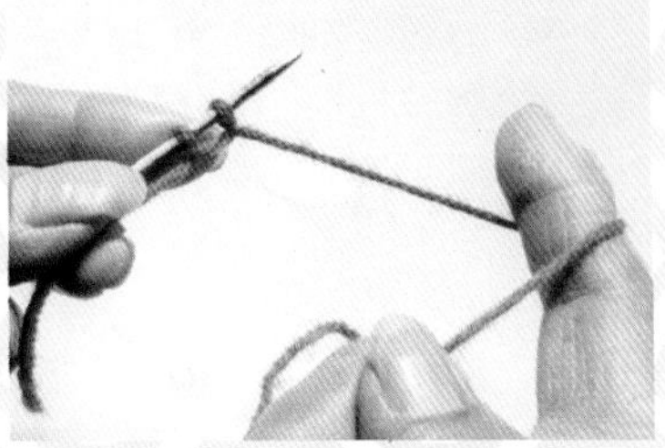

用棒针尖将右手指上的主线挑下来，拉紧，这时在棒针上有 2 个线圈。

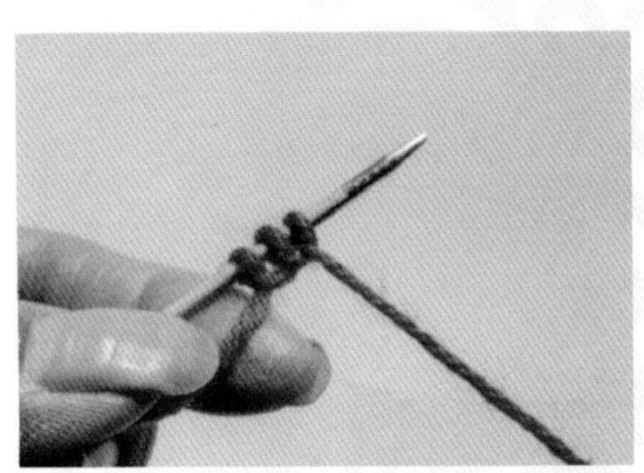

继续从右手指上挑下主线再拉紧，在棒针上形成 3 个线圈。

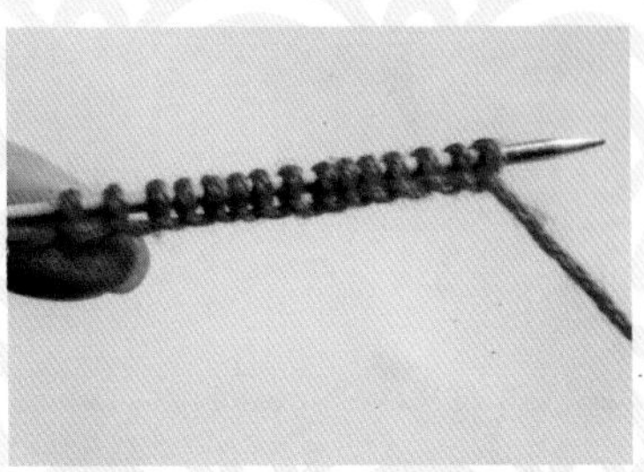

这样一直继续下去，直到在棒针上形成 15 个线圈，即起 15 针。

这里的起针数是参考值，根据毛线的粗细、鞋底的大小，可以增加或减少。
下面我们要开始编织了，这时就要用到另外一根棒针了。

第 1 行

左手持带有 15 个线圈的棒针，右手拿另一根棒针，从上往下穿进左手针上的第 1 个线圈。

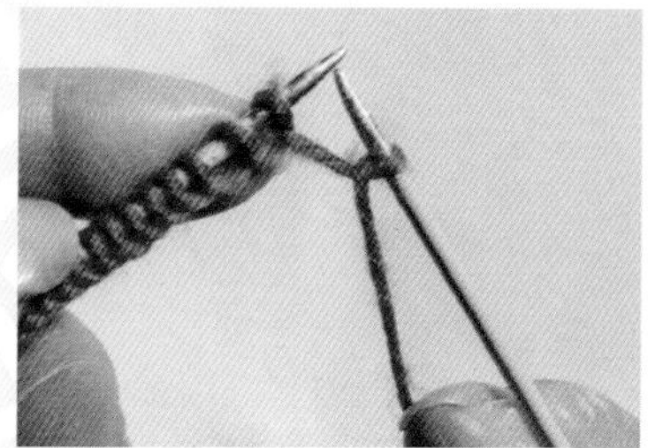

将该线圈挑到右手针上。

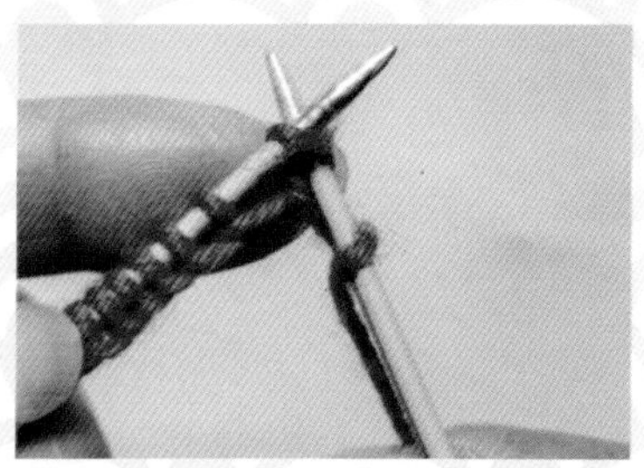

接下来开始织平针，整个鞋底都是用最简单的平针织成的。将棒针从下往上穿进第 2 个线圈。

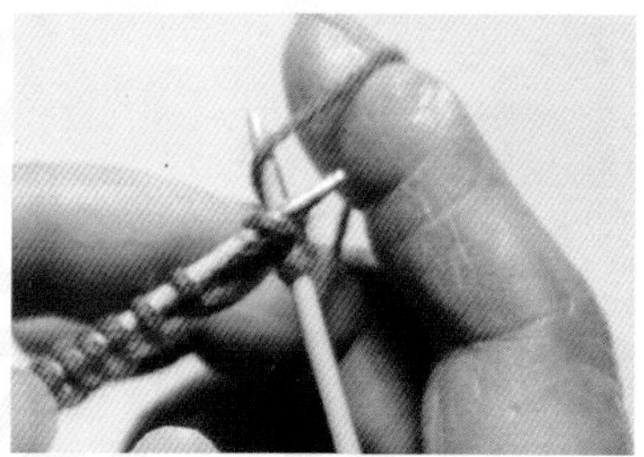

将主线绕过右手针的针尖。

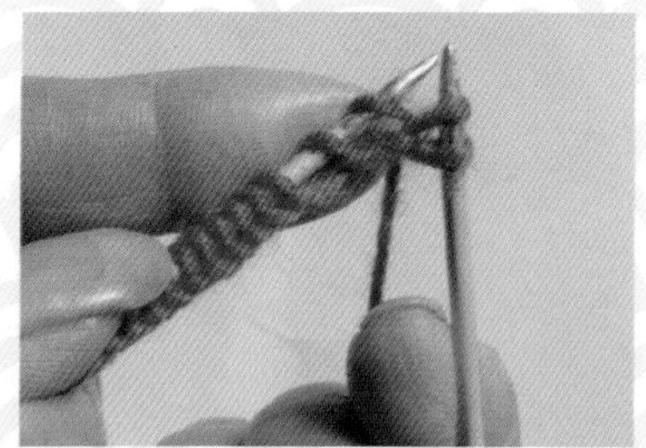

用右手针将绕线从第 2 个线圈内挑出来，在右手针上形成 2 个线圈。

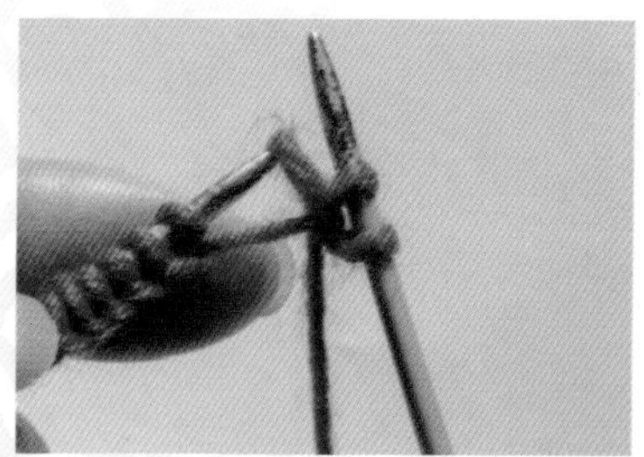

将左手针上的线圈（即第 2 线圈）从针尖上拉下来。这样左手针上一共少了 2 个线圈。

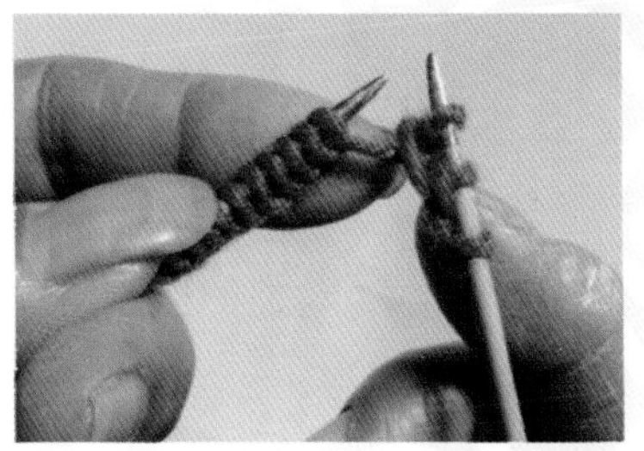

接下的 1 针继续同样编织，在右手针上形成 3 个线圈，左手针上共少了 3 个线圈。

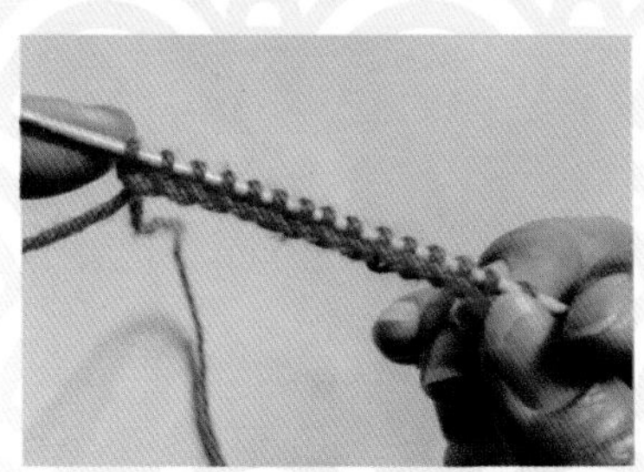

继续同样编织，直到左手针上的所有线圈都转移到右手针上，这 1 行就织完了。

第 2 行

接下来织下第 2 行。左手拿着有线圈的针，右手拿着空针，同前面一样，从上往下把左手针上的第 1 个线圈挑过来。

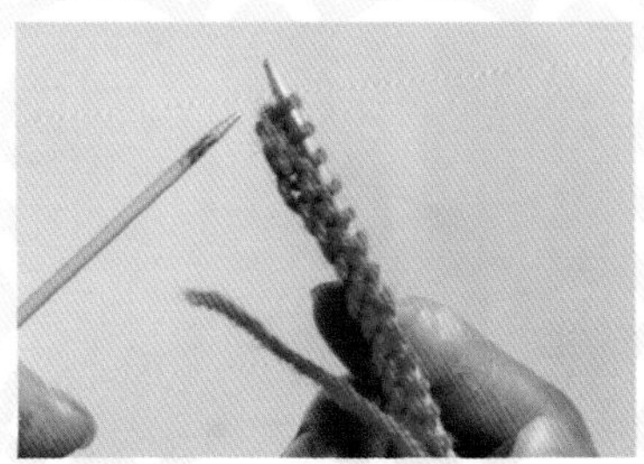

接下来织平针，把这 1 行织完。

第 3 ~ 15 行

继续这样编织，一直织完第 15 行。鞋底的形状一般是前宽后窄，所以接下来要加针，使鞋垫变宽一些，与鞋底的形状更吻合。
这里在第 16 行开始加针。可根据毛线粗细、编织松紧程度及鞋底大小调整从哪行开始。

加针

左手拿着带有 15 个线圈的棒针，把毛线在棒针上绕一圈，使棒针上的线圈由 15 个增加到 16 个。

接下来在右侧要添加 1 个线圈，使左右均衡。如图在右侧绕上一个线圈。这时棒针上共有 17 个线圈。

接下来，先将左手针上新绕的线圈挑到右手针上，随后平针织完这 1 行，翻面，可以看到左侧增加了 1 个线圈。

同样先将左手针上新绕的线圈挑到右手针上，随后平针织完这 1 行。织完后棒针上有 17 个线圈，左右各加了一针。

接下来的几行不再加针，继续用平针来回编织。织到第 30、第 31 行时，再分别各加 1 针，使棒针上的线圈数增加为 19 个。

继续用平针编织到第 50 行，毛线鞋底的大小已差不多了。可根据实际情况调整编织的行数。

收针

收针时，首先将第 1 个线圈从上往下挑至右手针上。

将右手针从下往上插进第 2 个线圈内，织 1 个平针。

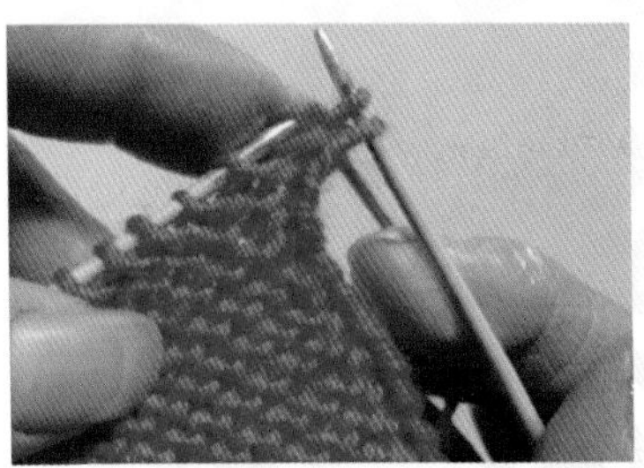

在右手针上形成了 2 个线圈。

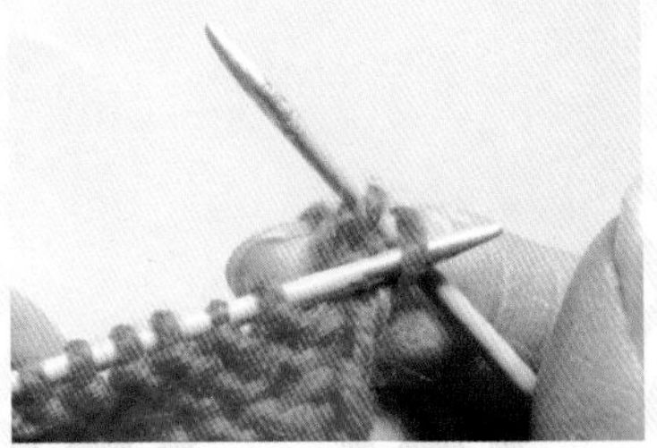

将左手针从前面挑起右手针上后面的 1 个线圈（即第 1 个线圈）。

然后右手针带着前面的线圈，穿过挑起的线圈。这样，右手针上的线圈就由 2 个变为 1 个了。

将左手针从挑起的线圈中退下来。

接着织下 1 个平针，再把右手针上后面的线圈挑下来，这样一直织下去。这是织到一半的样子。

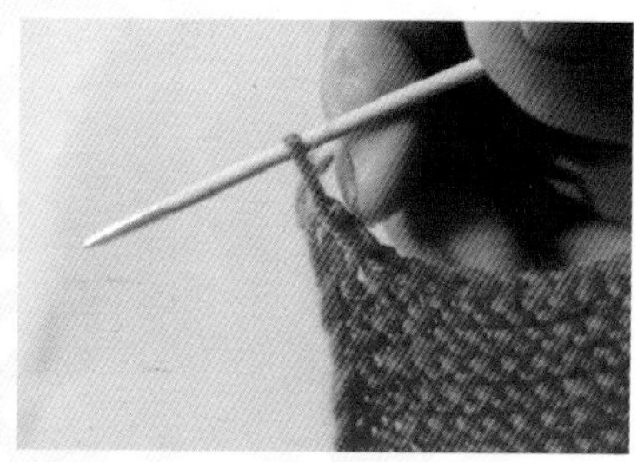

继续，一直织完最后 1 针，这时右手针上只有 1 个线圈了。

把线剪断，将线从线圈中穿过去。

最后，将线拉紧，毛线鞋垫就织好了。

连接

毛线鞋垫织好后，我们用钩针将其连接到鞋底上。将钩针先穿过鞋底上鞋跟一侧的打底线，再穿过鞋垫边缘的孔隙。

绕线，把线从鞋垫边缘的孔隙和打底线中钩出来。

再把钩针穿过同一节打底线和鞋垫边缘的下一个孔隙。

绕线，把线从鞋垫边缘的孔隙和打底线下拉出来，绕线后，把绕线从 2 个线圈中拉出，即钩 1 个短针。

是每节打底线内钩大约 3 个短针，沿着鞋底钩一整圈。

这样就将鞋底和鞋垫连接在一起了，也形成了前面所说的第 1 层地基。

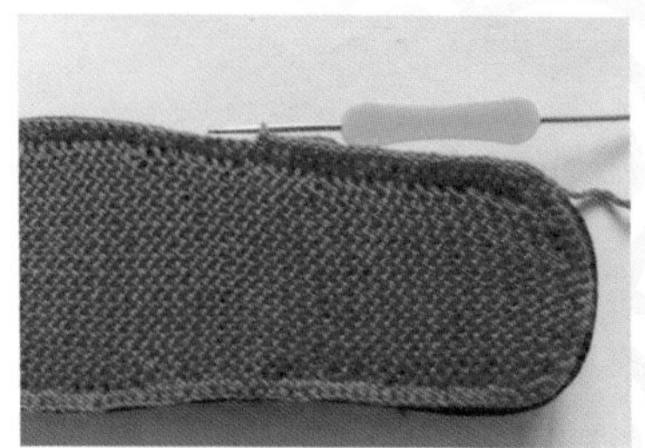

再反向钩大半圈短针，也就是我们前面所提过的第 2 层地基。这是钩到一小半时的状态。

第 2 层地基线需要钩到两边对称处，不需要钩满一圈，鞋跟处不钩。

图书在版编目（CIP）数据

毛线钩鞋新图案：一目了然的左右鞋全彩双图谱 / 徐骁，欧阳小玲著. —郑州：河南科学技术出版社，2016.7（2017.8 重印）

ISBN 978-7-5349-8128-9

Ⅰ. ①毛… Ⅱ. ①徐… ②欧… Ⅲ. ①鞋—钩针—编织—图集 Ⅳ. ① TS941.763.8-64

中国版本图书馆 CIP 数据核字 (2016) 第 122391 号

出版发行：河南科学技术出版社
地址：郑州市经五路 66 号　邮编：450002
电话：(0371)65737028
网址：www.hnstp.cn
责任编辑：冯　英
责任校对：张　敏
整体设计：张　伟
责任印制：张艳芳
印　　刷：河南瑞之光印刷股份有限公司
经　　销：全国新华书店
幅面尺寸：148mm × 210 mm　印张：9　字数：250 千字
版　　次：2016 年 7 月第 1 版　　2017 年 8 月第 2 次印刷
定　　价：39.00 元